入门很**轻松**

C语言

入门很轻松

（微课超值版）

云尚科技◎编著

清华大学出版社

北京

内容简介

本书是针对零基础读者研发的 C 语言入门教材。内容侧重实战，通过结合流行有趣的热点案例，详细地介绍了 C 语言开发中的各项技术。本书分为 15 章，包括快速步入 C 语言的世界，成为大牛前的必备知识，常量与变量，使用运算符和表达式，数据的输入和输出，算法与流程图，流程控制结构，数值数组与字符数组，函数与函数中的变量，常用库函数的应用，指针的应用，结构体，共用体和枚举，文件的操作，经典排序方法，编译与预处理指令。

本书通过大量案例，不仅能帮助初学者快速入门，还可以让读者积累项目开发经验。读者通过微信扫描书中二维码可以快速查看对应案例的微视频操作和获取书中实战训练的解题思路和源代码，并可通过书中一步步引导的方式，检验自己对本章知识点掌握的程度。本书还赠送大量超值的资源，包括精品教学视频、精美幻灯片、案例源代码、教学大纲、求职资源库、面试资源库、笔试题库和小白项目实战手册；本书还提供技术支持 QQ 群，专门为读者答疑解难，降低学习编程的门槛，让读者轻松跨入编程领域。

本书适合零基础的 C 语言自学者和希望快速掌握 C 语言开发技术的人员，也可作为大中专院校的学生和培训机构学员的参考用书。

图书在版编目（CIP）数据

C 语言入门很轻松：微课超值版 / 云尚科技编著. —北京：清华大学出版社，2020.8

（入门很轻松）

ISBN 978-7-302-55605-3

Ⅰ. ①C… Ⅱ. ①云… Ⅲ. ①C 语言—程序设计 Ⅳ. ①TP312.8

中国版本图书馆 CIP 数据核字（2020）第 089366 号

责任编辑：张　敏
封面设计：杨玉兰
责任校对：胡伟民
责任印制：沈　露

出版发行：清华大学出版社
　　　　　网　　　址：http://www.tup.com.cn, http://www.wqbook.com
　　　　　地　　　址：北京清华大学学研大厦 A 座　　　邮　　编：100084
　　　　　社 总 机：010-62770175　　　　　　　　　　邮　　购：010-83470235
　　　　　投稿与读者服务：010-62776969，c-service@tup.tsinghua.edu.cn
　　　　　质量反馈：010-62772015，zhiliang@tup.tsinghua.edu.cn
印 装 者：三河市少明印务有限公司
经　　销：全国新华书店
开　　本：185mm×260mm　　　　印　　张：18　　　字　　数：535 千字
版　　次：2020 年 9 月第 1 版　　印　　次：2020 年 9 月第 1 次印刷
定　　价：69.80 元

产品编号：084861-01

前 言 | PREFACE

  C 语言是一门历史悠久、博大精深的程序设计语言。它对计算机技术的发展起到了极其重要的促进作用，而且这种促进作用一直在持续并将继续持续下去。它从产生之时就肩负了很多重要使命——开发操作系统、开发编译器、开发驱动程序，可以解决计算机应用中的大部分问题。C 语言几乎是每一个致力程序设计的人员必学语言。但很多 C 语言的初学者都苦于找不到一本通俗易懂、容易入门和案例实用的参考书。通过本书的案例实训，读者可以很快地上手流行的工具，培养职业能力。

本书特色

  由浅入深，编排合理：知识点由浅入深，涵盖了所有 C 语言程序开发的基础知识，结合流行有趣的热点案例，循序渐进地讲解了 C 语言程序开发技术。

  扫码学习，视频精讲：为了让初学者快速入门并提高技能，本书提供了微视频，通过扫码，可以快速观看视频操作，微视频就像一个贴身老师，可解决读者学习中的困惑。

  项目实战，检验技能：为了帮助读者更好地检验学习的效果，每章都提供了实战训练。读者可以边学习，边进行实战项目训练，强化实战开发能力。通过实战训练的二维码，可以查看训练任务的解题思路，从而提升开发技能和编程思维。

  提示技巧，积累经验：本书对读者在学习过程中可能遇到的疑难问题以"大牛提醒"的形式进行说明，辅助读者轻松掌握相关知识，规避编程陷阱，从而让读者在自学的过程中少走弯路。

  超值资源，海量赠送：本书还赠送大量超值资源，包括精美幻灯片、案例源代码、教学大纲、求职资源库、面试资源库、笔试题库和小白项目实战手册，读者可扫描下方二维码下载获取。

精美幻灯片

案例源代码

教学大纲

求职资源库

面试资源库

笔试题库

小白项目实战手册

名师指导，学习无忧：读者在自学的过程中如果遇到问题，可以观看本书同步教学微视频。本书建有技术支持QQ群（912560309），欢迎读者到QQ群获取本书的赠送资源和交流技术。

读者对象

本书是一本完整介绍C语言程序开发技术的教程，内容丰富、条理清晰、实用性强，适合以下读者学习使用：

- 零基础的编程自学者。
- 希望快速、全面掌握C语言程序开发的人员。
- 高等院校的老师和学生。
- 相关培训机构的老师和学生。
- 初中级C语言程序开发人员。
- 参加毕业设计的学生。

本书由云尚科技编著，主要编写人员为王秀英、刘玉萍和张泽淮。本书的编写虽然倾注了众多编者的努力，但由于水平有限，书中难免有疏漏之处，敬请广大读者谅解。

编　者

目 录 | CONTENTS

第1章

快速步入 C 语言的世界

本章内容提要

C 语言是一种通用的、面向过程式的计算机程序设计语言，具有广泛的应用，且功能强大，许多著名的软件都是用 C 语言写的。学习好 C 语言，可以为以后的程序开发之路打下坚实的基础，现在就跟我一起步入 C 语言的世界吧。本章就来介绍 C 语言的基础知识，主要内容包括 C 语言概述、常用 C 语言开发工具、编写我的第 1 个 C 语言程序等内容。

1.1 C 语言概述

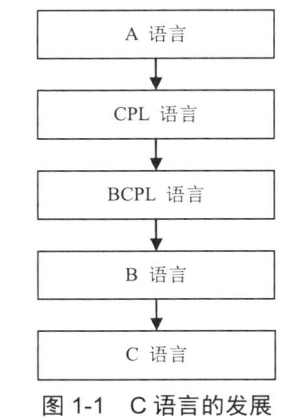
微视频

C 语言是一种计算机程序设计语言。它既有高级汇编语言的特点，又有低级汇编语言的特点。它可以作为系统设计语言，编写工作系统应用程序，也可以作为应用程序设计语言，编写不依赖计算机硬件的应用程序。因此，它的应用范围非常广泛。

1.1.1 C 语言的发展历程

C 语言是 20 世纪 70 年代初期在贝尔实验室开发出来的一种广为使用的编程语言，其发展历程可以使用图 1-1 表示。

第 1 阶段：A 语言

C 语言的原型是 ALGOL 60 语言，也称 A 语言。ALGOL60 是一种面向问题的高级汇编语言，它离硬件比较远，不适合编写系统程序。ALGOL 60 也就是算法语言 60，它是程序设计语言由技艺转向科学的重要标志，其特点是局部性、动态性、递归性和严谨性。

第 2 阶段：CPL 语言

1963 年，剑桥大学将 ALGOL 60 语言发展成为 CPL 语言（Combined Programming Language），CPL 语言在 ALGOL 60 的基础上与硬件接近了一些，但规模仍然比较宏大，难以实现。

第 3 阶段：BCPL 语言

1967 年，剑桥大学马丁·理察斯（Martin Richards）对 CPL 语言进行了简化，推出了 BCPL 语言（Basic Combined Programming Language）。BCPL 语言是计算机软件人员在开发系统软件

```
┌──────────┐
│  A 语言   │
└──────────┘
      │
      ▼
┌──────────┐
│ CPL 语言  │
└──────────┘
      │
      ▼
┌──────────┐
│ BCPL 语言 │
└──────────┘
      │
      ▼
┌──────────┐
│  B 语言   │
└──────────┘
      │
      ▼
┌──────────┐
│  C 语言   │
└──────────┘
```

图 1-1 C 语言的发展历程

时作为记述语言使用的一种结构化程序设计语言，它能够直接处理与机器本身数据类型相近的数据，具有与内存地址对应的指针处理方式。

第 4 阶段：B 语言

在 20 世纪 70 年代初期，美国贝尔实验室的肯·汤普逊对 BCPL 语言进行了修改，设计出比较简单而且很接近硬件的语言，取名 B 语言。与 BCPL 以及 FORTH 类似，B 语言只有一种数据类型——计算机字。大部分的操作将其作为整数对待，例如进行+、-、*、/操作，但进行其余的操作，则将其作为一个复引用的内存地址。在许多方面，B 语言更像是一个早期版本的 C 语言，它还包括了一些库函数，其作用类似于 C 语言中的标准输入/输出函数库。

第 5 阶段：C 语言

由于 B 语言过于简单，数据没有类型，功能也有限，所以美国贝尔实验室的丹尼斯·里奇在 B 语言的基础上最终设计出了一种新的语言，取名为 C 语言，并试着以 C 语言编写 Unix。1972 年，丹尼斯·里奇完成了 C 语言的设计，并成功地利用 C 语言编写出了操作系统，降低了作业系统的修改难度。

1978 年，C 语言先后移植到大、中、小、微型计算机上，风靡世界，成为最广泛的几种计算机语言之一。

1983 年，美国国家标准委员会（ANSI）对 C 语言进行了标准化，当年颁布了第 1 个 C 语言标准草案（83 ANSI C)，1987 年又颁布了另一个 C 语言标准草案（87 ANSI C）。1994 年，ISO 修订了 C 语言的标准。最新的 C 语言标准是在 1999 年颁布，并在 2000 年 3 月被 ANSI 采用的 C99，正式名称是 ISO/IEC9899:1999。

1.1.2　C 语言的优缺点

C 语言是一种结构化的程序设计语言，兼有高级汇编语言和低级汇编语言的功能。C 语言的特点主要表现在以下几个方面。

（1）C 语言允许直接访问物理地址，能进行位操作，可以对硬件直接进行操作。

（2）移植性强。用 C 语言编写的程序几乎不用修改就能适用于各种型号的计算机及各种操作系统。

（3）运算符和数据结构丰富，功能强大。

（4）生成的目标代码质量高，程序执行效率高。

C 语言的上述特点使其不仅适用于编写系统软件，如操作系统、编译系统等，也适用于编写应用软件，如图形处理、信息处理等，因此 C 语言成了比较流行的程序设计语言之一。

尽管 C 语言拥有众多优点，但同样也有一些缺点，由于 C 语言放松了语法检查以及出众的灵活性，因此加大了 C 语言编程出错的概率。

1.1.3　学习 C 语言的理由

自 20 世纪 90 年代 C 语言在我国推广以来，学习和使用 C 语言的人越来越多，因此国内多数高校都开设了"C 语言程序设计"这门课，那么为什么 C 语言如此受欢迎呢？除了我们介绍的优点外，还可以从以下三点来解释学习 C 语言的理由。

（1）C 语言相比其他高级汇编语言，如 C++、Java、C#等是低级汇编语言，它可以让我们更好地了解计算机是如何工作的，比如数据在内存中是如何存储的，如何直接访问内存中的数据等。

（2）C 语言是其他任何高级汇编语言的基础。学好 C 语言，可以更容易掌握其他汇编语言。汇编语言都是相通的，C 语言更专注于汇编语言的实质，而不需要分散更多的精力在集成开发环境的使用和抽象的数据概念上。

（3）C 语言执行效率高、速度快，这是毋庸置疑的最显著特点。

1.2　C 语言的常用开发环境

C 语言常用的集成开发环境有很多，主要包括 Visual Studio 2019、Microsoft Visual C++ 6.0、Turbo C 等，下面分别进行介绍。

1.2.1　Visual Studio 2019 开发环境

随着 C 语言的不断发展，C 语言的集成开发环境也有着长足的发展，对于使用 Windows 平台的 C 语言开发人员来讲，使用 Visual Studio（VS）进行开发比较普遍，所以本书以 Visual Studio 2019 为主进行讲解。

1. 安装 Visual Studio 2019

下面介绍 Visual Studio 2019 的安装方法，具体操作步骤如下。

步骤 1：下载 Visual Studio 2019 安装程序，如图 1-2 所示。

图 1-2　Visual Studio 2019 安装文件

步骤 2：双击下载好的软件，进入安装界面，如图 1-3 所示。

步骤 3：单击"继续"按钮，会弹出 Visual Studio 2019 程序安装加载界面，显示正在加载程序所需的组件，如图 1-4 所示。

步骤 4：当逐条完成后应用程序会自动跳转到 Visual Studio 2019 程序安装起始界面，如图 1-5 所示。该界面提示有三个版本可供选择，分别是 Visual Studio Community 2019、Visual Studio Enterprise 2019、Visual Studio Professional 2019，用户可以根据自己的需求选择版本。对于初学者而言，一般推荐使用 Visual Studio Community 2019。

图 1-3　Visual Studio 2019 安装界面

图 1-4　Visual Studio 2019 程序安装加载界面

图 1-5　Visual Studio 2019 程序安装起始界面

步骤 5：单击"安装"按钮，弹出 Visual Studio 2019 程序安装选项界面，在该界面的菜单中选择"工作负载"对话框，然后选中"通用 Windows 平台开发"和"使用 C++的桌面开发"复选框。用户也可以在"位置"处选择产品的安装路径，如图 1-6 所示。

图 1-6　Visual Studio 2019 程序安装选项界面

步骤 6：选择好要安装的功能后，单击"安装"按钮，进入如图 1-7 所示的 Visual Studio 2019 程序安装进度界面，显示安装进度。安装程序自动执行安装过程，直至该安装过程执行完毕。

图 1-7　Visual Studio 2019 程序安装进度界面

2. 启动 Visual Studio 2019

Visual Studio 2019 安装完毕后，会提示重启操作系统。重新启动操作系统后，即可启动 Visual Studio 2019。

步骤 1：单击"开始"按钮，在弹出的菜单中选择"所有程序"→Visual Studio 2019 Preview 菜单命令，如图 1-8 所示。

步骤 2：在 Visual Studio 2019 启动后会弹出"欢迎使用"界面，如果有注册过微软的账户，可以单击"登录"按钮登录微软账户。不想登录，则可以直接单击"以后再说"跳过登录，如图 1-9 所示。

步骤 3：在弹出的"Visual Studio 界面配置"窗口中，单击"开发设置"的下拉菜单，选择 Visual C++选项。主题默认为"蓝色"（这里可以选择自己喜欢的风格），然后单击"启动 Visual Studio"按钮，如图 1-10 所示。

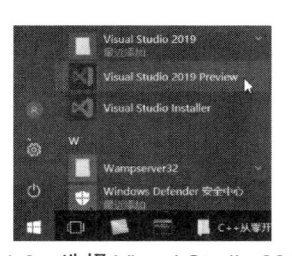

图 1-8　选择 Visual Studio 2019　　　图 1-9　"欢迎使用"界面　　　图 1-10　"Visual Studio 界面配
　　　Preview 菜单命令　　　　　　　　　　　　　　　　　　　　　　　　　置"窗口

步骤 4：弹出 Visual Studio 2019 起始界面。至此程序开发环境安装完成，如图 1-11 所示。

图 1-11　Visual Studio 2019 起始界面

步骤 5：单击"继续但无须代码"链接，即可进入 Visual Studio 2019 主界面，如图 1-12 所示。

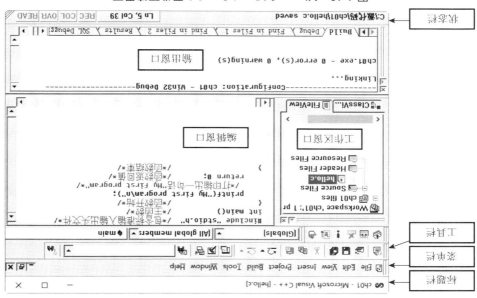

图 1-12　Visual Studio 2019 主界面

1.2.2　Visual C++ 6.0 开发环境

在使用 Microsoft Visual C++ 6.0 开发环境之前需要首先进行下载安装，Microsoft Visual C++ 6.0 开发环境可自行通过网络搜索下载，安装方法十分简单，这里不再赘述。

Microsoft Visual C++ 6.0 开发环境安装成功后，即可启动开发软件。在 Windows 10 操作系统中，选择"开始"→"Microsoft Visual Studio 6.0"→"Microsoft Visual C++ 6.0"菜单，随即打开 Microsoft Visual C++ 6.0 开发环境界面，如图 1-13 所示。

图 1-13　Microsoft Visual C++ 6.0 开发环境界面

1.2.3 Turbo C 2.0 开发环境

Turbo C 是一个快捷、高效的编译程序，使用 Turbo C 2.0，无须独立地编辑、编译、连接程序和执行出错功能，就能建立并运行 C 语言程序。因为这些功能都组合在 Turbo C 2.0 的集成开发环境内，并且可以通过一个简单的主屏幕使用这些功能。

在使用 Turbo C 2.0 开发环境之前需要进行下载安装，Turbo C 2.0 开发环境可自行通过浏览器搜索下载，安装方法十分简单，这里不再赘述。安装成功后，即可启动开发环境软件。

1. 启动 Turbo C 2.0

在 Windows 10 操作系统中，启动 Turbo C 2.0 有两种方法：

方法 1：选择"开始"→"Windows 系统"→"命令提示符"菜单命令，如图 1-14 所示。打开"命令提示符"窗口，在命令行中输入 Turbo C 2.0 相应的路径，如图 1-15 所示。接着按 Enter 键即可打开 Turbo C 2.0 开发环境界面。

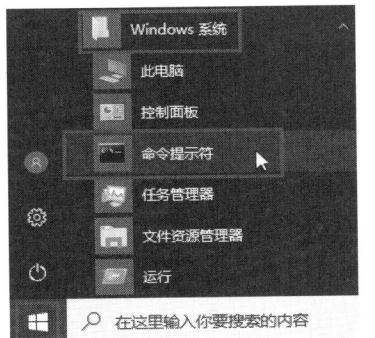

图 1-14 选择"命令提示符"菜单命令

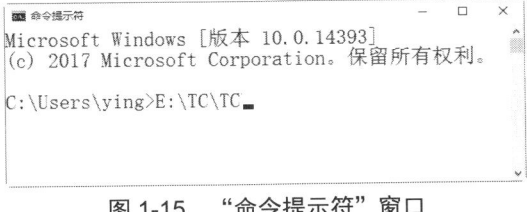

图 1-15 "命令提示符"窗口

方法 2：选择"开始"→"Windows 系统"→"运行"菜单命令，如图 1-16 所示。弹出"运行"对话框，在"打开"栏中输入 Turbo C 2.0 程序相应路径，如图 1-17 所示。单击"确定"按钮即可打开 Turbo C 2.0 开发环境界面。

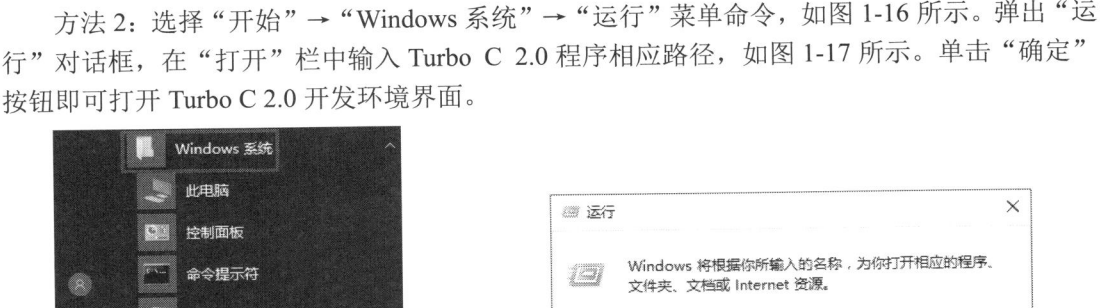

图 1-16 选择"运行"菜单命令

图 1-17 "运行"对话框

2. Turbo C 2.0 开发环境介绍

Turbo C 2.0 的主界面分为 4 个部分，由上至下分别为：菜单栏、代码编辑区、信息输出区和功能索引键，如图 1-18 所示。

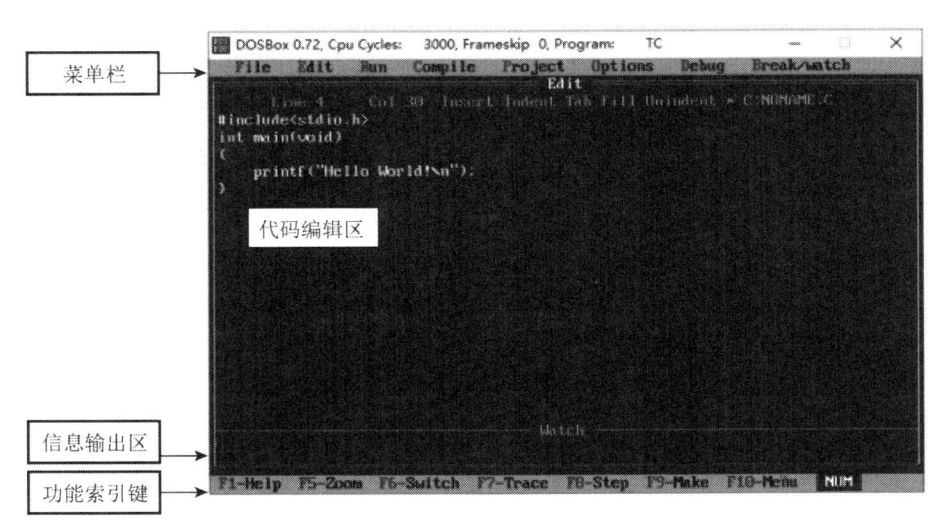

图 1-18　Turbo C 2.0 的主界面

1.3　编写第 1 个 C 语言程序

微视频

在了解了 C 语言常用的开发环境后，下面使用这些开发工具来编写一个简单的 C 语言程序，进而学习这些开发工具的使用方法。

1.3.1　在 Visual Studio 2019 中编写

Visual Studio 2019 是微软公司推出的一款高性能集成开发工具，具有可视化的开发环境，其功能完善、操作简便、界面友好，适合初学者开发使用。

在 Visual Studio 2019 中编写 C 语言程序的具体操作步骤如下。

步骤 1：启动 Visual Studio 2019 主界面，进入初始化界面。选择"文件"→"新建"→"项目"菜单命令，如图 1-19 所示。

步骤 2：弹出"创建新项目"对话框，在左侧选择"空项目"选项，如图 1-20 所示。

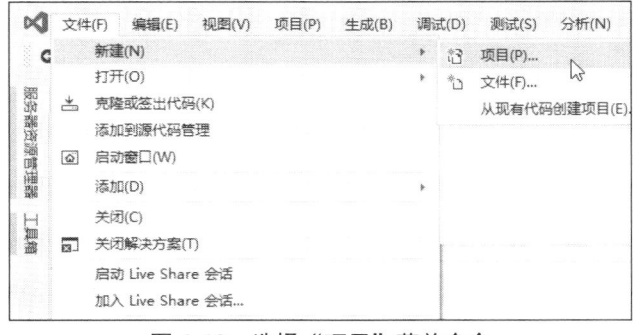

图 1-19　选择"项目"菜单命令

步骤 3：单击"下一步"按钮，弹出"配置新项目"对话框，在"项目名称"文本框中输入项目的名称，这里输入 HelloWorld，单击"创建"按钮，如图 1-21 所示。

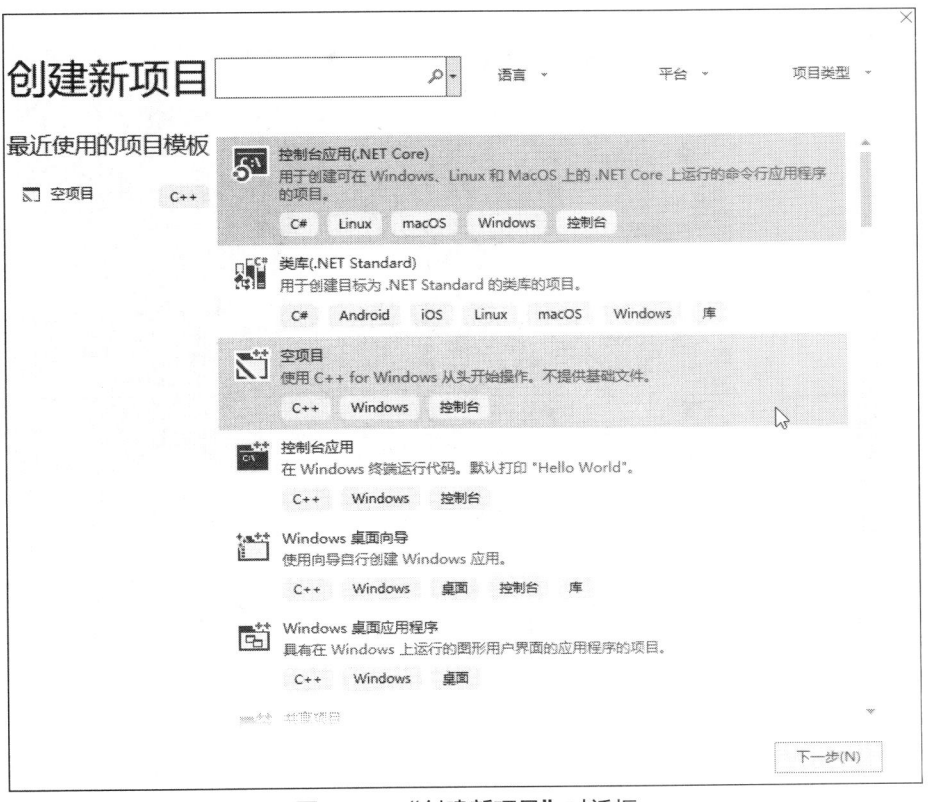

图 1-20 "创建新项目"对话框

图 1-21 "配置新项目"对话框

步骤 4：进入 Visual Studio 2019 的 HelloWorld 项目工作界面，在"解决方案 HelloWorld"窗格中选择"源文件"选项，右击，在弹出的快捷菜单中选择"添加"→"新建项"菜单命令，如图 1-22 所示。

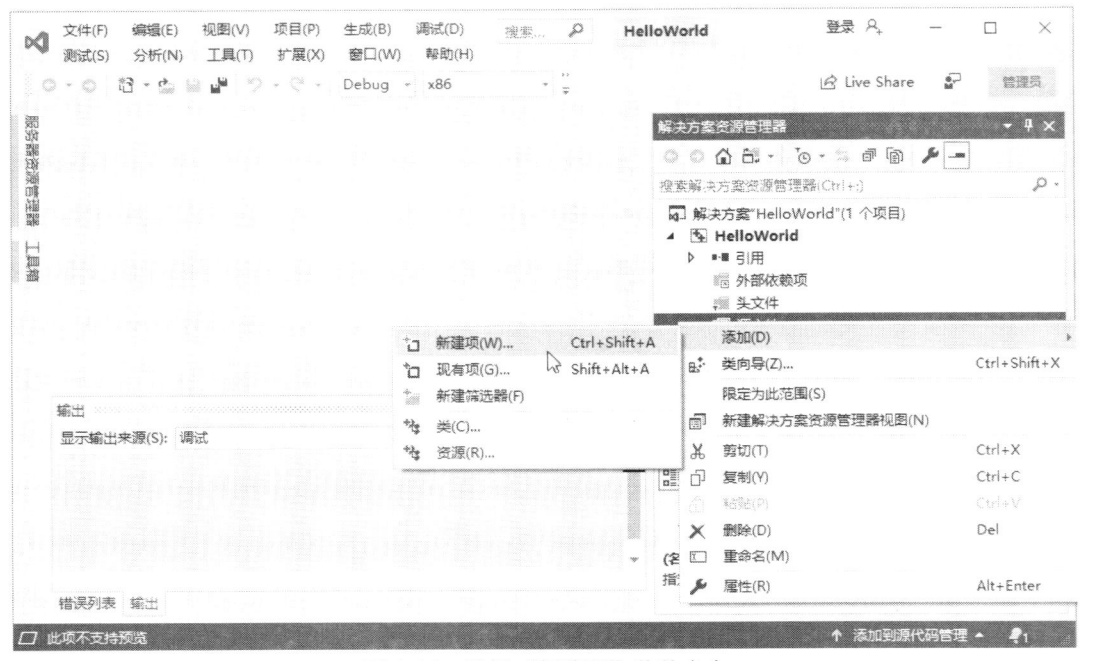

图 1-22　选择"新建项"菜单命令

步骤 5：弹出"添加新项"对话框，在"名称"文本框中输入 Helloworld.c，如图 1-23 所示。

图 1-23　"添加新项"对话框

步骤 6：单击"添加"按钮，即可完成项目的添加操作，然后在打开的工作界面中输入 C 语言代码，如图 1-24 所示。

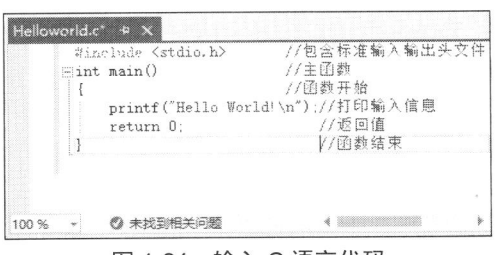

图 1-24　输入 C 语言代码

步骤 7：单击工具栏中的"保存"按钮，即可保存创建的项目，然后选择菜单栏中的"调试"→"开始调试"菜单命令，或者单击工具栏中的"本地 Windows 调试器"按钮，即可弹出"Microsoft Visual Studio 调试控制台"窗口，在其中显示运行结果，如图 1-25 所示。

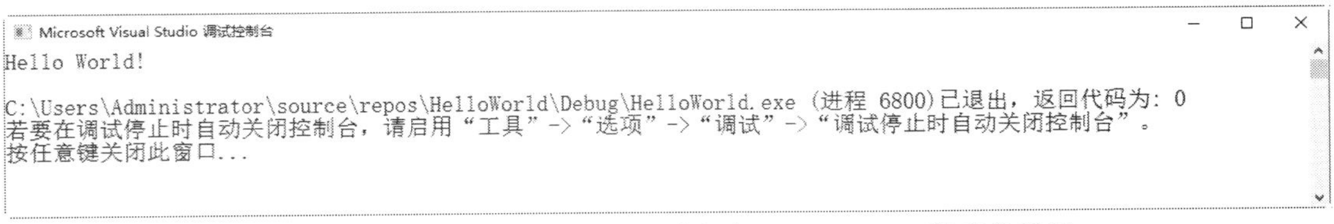

```
Microsoft Visual Studio 调试控制台
Hello World!

C:\Users\Administrator\source\repos\HelloWorld\Debug\HelloWorld.exe (进程 6800)已退出，返回代码为: 0
若要在调试停止时自动关闭控制台，请启用"工具"->"选项"->"调试"->"调试停止时自动关闭控制台"。
按任意键关闭此窗口...
```

图 1-25　在 Visual Studio 2019 中运行 Helloworld.c 程序的结果

1.3.2　在 Visual C++ 6.0 中编写

Microsoft Visual C++ 6.0 是 Microsoft 公司推出的以 C++语言为基础的 Windows 环境开发工具，具有面向对象及可视化特点，还是一个基于 Windows 操作系统的可视化集成 C 语言开发环境，下面介绍使用 Visual C++ 6.0 开发 C 程序的过程。

1. 创建空工程

步骤 1：双击桌面上的 Visual C++ 6.0 程序的图标，即可打开该程序主界面，如图 1-26 所示。

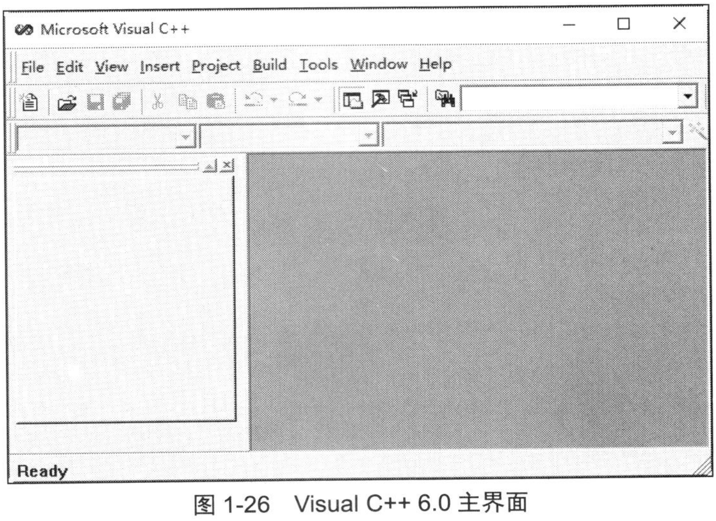

图 1-26　Visual C++ 6.0 主界面

步骤 2：在 Visual C++ 6.0 中，选择 File→New 菜单，在弹出的对话框中选择 Projects 选项卡，在左侧列表框中选择 Win32 Console Application，在 Project name 文本框中输入工程名 Hello，

单击 Location 文本框右侧的□按钮，选择工程要存放的文件夹，如图 1-27 所示。

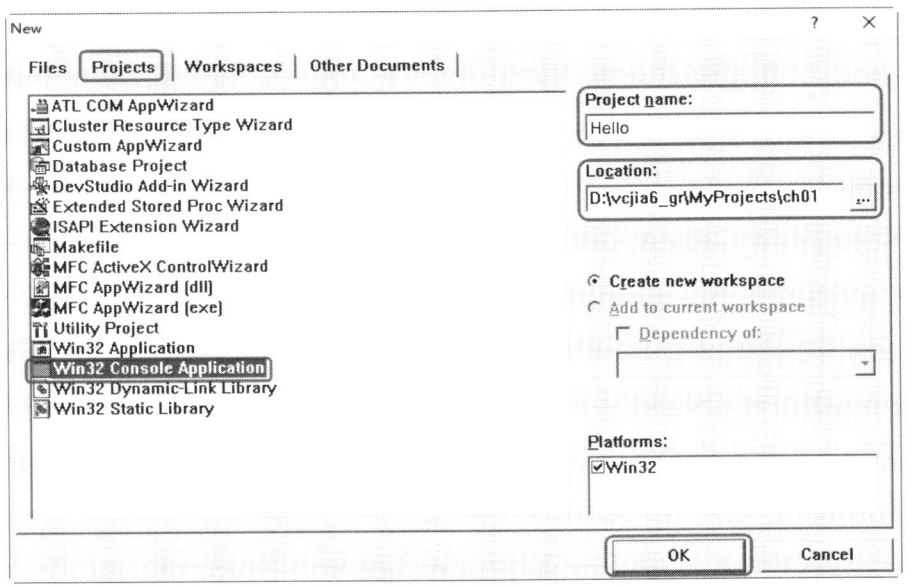

图 1-27　创建工程

步骤 3：单击 OK 按钮，在弹出的对话框中选中 An empty project 单选按钮，单击 Finish 按钮，显示工程信息，如图 1-28 所示。

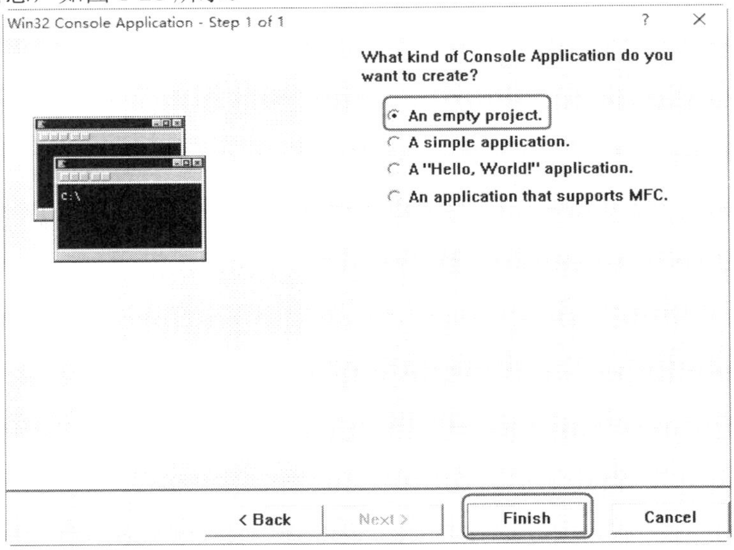

图 1-28　选中 An empty project 单选按钮

步骤 4：单击 OK 按钮，即可完成空工程的创建，如图 1-29 所示。

2. 输入 C 语言代码

步骤 1：选择 File→New 菜单，在弹出的对话框中选择 Files 选项卡，在左侧列表框中选择 Text File，新建一个程序文档，在 File 文本框中输入 hello.c，单击 Location 文本框右侧的□按钮，可浏览到存放程序的文件夹（这个文件夹要和工程文件夹保持一致），如图 1-30 所示。

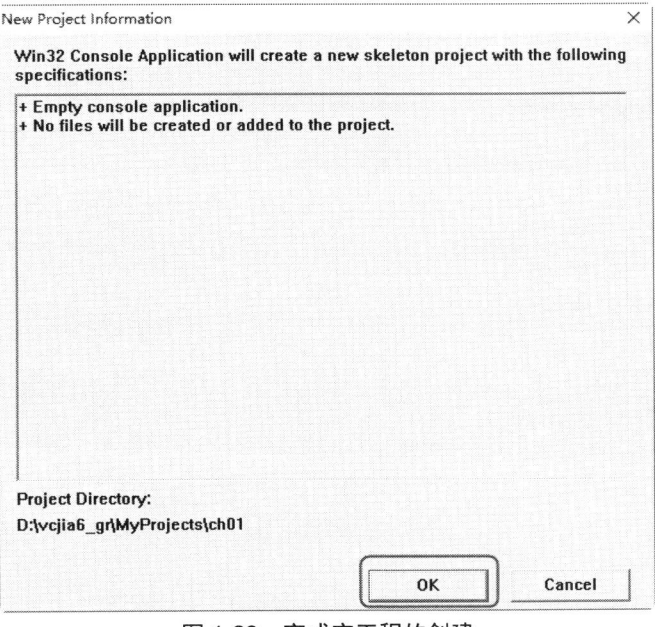

图 1-29　完成空工程的创建

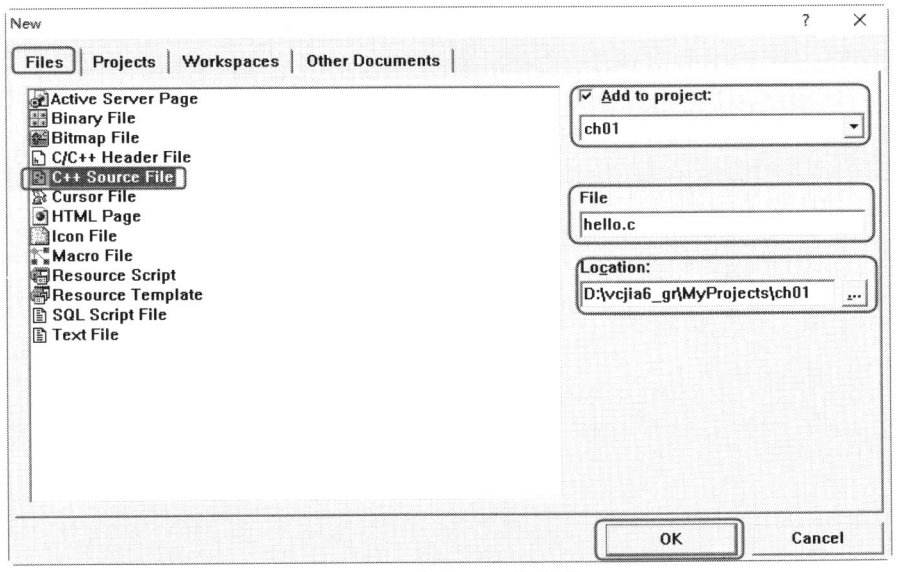

图 1-30　创建 C++源文件

步骤 2：单击 OK 按钮，进入 Visual C++ 6.0 的工作界面，在编辑窗口输入以下代码，如图 1-31 所示。

```
#include <stdio.h>              /*包含标准输入输出头文件*/
int main (void)                 /*主函数*/
{    /*函数体开始*/
  printf("Hello World!\n");     /*函数体*/
  return 0;                     /*返回值*/
}    /*函数体结束*/
```

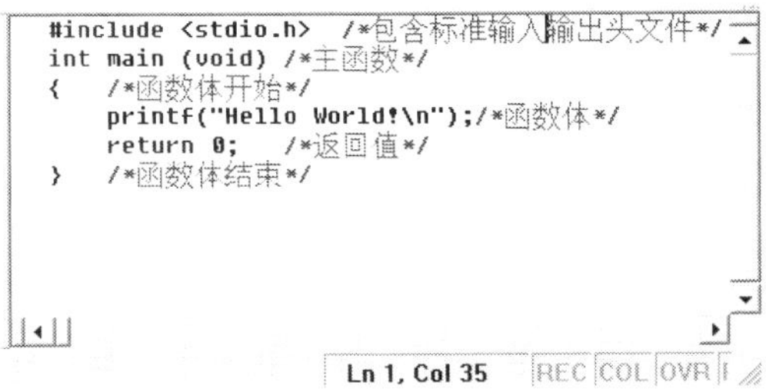

```
#include <stdio.h>  /*包含标准输入输出头文件*/
int main (void) /*主函数*/
{       /*函数体开始*/
    printf("Hello World!\n");/*函数体*/
    return 0;    /*返回值*/
}       /*函数体结束*/
```

Ln 1, Col 35　REC COL OVR

图 1-31　输入 C 语言代码

☆**大牛提醒**☆

　　代码输入完成后，单击"保存"按钮 🖫，或者直接按下保存键 Ctrl+S，即可保存已经输入的代码，程序员更应该养成随时保存代码的好习惯。

3. 运行 C 程序

　　步骤 1：单击工具栏中的 Compile 按钮 🖉 或选择 Build→Compile Hello.c 菜单，程序开始编译，并在输出窗口显示编译信息，如图 1-32 所示。

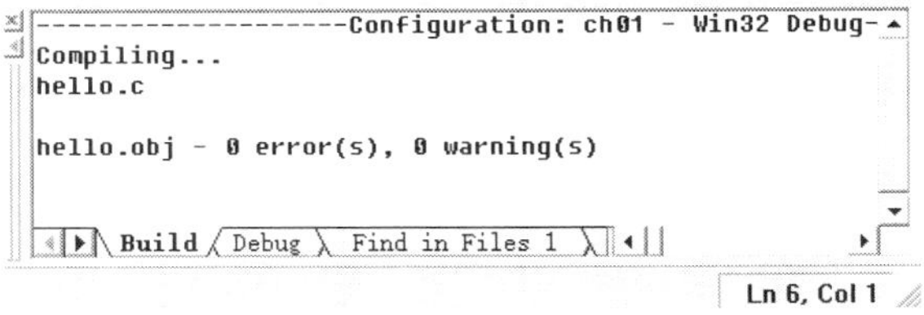

```
|---------------------Configuration: ch01 - Win32 Debug-
Compiling...
hello.c

hello.obj - 0 error(s), 0 warning(s)

▶ Build ∕ Debug ╲ Find in Files 1 ╲
```

Ln 6, Col 1

图 1-32　编译 Hello.c 程序

　　步骤 2：单击工具栏中的 Build 按钮 🖳 或选择 Build→Build ch01.exe 菜单，开始连接程序，并在输出窗口显示连接信息，如图 1-33 所示。

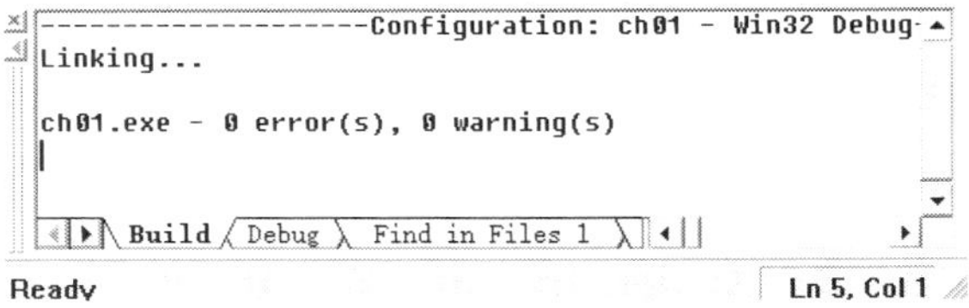

```
|---------------------Configuration: ch01 - Win32 Debug-
Linking...

ch01.exe - 0 error(s), 0 warning(s)

▶ Build ∕ Debug ╲ Find in Files 1 ╲
```

Ready　　　　　　　　　　　　　　Ln 5, Col 1

图 1-33　连接 Hello.c 程序

　　步骤 3：单击工具栏中的 Execute Programe 按钮 ❗ 或选择 Build→Execute ch01.exe 菜单，即可在命令行中输出程序的结果，如图 1-34 所示。

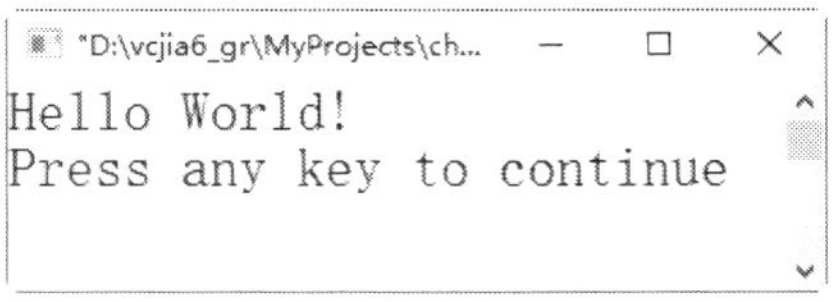

```
"D:\vcjia6_gr\MyProjects\ch...    —    □    ×
Hello World!
Press any key to continue
```

图 1-34　运行 Hello.c 程序

☆**大牛提醒**☆

　　在编写 C 语言程序时，可以省略步骤 1 创建空工程，而直接从步骤 2 开始。但是在程序编译时，会要求确认是否为 C 程序创建默认的工作空间，单击"是"按钮即可，如图 1-35 所示。

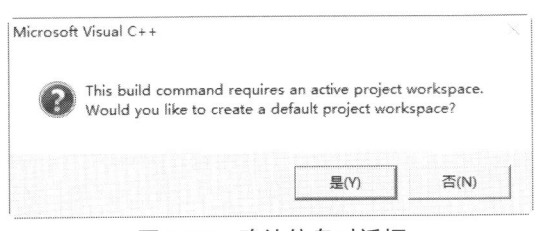

图 1-35 确认信息对话框

1.3.3 在 Turbo C 中编写

Turbo C 是美国 Borland 公司的产品，目前最常用的版本是 Turbo C 2.0，下面介绍使用 Turbo C 2.0 编写 C 程序的过程。

1. 环境设置

使用 Turbo C 2.0 开发环境编写 C 程序之前，首先要对环境进行相关设置，设置步骤如下：

步骤 1：打开 Turbo C 2.0 开发环境主界面，按 Alt+O 快捷键打开 Options 菜单，再使用键盘方向键选择 Directories 菜单，按 Enter 键，选择 Output directory 选项，按 Enter 键，输入保存路径，如 C:\TC20，如图 1-36 所示，按 Enter 键确认。

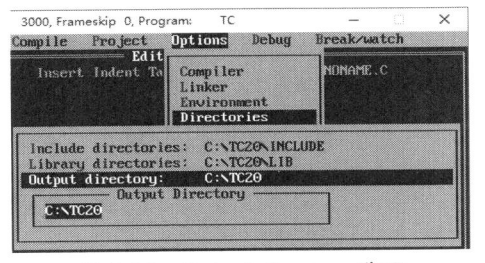

图 1-36 Output directory 选项

步骤 2：按 Esc 键返回 Options 菜单，通过方向键选择 Save options 菜单命令，按 Enter 键打开 Config File 输入框，如图 1-37 所示。

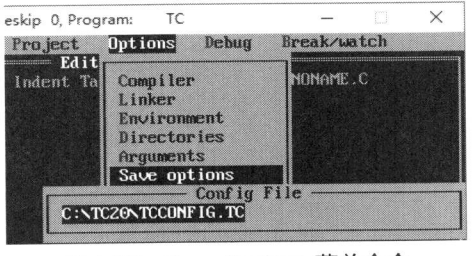

图 1-37 Save Options 菜单命令

步骤 3：按 Enter 键确认配置，打开 Verify 选择框，如图 1-38 所示。按 Y 键再次确认。

2. 编写 C 程序并编译运行

环境配置完成后即可编写 C 程序并编译运行了，操作步骤如下：

步骤 1：在 Turbo C 2.0 主界面按 Alt+F 快捷键，打开 File 菜单，通过键盘方向键选择 Write to 选项，按 Enter 键，打开 New Name 输入框，输入程序保存路径和文件名，如 C:\TC20\HELLO WORLD.C，如图 1-39 所示，按 Enter 键确认。

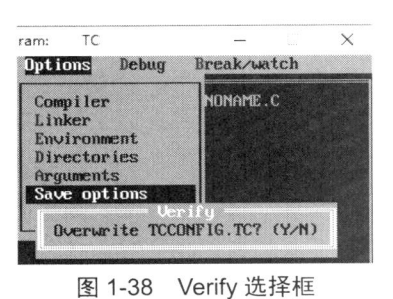

图 1-38 Verify 选择框

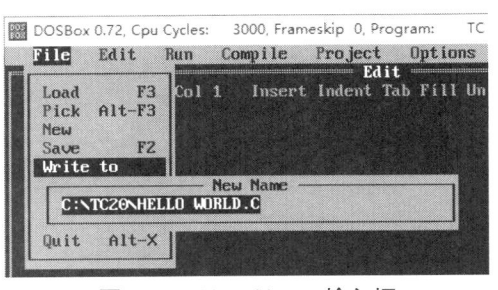

图 1-39 New Name 输入框

步骤 2：在代码编辑区输入 C 语言代码，如图 1-40 所示。

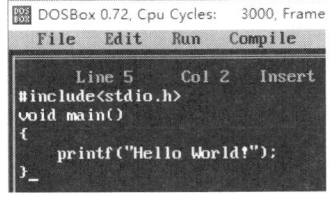

图 1-40 输入 C 语言代码

步骤 3：首先按 F2 键保存代码文件，然后按 Alt+C 快捷键，打开 Compile 菜单，通过键盘方向键选择 Compile to OBJ 选项，如图 1-41 所示。

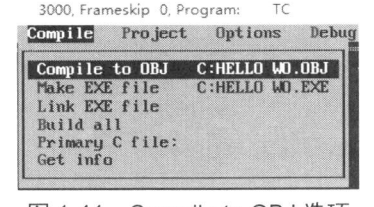

图 1-41 Compile to OBJ 选项

步骤 4：按 Enter 键，程序开始编译，并显示程序编译信息，如图 1-42 所示。

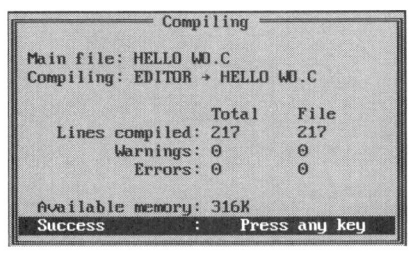

图 1-42 显示程序编译信息

步骤 5：返回主界面，按 Ctrl+F9 快捷键，运行程序，运行情况会一闪而过，按 Alt+F5 快捷键，可打开"命令提示符"窗口，在其中显示程序运行结果，如图 1-43 所示。

图 1-43 "命令提示符"窗口

1.4　C 语言的编写规范

从书写代码清晰，便于阅读、理解、维护的角度出发，在书写程序时应遵循以下规则。

（1）一个说明或一个语句占一行。我们把空格符、制表符、换行符等统称为空白符。除了字符串、函数名和关键字，C 语言忽略所有的空白符，在其他地方出现时，只起间隔作用，编译程序对它们忽略不计。因此在程序中使用空白符与否，对程序的编译不发生影响，但在程序中适当的地方使用空白符，可以增加程序的清晰性和可读性。例如下面的代码：

```
int
main()
{
 printf("Hello World!\n"
);
}                /*这样的写法也能运行，但是太乱，很不妥*/
```

（2）用"{"和"}"括起来的部分，通常表示程序某一层次的结构。"{"和"}"一般与该结构语句的第 1 个字母对齐，并单独占一行。例如下面的代码：

```
int main()
{
printf("Hello World!\n");
return 0;}            /*这样的写法也能运行，但是阅读起来比较费事*/
}
```

（3）低一层次的语句通常比高一层次的语句留有一个缩进后再书写。一般来说缩进指的是存在两个空格或者一个制表符的空白位置。例如下面的代码：

```
int main()
{
 printf("Hello World!\n");
 {
  printf("Hello World!\n");
 }
 return 0;
}
```

（4）在程序中书写注释，用于说明程序做了什么，同样可以增加程序的清晰性和可读性。

```
#include <stdio.h>
int main (void)
{                        //函数体开始
 printf("Hello World!\n"); //打印输入信息
 return 0;                //返回值
}                        //函数体结束
```

以上 4 点规则，大家在编程时应力求遵循，从而养成良好的编程习惯。

1.5　新手疑难问题解答

问题 1：为什么要学习 C 语言？

解答： C 语言最初是用于系统开发工作，特别是组成操作系统的程序。由于 C 语言所产生的代码运行速度与汇编语言编写的代码运行速度几乎一样，所以采用 C 语言作为系统开发语言。如操作系统、语言编译器、汇编器、文本编译器、打印机、网络驱动器、现代程序、数据库、语言解释器、实体工具等都是使用 C 语言作为开发语言的，因此 C 语言的应用非常广泛，这也是我们要学习 C 语言的原因。

问题 2：为什么我写的程序在编译的过程中没有错误，但最后计算的结果是错误的呢？

解答：程序的编译过程仅仅是检查源程序中是否存在语法错误，编译系统无法检查出源程序中的逻辑思维错误，因此，即使编译过程没有错误，也不能保证程序能够计算出正确的结果。当出现错误时，这里建议用户尽量修改源程序，在编译阶段最好做到"0 error(s)，0 warning(s)"，从而养成一个良好的编程习惯。

1.6　实战训练

解题思路

实战 1：输出"乾坤未定！你我皆是黑马！"。

编写程序，在窗口中输出语句"乾坤未定！你我皆是黑马！"，程序运行结果如图 1-44 所示。

实战 2：打印星号字符图形——三角形

编写程序，在窗口中输出由星号组成的三角形，程序运行结果如图 1-45 所示。

实战 3：打印星号字符图形——菱形

编写程序，在窗口中输出由星号组成的菱形，程序运行结果如图 1-46 所示。

图 1-44　实战 1 的程序运行结果 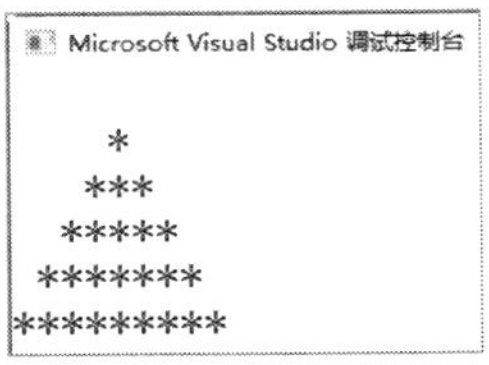　　图 1-45　实战 2 的程序运行结果 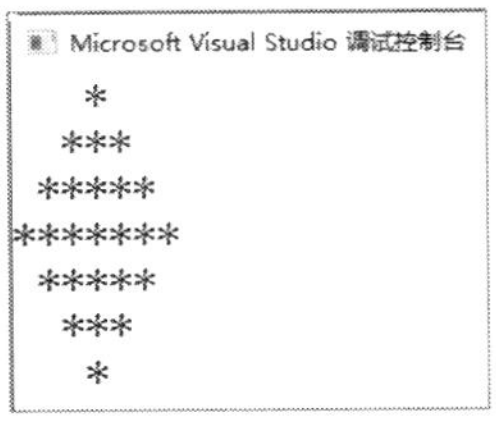　　图 1-46　实战 3 的程序运行结果

成为大牛前的必备知识

本章内容提要

在深入学习一门编程语言之前，需要先学会该语言的基本语法和规范。经过多敲代码，亲自体验 C 语言的特点。因此，在学习 C 语言之前，首先需要了解的就是 C 语言的一些必备知识，包括 C 语言的运行特征、基本语法、基本语句、数据类型等。

2.1 C 语言的运行特征

在计算机中，程序是被逐句执行的，在 C 语言程序中，即使再简单的一段 C 语言程序，也会包含最基本的组成部分，如函数首部、函数体、输出函数等，本节就来介绍 C 语言的运行特征。

2.1.1 简单的 C 语言程序

C 语言程序主要包括预处理器指令、函数、变量、语句&表达式、注释等内容，下面通过几个使用 C 语言编写的实例，来了解一下 C 语言程序的主要组成部分。

【例 2.1】编写程序，实现在屏幕中输出 Hello World！（源代码\ch02\2.1.txt）。

```
#include <stdio.h>
int main( )
{
 printf("Hello World!\n");        /*在屏幕中输出 Hello World!*/
 return 0;
}
```

程序运行结果如图 2-1 所示。

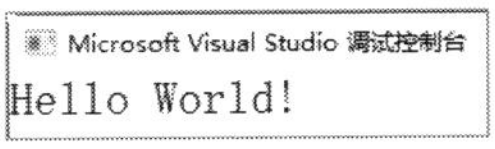

程序说明如下：

（1）#include：称为"文件包含命令"，其作用是把系统目录下的头文件<stdio.h>包含到本程序中，成为程序的一部分，并告诉 C 语言编译器在实际编译之前要包含 stdio.h 文件。

```
※ Microsoft Visual Studio 调试控制台
Hello World!
```

图 2-1 例 2.1 的程序
运行结果

C 语言提供的头文件中包含各种标准库函数的函数原型，在程序中调用某个库函数时，就必须将该函数原型所在的头文件包含进来。本程序包含的头文件是 stdio.h（stdio 是 standard input & output（标准输入/输出）的缩写），该文件中的函数主要用于处理数据流的标准输入/输出。

（2）main()：主函数的名字，每一个 C 语言程序只允许有一个主函数；主函数之前的 void

表示此主函数是空类型，即执行此函数后不产生一个函数值。

（3）/*…*/：表示注释语句，即程序中的说明文字，是不被 C 语言系统执行的语句。位于/* 和*/之间的所有内容都属于注释语句，可以写在一行之内，也可以写在多行之内。

（4）printf()：C 语言系统库函数，其函数原型在头文件 stdio.h 中，该函数的功能是将其小括号中的内容输出到显示器上，其小括号中双引号里的内容会被按原样输出，其中的"\n"是换行符。

（5）主函数中的内容必须放在函数体中，即主函数下方的一对花括号中。

（6）return()：终止主函数，并返回值 0。

☆**大牛提醒**☆

包含头文件的命令尽量不要忽略，虽然有的时候不影响程序的运行，但希望学习者在开始学习的时候就能养成良好的编程书写习惯。另外，主函数之前的 void 可以忽略不写。

【例 2.2】编写程序，求 10 以内的偶数的和（源代码\ch02\2.2.txt）。

```
#include <stdio.h>
int main( )                  /*主函数*/
{
  int sum;                   /*定义变量*/
  sum=2+4+6+8+10;            /*求 sum 的值*/
  printf("sum=%d\n",sum);    /*输出 sum 的值*/
}
```

程序运行结果如图 2-2 所示。

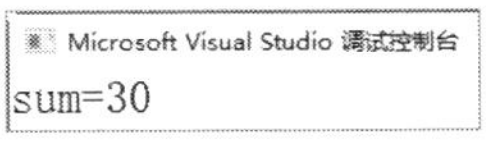

程序说明如下：

（1）在主函数里定义了一个整型变量 sum。

（2）语句"sum=2+4+6+8+10;"是将表达式"2+4+6+8+10"的计算结果赋给变量 sum。

图 2-2　例 2.2 的程序运行结果

Microsoft Visual Studio 调试控制台
sum=30

（3）语句"printf("sum=%d\n", sum);"是将变量 sum 的结构输出到计算机屏幕上，其中，双引号中的格式字符%d 对应的是双引号之后的变量 sum 的值。

☆**大牛提醒**☆

本程序中 printf()的双引号里出现了格式字符%d，其作用是输出一个整数类型的值，输出的对象是位于双引号之后的整型变量 sum。

【例 2.3】编写程序，求两个整数中的最大值（源代码\ch02\2.3.txt）。

```
#include <stdio.h>
int max(int x, int y);
void main()                  /*主函数*/
{
    int a,b,c;               /*定义变量*/
    a =100;                  /*给变量 a 赋值*/
    b =180;                  /*给变量 b 赋值*/
    c = max(a,b);            /*给变量 c 赋值*/
    printf("max=%d\n",c);    /*输出 max 的值*/
}
int max(int x, int y)        /*定义 max 函数*/
{
    int z;                   /*定义变量 z*/
    if (x>y) z=x;            /*判断 x 和 y 中的较大值*/
    else z=y;                /*将变量中的最大值赋值给 z*/
    return (z);              /*将 z 的值返回给主函数*/
}
```

程序运行结果如图 2-3 所示。

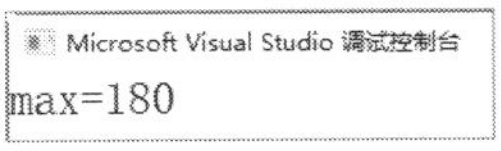

程序说明如下：

（1）本程序中包含两个函数，主调函数 main() 和被调函数 max()。函数 max() 的作用是判断 x 和 y 中的较大值。函数 max() 中的 return 语句将 z 的值返回给主调函数 main()，返回值通过函数名 max 带回到函数 main() 中调用 max 函数的位置。

图 2-3 例 2.3 的程序运行结果

（2）程序的第 2 行是对函数 max() 的声明。

（3）程序的第 8 行调用函数 max()，在调用时将实际参数 a 和 b 的值分别传给函数 max() 中的形式参数 x 和 y，经过执行函数 max()，其返回值返回给函数 main() 中的变量 c。

（4）程序的第 9 行输出变量 c 的值。

（5）程序的第 11 行至第 17 行是函数 max() 的具体定义。

2.1.2　C 语言程序的结构

在前面给出了一些 C 语言程序实例，虽然结构和功能简单，但是都包含了 C 语言程序的基本组成部分，从中我们可以得出以下结论。

（1）C 语言程序由函数构成。一个 C 语言程序必须包含一个主函数，或者一个主函数和若干个其他函数。因此，函数是 C 语言的基本单位，被调函数可以是系统函数，如函数 printf()，也可以是用户自定义编写的函数，如函数 max()。

（2）C 语言程序的函数由两部分组成，即函数首部和函数体。

① 函数首部，即函数的第一行，包括函数类型、函数名称、参数类型和参数名称。函数名称后面必须跟一对小括号，括号内写明函数的参数类型和参数名称，函数也可以没有参数，如 main()。例 2.3 中的函数 max() 的首部为：

int	max	(int	x,	int	y)
↓	↓	↓	↓	↓	↓
函数类型	函数名称	参数类型	参数名称	参数类型	参数名称

② 函数体，即函数首部下方花括号内的部分，若函数体有多个花括号，则以最外层的一对花括号包含的内容为函数体的范围。

函数体一般包括两个部分。

● 声明部分。这部分要定义所要用到的变量和对所要调用的函数进行声明，例 2.3 中的主函数对变量的定义语句 "int a, b, c;"。

● 执行部分。这部分由若干条语句组成。

在某些情况下也可以没有声明部分，例 2.1 中，我们也可以既无声明部分也无执行部分，语句如下：

```
void main( )
{   }
```

这是一个空函数，什么也不执行。

（3）C 语言程序总是从主函数开始执行，直至主函数中最后一条执行语句为止，与主函数的位置无关。

（4）C 语言程序书写格式自由，一行内可以写若干条语句，一条语句也可以分写在多行上。

（5）每条语句和数据声明的最后都必须带一个分号，即使是程序中的最后一条语句也要带上分号。

通过以上内容的学习，我们可以了解到 C 语言程序的语法规则、基本表达式、控制结构语句的作用，并通过了解模块化程序设计的思想和方法，逐步掌握 C 语言程序的设计方法。

2.1.3 C 语言程序的执行

用 C 语言编写的程序称为源程序,由于计算机只能识别和执行由 0 和 1 组成的二进制指令，为了使计算机能够执行编程语言的源程序，首先要将源程序翻译成二进制的"目标程序"，这个过程被称为"编译"。然后还要将目标程序和系统提供的函数与其他目标程序连接起来，得到计算机可以执行的程序，这个过程被称为"链接"。

1. 编译源程序

C 语言源程序的扩展名为.c，必须将其编译成目标程序，再将目标程序链接成可以执行程序，才能在计算机运行。C 语言源程序的编译过程如图 2-4 所示，由词法分析、语法分析和代码生成三部分组成。

```
C 语言源程序 → 词法分析器 → 语法分析器 → 代码生成器 → 目标程序
                    └──────────── 编译 ────────────┘
```

图 2-4 C 语言源程序的编译过程

2. 链接目标程序

C 语言源程序经过编译后所生成的目标程序尽管是机器语言的形式，但却不是计算机可以执行的方法，此时的目标程序还只是一些松散的机器语言，要想得到可执行的程序，就需要将它们链接起来。

编程语言的链接工作由链接器来完成,链接器的任务就是将目标程序链接成可执行的程序，这种可以执行的程序是一种可存储在磁盘存储器上的文件。

☆**大牛提醒**☆

（1）并不是每一个目标程序都可以链接成可执行程序。

（2）在应用系统中，只允许一个源程序中包含一个主函数。

C 语言源程序一旦生成了可执行程序，就可以反复被加载执行，而不再需要重新编译、链接；如果修改了源程序，也不会影响已生成的可执行程序，需要对修改后的源程序重新编译和链接，生成一个新的可执行程序。

2.2 C 语言的基本语法

微视频

学习 C 语言开发之前，首先需要了解 C 语言程序的语法特点。

2.2.1 C 语言中的分号

在 C 语言程序中，分号是语句结束符。也就是说，每个语句必须以分号结束。它表明一个逻辑实体的结束。例如，下面是两个不同的语句：

```
printf("Hello, World! \n");
return 0;
```

2.2.2　C 语言中的标识符

C 语言标识符是用来标识变量、函数，或任何其他用户自定义项目的名称。一个标识符以字母 A～Z 或 a～z 或下画线_开始，后跟零个或多个字母、下画线和数字（0～9）。

C 语言标识符内不允许出现标点字符，比如@、$和%。C 语言是区分大小写的编程语言。因此，在 C 语言中，Manpower 和 manpower 是两个不同的标识符。下面列出几个有效的标识符：

```
mohd       zara    abc    move_name  a_123
myname50   _temp   j      a23b9      retVal
```

另外，标识符的命名有以下的语法规则：

（1）标识符只能是由英文字母（A～Z，a～z）、数字（0～9）和下画线（_）组成的字符串，并且其第 1 个字符必须是字母或下画线。

```
如：int MAX_LENGTH;      /*由字母和下画线组成*/
```

（2）标识符不能是 C 语言的关键字。

（3）在标识符中，大小写是有区别的。

```
如：BOOK 和 book 是两个不同的标识符。
```

（4）标识符虽然可由程序员随意定义，但标识符是用于标识某个量的符号。应当直观且可以拼读，让别人看了就能了解其用途。

（5）标识符最好采用英文单词或其组合，不能太复杂，且用词要准确，以便记忆和阅读。因此，命名应尽量有相应的意义，以便阅读和理解，做到"顾名思义"。

（6）标识符的长度应当符合 min-length && max-information（最短的长度表达最多的信息）原则。

☆**大牛提醒**☆

标准 C 语言不限制标识符的长度，但它受各种版本的 C 语言编译系统限制，同时也受到具体机器的限制。例如，在某版本 C 语言中规定，标识符前 8 位有效，当两个标识符前 8 位相同时，则被认为是同一个标识符。

2.2.3　C 语言中的关键字

由 ANSI 标准定义的 C 语言关键字共 32 个，根据关键字的作用，可以将关键字分为数据类型关键字和流程控制关键字两大类。

1. 数据类型关键字

数据类型关键字又可分为基本数据类型关键字、类型修饰关键字、复杂类型关键字和存储级别关键字。

（1）基本数据类型关键字有 5 个，如表 2-1 所示。

（2）类型修饰关键字有 4 个，如表 2-2 所示。

（3）复杂类型关键字有 5 个，如表 2-3 所示。

（4）存储级别关键字有 6 个，如表 2-4 所示。

表 2-1　基本数据类型关键字

关　键　字	说　明
void	声明函数无返回值或无参数，声明无类型指针
char	声明字符型变量或函数返回值类型
int	声明整型变量或函数
float	声明浮点型变量或函数返回值类型
double	声明双精度浮点型变量或函数返回值类型

表 2-2　类型修饰关键字

关　键　字	说　明
short	声明短整型变量或函数
long	声明长整型变量或函数返回值类型
signed	声明有符号类型变量或函数
unsigned	声明无符号类型变量或函数

表 2-3　复杂类型关键字

关　键　字	说　明
struct	声明结构体类型
union	声明共用体类型
enum	声明枚举类型
typedef	用以给数据类型取别名
sizeof	计算数据类型或变量长度（即所占字节数）

表 2-4　存储级别关键字

关　键　字	说　明
auto	声明自动变量
static	声明静态变量
register	声明寄存器变量
extern	声明变量或函数是在其他文件或本文件的其他位置定义
const	声明只读变量
volatile	说明变量在程序执行中可被隐含地改变

2. 流程控制关键字

流程控制关键字包括跳转结构关键字、分支结构关键字、循环结构关键字三种。

（1）跳转结构关键字有 4 个，如表 2-5 所示。

（2）分支结构关键字有 5 个，如表 2-6 所示。

（3）循环结构关键字有 3 个，如表 2-7 所示。

☆**大牛提醒**☆

以上循环语句，当循环条件表达式为真则继续循环，为假则跳出循环。另外，在 C 语言中，关键字都是小写的。

除了由 ANSI 标准定义的 32 个 C 语言关键字外，在 C99 中增加了 5 个关键字，如表 2-8 所示。

表 2-5 跳转结构关键字

关　键　字	说　　明
return	子程序返回语句（可以带参数，也可不带参数）
continue	结束当前循环，开始下一轮循环
break	跳出当前循环
goto	无条件跳转语句

表 2-6 分支结构关键字

关　键　字	说　　明
if	条件语句
else	条件语句否定分支（与 if 连用）
switch	用于开关语句
case	开关语句分支
default	开关语句中的"其他"分支

表 2-7 循环结构关键字

关　键　字	说　　明
for	一种循环语句
do	循环语句的循环体
while	循环语句的循环条件

表 2-8 新增的 5 个关键字

关　键　字	说　　明
_Bool	声明布尔变量
_Complex	声明复数类型
_Imaginary	声明虚数类型
inline	表示为内联函数
restrict	用于指针的声明

2.2.4　C 语言中的空格

在 C 语言中，空格用于描述空白符、制表符、换行符和注释。空格分隔语句的各个部分，让编译器能识别语句中的某个元素（如 int）在哪里结束，下一个元素在哪里开始。因此，在下面的语句中：

```
int age;
```

在这里，int 和 age 之间必须至少有一个空格字符（通常是一个空白符），这样编译器才能够区分它们。另一方面，在下面的语句中：

```
fruit = apples + oranges;   //获取水果的总数
```

fruit 和=，或者=和 apples 之间的空格字符不是必需的，但是为了增强可读性，用户可以根据需要适当增加一些空格。

2.2.5　C 语言的注释方法

在编辑代码的过程中，希望加上一些说明的文字，来表示代码的含义，这就是注释，给代码加上注释是很有必要的。在 C 语言中，注释的要求如下。

（1）使用/*和*/表示注释的起止，注释内容写在这两个符号之间，注释表示对某语句的说明，不属于程序代码的范畴。例如：

```
sum= 8 + 9;   /*获取数值8和9的和*/
```

（2）/和*之间没有空格。

（3）注释可以注释单行，也可以注释多行，而且注释不允许嵌套，嵌套会产生错误，例如：

```
sum= 8 + 9;   /*获取数值/*8 和 9*/的和*/
```

这段注释放在程序中不但起不到说明的作用，反而会使程序产生错觉，原因是"获取数值"前面的/*与"和 9"后面的*/匹配，注释结束，而"的和*/"就被编译器认为是违反语法规则的代码。

2.3　C 语言中的基本语句

微视频

在 C 语言中，语句是程序的基本执行单位。从功能上，C 语言的语句可以分为操作运算语句和流程控制语句；从语法形式上，一般可以分为声明语句、表达式语句、函数调用语句、流程控制语句和空语句。

2.3.1　声明语句

声明语句用来对程序中的变量、常量、函数和构造类型进行定义和声明。

2.3.2　表达式语句

表达式语句是 C 语言中最常见也是最简单的语句。表达式语句是由 C 语言中的表达式构成的语句，在 C 语言中所有的操作运算都是通过表达式来完成的，最典型的表达式语句是由赋值表达式构成的赋值语句。

从形式上，赋值语句就是赋值表达式加了分号，它是由表达式加上分号";"组成的。表达式语句的一般形式为：

```
表达式;
```

例如：

```
a=8                /*给变量 a 赋值为 8*/
max=x>y?x:y;       /*把条件表达式运算的结果赋值给变量 max*/
sum=func(n);       /* 把函数 func() 的返回值赋值给变量 sum*/
```

对表达式语句进行操作实际上就是计算表达式的值。

2.3.3　函数调用语句

C 语言中的函数调用，也可以作为一个独立的语句使用，这种情况下，往往不需要得到函数的返回值，而只要求通过函数调用完成一定的操作。

函数调用语句是由函数名、实际参数再加上分号组成的，它的一般表现形式为：

```
函数名(实际参数);
```

对函数语句进行执行操作实际上就是调用函数体同时再把实际参数赋予函数定义中的形式参数，接着执行被调用的函数体中的语句，来求解函数值的过程。

例如，输出函数 printf() 就相当于一个函数语句：

```
printf("Hello C!");        /*调用库函数 printf()输出字符串 Hello C!*/
scanf_s("%d",&a);          /*调用库函数 scanf_s()得到从键盘录入的一个十进制数值存储到变量a中*/
```

输出函数 printf() 通过调用库函数，来实现输出字符串的功能。

2.3.4 流程控制语句

流程控制语句是由特定的语句定义符组成，用来描述语句的执行条件和执行顺序，使用流程控制语句可实现程序的各种结构方式，从而实现对程序的流程控制。

可以实现结构化程序设计的三种基本结构，如图 2-5 所示。

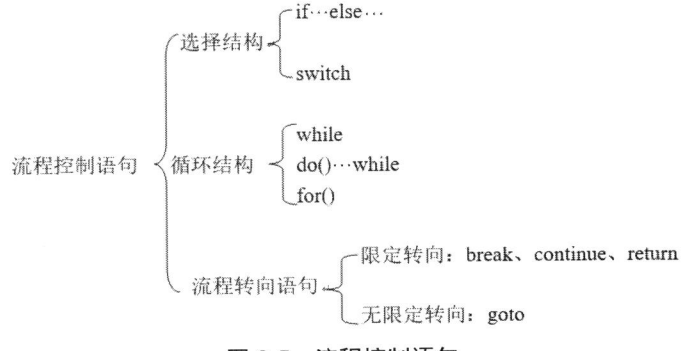

图 2-5 流程控制语句

2.3.5 空语句

空语句是指只包含一个独立的分号的语句，一般用在程序中某个需要一条语句但是功能上不需要执行任何实际操作的位置，例如：

```
int a=1;
;
++a;
printf("%d",a);
```

在上述代码中，第 2 条语句为一个空语句，当程序执行到此时什么都不会做，继续向下执行，空语句不会影响到程序的功能以及执行的顺序。

2.4 C 语言的数据类型

微视频

数据类型是数据的基本属性，描述的是数据的存储格式和运算规则。不同类型的数据内存中所需存储空间的大小是不同的，能够支持的运算、相应的运算规则也是不同的，因而在学习 C 语言程序时必须准确地掌握和运用数据的数据类型。C 语言中的数据类型如表 2-9 所示。

☆**大牛提醒**☆

数组类型和结构类型统称为聚合类型，函数的类型指的是函数返回值的类型。当函数没有必要返回一个值时，就需要使用空类型设置返回值的类型。

空类型用于指定没有可用的值，它通常用于表 2-10 所示的三种情况。

表 2-9　C 语言中的数据类型

类　型	描　述
基本类型	C 语言中最常用的数据类型，属于算术类型，包括两种类型：整数类型和浮点类型
枚举类型	属于算术类型，被用来定义在程序中只能赋予其一定的离散整数值的变量
空类型	类型说明符 void 表明没有可用的值
派生类型	主要包括指针类型、数组类型、结构类型、共用体类型和函数类型

表 2-10　空类型可用的情况

序　号	类型与描述
1	函数返回为空 C 语言中有各种函数都不返回值，或者可以说它们返回空。不返回值的函数的返回类型为空。例如 void exit (int status);
2	函数参数为空 C 语言中有各种函数不接受任何参数。不带参数的函数可以接受一个 void。例如 int rand(void);
3	指针指向 void 类型为 void *的指针代表对象的地址，而不是类型。例如，内存分配函数 void *malloc(size_t size);返回指向 void 的指针，可以转换为任何数据类型

2.4.1　整型数据类型

整型数据类型为 Integer，例如，0、−12、255、1、32767 等都是整型数据，根据数据在程序中是否可以改变数值，可分为整型常量和整型变量；根据有无符号可以分为有符号型和无符号型。有符号型的整数既可以是正数，也可以是负数；无符号型的整数只包含 0 和正数。

整型数据类型（int）可以用 4 种修改符的搭配来描述，有符号型（signed）、无符号型（unsigned）、短整型（short）和长整型（long）。如表 2-11 所示列出了关于标准整数类型的存储大小和值范围。

表 2-11　标准整数类型的存储大小和值范围

类　型	存储大小	值　范　围
char	1 字节	−128 到 127 或 0 到 255
unsigned char	1 字节	0 到 255
signed char	1 字节	−128 到 127
int	2 或 4 字节	−32 768 到 32 767 或−2 147 483 648 到 2 147 483 647
unsigned int	2 或 4 字节	0 到 65 535 或 0 到 4 294 967 295
short	2 字节	−32 768 到 32 767
unsigned short	2 字节	0 到 65 535
long	4 字节	−2 147 483 648 到 2 147 483 647
unsigned long	4 字节	0 到 4 294 967 295

为了得到某个类型或某个变量的存储大小，用户可以使用 sizeof(type)表达式查看对象或类型的存储字节大小。

【例 2.4】编写程序，获取整型数据类型的存储大小（源代码\ch02\2.4.txt）。

```
#include <stdio.h>
#include <limits.h>
int main()
{
    printf("整型数据类型的存储大小:%lu\n", sizeof(int));
    return 0;
}
```

程序运行结果如图 2-6 所示。

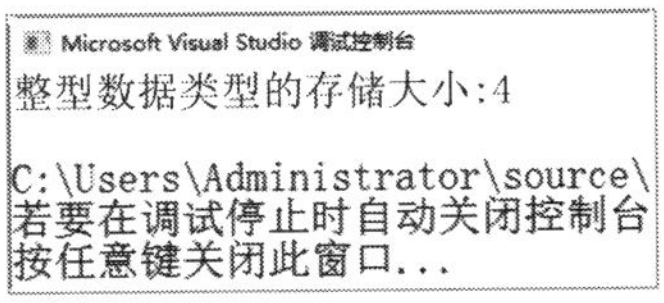

☆**大牛提醒**☆

在函数 printf()中，参数%lu 为 32 位无符号整数。

图 2-6　例 2.4 的程序运行结果

2.4.2　浮点型数据类型

浮点数的小数点位置是不固定的，可以浮动，C 语言中提供了三种不同的浮点格式，分别为：单精度浮点型（float）、双精度浮点数（double）和长双精度浮点型（long double）。

当精度要求不严格时，比如员工的工资，需要保留两位小数，就可以使用 float 类型；double 类型提供了更高的精度，对于绝大多数用户来说已经够用；long double 类型支持极高精度的要求，但很少使用。如表 2-12 所示为浮点型数据类型的存储大小、值范围和精度的细节。

表 2-12　浮点型数据类型的存储大小、值范围和精度

类　　型	存 储 大 小	值 范 围	精　　度
float	4 字节	1.2E-38 到 3.4E+38	6 位小数
double	8 字节	2.3E-308 到 1.7E+308	15 位小数
long double	16 字节	3.4E-4932 到 1.1E+4932	19 位小数

【**例 2.5**】编写程序，输出浮点型数据类型占用的存储空间以及它的范围值（源代码\ch02\2.5.txt）。

```
#include <stdio.h>
#include <float.h>
int main()
{
    printf("float 存储最大字节数:%lu\n", sizeof(float));
    printf("float 最小值:%E\n", FLT_MIN);
    printf("float 最大值:%E\n", FLT_MAX);
    printf("精度值:%d\n", FLT_DIG);
    return 0;
}
```

程序运行结果如图 2-7 所示。

☆**大牛提醒**☆

%E 为以指数形式输出单、双精度实数。

图 2-7　例 2.5 的程序运行结果

2.4.3　字符型数据类型

在 C 语言中，字符型是整型数据中的一种，它存储的是单个字符，存储方式是按照 ASCII（American Standard Code for Information Interchange，美国信息交换标准码）的编码方式，每个字符占一字节，字符使用单引号 "'" 引起来，如'A'、'5'、'm'、'$'、';'等。

字符型的输出，既可以使用字符的形式输出字符，即采用%c 格式控制符，还可以使用整数输出方式。例如：

```
char c ='A';
printf("%c,%u",c);
```

这段代码输出结果是：A，65。此处的 65 是字符'A'的 ASCII 码值。

【例 2.6】编写程序，实现字符和整数的相互转换输出（源代码\ch02\2.6.txt）。

```
#include <stdio.h>
 int main(void)
 {
 char c='a';              /*字符变量 c 初始化*/
 unsigned i=98;           /*无符号变量 i 初始化*/
 printf("%c,%u\n",c,c);   /*以字符和整型输出 c*/
 printf("%c,%u\n",i,i);   /*以字符和整型输出 i*/
 return 0;
 }
```

程序运行结果如图 2-8 所示。从输出结果可以得出，字符型数据是以 ACSII 码值形式存储的，字符 a 和整数 97 是可以相互转换的，整数 98 是可以与字符 b 相互转换的。

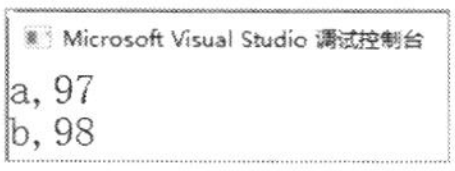

图 2-8　例 2.6 的程序
运行结果

2.4.4　自定义数据类型

使用 typedef 可以自定义数据类型，语句由 3 个部分组成，分别是关键字 typedef、原数据类型和新数据类型。具体的应用格式如下：

```
typedef    原数据类型    新数据类型
```

一旦定义，其之后的程序中可以使用新数据类型替换掉旧数据类型。

【例 2.7】编写程序，利用自定义数据类型实现字符的输出（源代码\ch02\2.7.txt）。

```
#include <stdio.h>
void main() {
    /* typedef 原数据类型 新数据类型*/
    typedef char myChar;       /* 给字符类型起一个别名 */
    myChar c1 = 'c';           /* 使用自定义的数据类型（新数据类型）*/
    printf("c1 = %c\n", c1);   /* printf 输出函数 */
    return 0;
}
```

程序运行结果如图 2-9 所示。从输出结果可以看出以上语句的含义是给 char 取一个别名 myChar，之后使用 myChar 代替 char 定义字符变量 c1，c1 就是字符类型。

图 2-9　例 2.7 的程序运行结果

2.4.5　数据类型的转换

在计算过程中，如果遇到不同的数据类型参与运算就会将数据类型进行转换，C 语言编译器转换数据类型的方法有 2 种，一种是自动转换，一种是强制转换。

1. 自动转换

C 语言中设定了不同数据参与运算时的转换规则，编译器就会自动进行数据类型的转换，进而计算出最终结果，这就是自动转换。数据类型的自动转换规则如图 2-10 所示。

C 语言编译器在自动转换数据类型时，应遵循以下规则：

（1）如果参与运算量的类型不同，则先转换成同一类型，然后进行运算。

（2）自动转换数据类型按数据长度增加的方向进行，以保证精度不降低。例如整型数据类型和长整型运算时，会先把整型数据类型转成长整型后再进行运算。

（3）所有的浮点运算都是以双精度进行的，即使仅含单精度量运算的表达式，也要先转换成双精度型，再做运算。

（4）字符型和短整型参与运算时，必须先转换成整型数据类型。

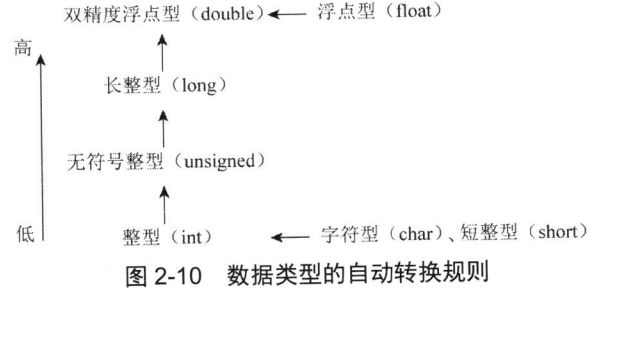

图 2-10　数据类型的自动转换规则

（5）在赋值运算中，赋值号两边量的数据类型不同时，赋值号右边量的类型将转换为左边量的类型。如果右边量的数据类型长度比左边长时，将丢失一部分数据，这样会降低精度，丢失的部分按四舍五入向前舍入。例如：

```
int i;
i=2 + 'A';
```

计算的规则是先计算"="号右边的表达式，字符型和整型混合运算按照数据类型转换先后顺序，把字符型转换为 int 类型 65，然后求和得 67，最后把 67 赋值给变量 i。

再例如如下语句：

```
double d;
d=2+'A'+1.5F;
```

计算的规则是先计算"="号右边的表达式，表达式中有字符型、整型和浮点型 3 种类型，因为有浮点型参与运算，所以"="右边表达式的结果是浮点型。按照数据类型转换顺序，把字符型转换为双精度浮点型 65.0，2 转换为 2.0，1.5F 转换为 1.5，最后把双精度浮点数 68.5 赋值给变量 d。

上述情况都是由低精度类型向高精度类型转换，如果逆向转换，将会出现丢失数据的危险，编译器会以警告的形式给出提示。例如：

```
int i;
i=1.2;
```

浮点数 1.2 舍弃小数位后，把整数部分 1 赋值给变量 i。如果 i=1.9，运算后变量 i 的值依然是 1，而不是 2。

【例 2.8】编写程序，利用数据类型的自动转换，从而计算圆的面积（源代码\ch02\2.8.txt）。

```
#include <stdio.h>
void main(){
    float PI=3.14159;
    int s,r=8;
    s=r*r*PI;
    printf("s=%d\n",s);
    return 0;
}
```

程序运行结果如图 2-11 所示。从运算结果可以看出，虽然 PI 为浮点型；s，r 为整型，但在执行 s=r*r*PI 语句时，r 和 PI 都转换成双精度浮点型计算，结果也为双精度浮点型。但是由于 s 为整型，故赋值结果仍为整型，舍去了小数部分，最后输出结果为 201。

2. 强制转换

当数据类型需要转换时，有时编译器会给出警告，提示程序会存在潜在的隐患，如果非常明确地希望转换数据类型，就需要用到显式类型转换，也就是常说的强制转换。其一般形式为：

```
（类型说明符）（表达式）
```

其功能是把表达式的运算结果强制转换成类型说明符所表示的类型。例如：

```
(float) a        把 a 转换为实型
(int)(x+y)       把 x+y 的结果转换为整型
```

在数据类型需要强制转换时应注意以下问题：

（1）类型说明符和表达式都必须加括号（单个变量可以不加括号），如把(int)(x+y)写成(int)x+y 则成了把 x 转换成 int 型之后再与 y 相加了。

（2）无论是强制转换还是自动转换，都只是为了本次运算的需要而对变量的数据长度进行的临时性转换，而不改变数据说明时对该变量定义的类型。

【例 2.9】编写程序，实现数据类型的强制转换，从而输出需要的数据类型格式（源代码\ch02\2.9.txt）。

```c
#include<stdio.h>
int main()
{
    float f, x = 3.6, y = 5.2;
    int i = 4, a, b;
    a = x + y;
    b = (int)(x + y);
    f = 10 / i;
    printf("a=%d,b=%d,f=%f,x=%f\n", a, b, f, x);
    return 0;
}
```

程序运行结果如图 2-12 所示。从输出结果可以看出，实例中先计算 x+y 值为 8.8，然后赋值给 a，因为 a 为整型，所以自取整数部分 8，a=8；接下来 b 把 x+y 强制转换为整型；最后 10/i 是两个整数相除，结果仍为整数 2，把 2 赋给浮点数 f；x 为浮点型直接输出。

图 2-11　例 2.8 的程序运行结果

图 2-12　例 2.9 的程序运行结果

2.5　新手疑难问题解答

问题 1：从精度上来讲，浮点型的精度比整型精确，从表示范围上来讲，浮点型表示的范围比整型表示的范围大，那么，为什么还需要整型呢？

解答：因为每种数据类型都有优缺点，虽然有时候可以将浮点型与整型相互替换，但有的时候就非要某种类型不可了，而且有些整数是浮点型表示不出来的！这就必须使用整型数据类型了。

问题 2：自动类型转换与强制类型转换的区别是什么？

解答：自动类型转换是编译系统自动进行的，不需要用户干预。强制类型转换是 C 语言根据用户的需要将运算对象的数据类型转换为所需要的数据类型。比如"float a=2.5;int b=a;"这样的转换就会出现问题，原因是 int 类型会自动上升为 float 类型，但是 float 类型却不能自动转换为 int 类型，而必须使用强制类型转换"int b=(float) a"。

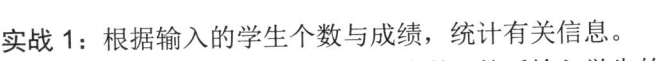

2.6 实战训练

实战 1：根据输入的学生个数与成绩，统计有关信息。

编写程序，通过输入端输入学生的个数，然后输入学生的期末成绩，要求：计算平均成绩、完成成绩排序以及计算出成绩合格人数，最后输出结果。程序运行结果如图 2-13 所示。

实战 2：制作一个查询数据类型长度的小工具。

编写程序，制作一个查询数据类型长度的小工具，要求实现 char、short、int、long、float、double 类型的长度查询。程序运行结果如图 2-14 所示。

实战 3：定义不同的数据类型，进行数据的转换。

编写程序，定义不同的数据类型，并将不同的数据类型进行相互转换。程序运行结果如图 2-15 所示。

```
Microsoft Visual Studio 调试控制台
请输入学生的人数: 5
请输入学生的成绩(0--100分)：
89 78 94 90 88
输入的成绩是：
89  78  94  90  88
学生的平均成绩是: 87.80
学生成绩从低到高: 78 88 89 90 94
最高分是94 最低分是78
成绩合格人数是4
```

图 2-13 实战 1 的程序运行结果

```
Microsoft Visual Studio 调试控制台
欢迎使用数据类型长度查询工具

[1] char
[2] shotr
[3] int
[4] long
[5] float
[6] double

请输入序号:3

int 类型的长度为 4 个字节
```

图 2-14 实战 2 的
程序运行结果

```
Microsoft Visual Studio 调试控制台
不同进制数据输出字符'a'
97,0141,0x61
自动数据类型转换99.500000
自动数据类型转换99
强制数据类型转换4.900000
强制数据类型转换5.000000
```

图 2-15 实战 3 的
程序运行结果

第3章

常量与变量

本章内容提要

在数据的世界中，数据被分为一成不变的常量和一直变化的变量。这样划分以后，计算机操作数据也变得方便多了，只要计算机能操作变量和常量，那么它就可以操作任何数据。本章就来介绍在 C 程序设计中，如何使用常量和变量。

3.1　使用常量

常量是固定值，在程序执行期间不会改变。常量可以是任何的基本数据类型，比如整型常量、浮点常量、字符常量，或字符串常量，也有枚举常量等。在程序中，常量可以不经说明而直接引用。

3.1.1　认识常量

在程序中，有些数据是不需要改变的，也是不能改变的，因此，我们把这些不能改变的固定值称之为常量。到底常量是什么样的呢？下面给出几条语句。

```
int a=1;
char ss="a"
printf("Hello \n");
```

此段程序语句中 "1" "a" "Hello"，这些在程序执行中始终是保持不变的，它们都是常量。注意，常量的值在定义后不能进行修改。

3.1.2　整型常量

在 C 语言中，整型常量有十进制、八进制、十六进制 3 种进制表示方法，并且各种数制均有正（+）负（-）之分，正数的"+"可省略。例如，0、-12、255、1、32767 等都是整型数据。

（1）十进制：包含 0～9 中的数字，但是一定不能以 0 开头，如 15、-255。

（2）八进制：只包含 0～7 中的数字，必须以 0 开头，如 017（十进制的 15）、0377（十进制的 255）。

（3）十六进制：包含 0～9 中的数字和 a～f 中的字母，以 0x 或 0X 开头，如 0xf（十进制的 15）、0xff（十进制的-1）、0x7f（十进制的 127）。

以下是各种类型的整型常量的实例：

```
85          /* 十进制 */
0213        /* 八进制 */
0x4b        /* 十六进制 */
30          /* 整型 */
30u         /* 无符号整型 */
30l         /* 长整型 */
30lu        /* 无符号长整型 */
```

☆**大牛提醒**☆

可以在十进制整型常量后面添加 l 或 u 来修饰整型常量，若添加 l 或 L 则表示该整型常量为"长整型"，如 17L；若添加 u 或 U 则表示该整型常量为"无符号整型"，如 17u；若添加 lu 或 LU 则表示该整型常量为"无符号长整型"，如 17LU；这里的 l 或 u 不区分大小写。

【**例 3.1**】编写程序，在命令行中输出整型常量（源代码\ch03\3.1.txt）。

```
#include <stdio.h>
int main(void)
{
printf("123\n");      /*输出十进制数 123*/
printf("0213\n");     /*输出八进制数*/
printf("0x4b\n");     /*输出十六进制数*/
printf("-78\n");      /*输出负数-78*/
return 0;
}
```

图 3-1　例 3.1 的程序
　　　　　运行结果

程序运行结果如图 3-1 所示。

☆**大牛提醒**☆

整型数据是不允许出现小数点和其他特殊符号的。另外，在计算机中，整型常量以二进制方式存储在计算机中；在日常生活中，数值的表示是以十进制为主。

3.1.3　浮点常量

C 语言中的浮点型常量数据就是平常所说的实数。在 C 语言中，它有两种表示形式，一种是十进制小数形式；一种是指数形式。

（1）十进制小数形式：由数码 0～9 和小数点组成。

例如：0.1、25.2、5.789、0.13、5.8、300.5、-267.8230 等均为合法的实数。注意，必须有小数点。

（2）指数形式：由十进制数，加字母 e 或 E 以及阶码（只能为整数，可以带符号）组成。其一般形式为 a E n，其中 a 为十进制数，n 为十进制整数，它的值为 a*10n。例如：2.8E5、3.9E-2、0.1E7、-2.5E-2 等。

☆**大牛提醒**☆

科学记数法要求字母 e（或 E）的两端必须都有数字，而且右侧必须为整数，如下列科学记数法是错误的：e3、2.1e3.2、e。

【**例 3.2**】编写程序，在命令行中输出浮点常量（源代码\ch03\3.2.txt）。

```
#include <stdio.h>
int main(void)
{
printf("3.1415\n");      /*输出浮点数 3.1415*/
```

```
    printf("-3.1415\n");      /*输出浮点数-3.1415*/
    return 0;
    }
```

程序运行结果如图 3-2 所示。从结果可以看出，直接输出的数值都
没有发生变化，这些数值都是浮点常量。

图 3-2　例 3.2 的程序
运行结果

3.1.4　字符常量

字符常量是用单引号'括起来的一个字符，一个字符常量在计算机的存储中占据一字节，例
如：'a'、'b'、'='、'+'、'?'都是合法字符常量。字符常量分为一般字符常量和转义字符。

1. 一般字符常量

一般字符常量的值为该字符的 ASCII 码值。如'a'、'A'、'0'、'?'等都是一般字符常量，但是'a'
和'A'是两个不同的字符常量，'a'的 ASCII 码值为 97，而'A'的 ASCII 码值为 65。在 C 语言中，
字符常量有以下特点：

- 字符常量只能用单引号括起来，不能用双引号或其他括号。
- 字符常量只能是单个字符，不能是字符串。
- 字符可以是字符集中任意字符。但数字被定义为字符型之后就不能参与数值运算。如
  '5'和 5 是不同的，'5'是字符常量，不能参与运算。

2. 转义字符

除了正常显示的字符外，还有一些控制符是无法通过正常的字符形式表示的，如常用的回车、
换行、退格等。因此，C 语言还使用了一种特殊形式的字符常量，这种特殊字符称为转义字符。

转义字符是以反斜线（\）开头，后跟一个或几个字符的特定字符序列。它表示 ASCII 字符
集中控制字符、某些用于功能定义的字符和其他字符，不同于字符原有的意义，故称为"转义"
字符。如'\n'表示回车换行符，'\\'表示字符"\"。常用的转义字符如表 3-1 所示。

表 3-1　C 语言中常见的转义字符

转 义 序 列	含　义	转 义 序 列	含　义
\\	\字符	\'	'字符
\"	"字符	\?	? 字符
\a	警报铃声	\b	退格键
\f	换页符	\n	换行符
\r	回车	\t	水平制表符
\v	垂直制表符	\ddd	一到三位的八进制数
\xhh...	一个或多个数字的十六进制数		

广义地讲，C 语言字符集中的任何一个字符都可用转义字符来表示。如表 3-1 中所示的\ddd
和\xhh 正是为此而提出的。ddd 和 hh 分别为八进制和十六进制的 ASCII 码值。例如，\141 和\x61
都表示字母 a，\134 和\X5C 都表示反斜线，\XOA 表示换行等。

【例 3.3】编写程序，在命令行中输出字符常量与转义字符（源代码\ch03\3.3.txt）。

```
#include <stdio.h>
int main()
{
    printf("Hello\tWorld\n\n")  ;/*输出 Hello  World并换两次行*/
    printf("a,A\n"); /*输出 a, A并换行*/
```

```
printf("123\'\"\n"); /*输出 123、单引号和双引号，最后换行*/
return 0;
}
```

程序运行结果如图 3-3 所示。

图 3-3　例 3.3 的程序
运行结果

3.1.5　字符串常量

字符串常量是由一对双引号括起的字符序列。例如："Hello World"、"C program"、"3.14"
等都是合法的字符串常量，字符串常量和字符常量是不同的量。它们之间主要有以下区别。

（1）字符常量由单引号括起来，字符串常量由双引号括起来。

（2）字符常量只能是单个字符，字符串常量则可以含一个或多个字符。

（3）可以把一个字符常量赋予一个字符变量，但不能把一个字符串常量赋予一个字符变量。

☆大牛提醒☆

在 C 语言中没有相应的字符串变量，但可以用一个字符数组来存放一个字符串常量，这在
后面的章节中会详细介绍。

（4）字符常量占一字节的内存空间。字符串常量占的内存字节数等于字符串中字节数加 1。
增加的一字节中存放字符"\0"（ASCII 码值为 0），这是字符串结束的标志。

例如：字符串"C program"在内存中所占的字节可以表示为如下所示的样式。

| C | | p | r | o | g | r | a | m | \0 |

字符常量'a'和字符串常量"a"虽然都只有一个字符，但在内存中的情况是不同的。

字符常量'a'在内存中占一字节，可表示为如下所示的样式。

| a |

字符串常量"a"在内存中占两字节，可表示为如下所示的样式。

| a | \0 |

【例 3.4】编写程序，在命令行中输出字符串常量（源代码\ch03\3.4.txt）。

```
#include <stdio.h>
int main()
{
    printf("Hello World\n") ;      /*输出 Hello World 并换行*/
    printf("Hello,dear\n");        /*输出 Hello,dear*/
    return 0;
}
```

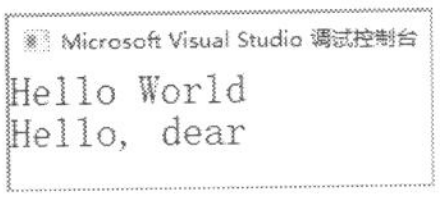

图 3-4　例 3.4 的程序运
行结果

程序运行结果如图 3-4 所示。

微视频

3.2　自定义常量

在 C 语言中，可以用一个标识符来表示一个常量，称之为符号常量，不过，符号常量在使
用之前必须先定义，在 C 语言中，有两种简单的定义方式，下面进行介绍。

3.2.1　使用#define 预处理器

#define 是一条预处理命令（预处理命令都以"#"开头），称为宏定义命令（在后面预处理程

序中将进一步介绍），其功能是把该标识符定义为其后的常量值。使用#define 预处理器定义常量的形式如下：

```
#define identifier（标识符）value（常量值）
```

一经定义，以后在程序中所有出现该标识符的地方均代之以该常量值。

如：#define PI 3.14159，表示是用符号 PI 代替 3.14159。在编译之前，系统会自动把所有的 PI 替换成 3.14159，也就是说编译运行时系统中只有 3.14159，而没有符号。

【例 3.5】编写程序，使用#define 预处理器定义常量，从而计算长方形的周长和面积（源代码\ch03\3.5.txt）。

```
#include <stdio.h>
#define LENGTH 8
#define WIDTH 5
#define NEWLINE '\n'
int main()
{
    int area;                    /*定义长方形的面积*/
    int cir;                     /*定义长方形的周长*/
    area = LENGTH * WIDTH;       /*计算长方形的面积*/
    cir = 2 * (LENGTH + WIDTH);  /*计算长方形的周长*/
    printf("长方形的面积: %d", area); /*输出长方形的面积*/
    printf("%c", NEWLINE);
    printf("长方形的周长: %d", cir);  /*输出长方形的周长*/
    return 0;
}
```

程序运行结果如图 3-5 所示。从输出结果中可以看出该实例中使用了符号常量，符号常量与变量不同，它的值在其作用域内不能改变，也不能再被赋值。

图 3-5　例 3.5 的程序
运行结果

☆大牛提醒☆

使用符号常量的好处是，含义清楚且在程序中修改一处即可实现"一改全改"。习惯上符号常量的标识符用大写字母，变量标识符用小写字母，以示区别。

3.2.2　使用 const 关键字

除了使用#define 定义符号常量外，读者还可以使用 const 前缀声明指定类型的常量，定义形式如下：

```
const type variable = value;
```

【例 3.6】编写程序，使用 const 关键字定义常量，从而计算长方形的周长和面积（源代码\ch03\3.6.txt）。

```
#include <stdio.h>
int main()
{
    const int  LENGTH = 8;
    const int  WIDTH = 5;
    const char NEWLINE = '\n';
    int area;                    /*定义长方形的面积*/
    int cir;                     /*定义长方形的周长*/
    area = LENGTH * WIDTH;       /*计算长方形的面积*/
    cir = 2 * (LENGTH + WIDTH);  /*计算长方形的周长*/
    printf("长方形的面积: %d", area); /*输出长方形的面积*/
    printf("%c", NEWLINE);
    printf("长方形的周长: %d", cir);  /*输出长方形的周长*/
```

```
        return 0;
    }
```

程序运行结果如图 3-6 所示。从输出结果可以看出使用 const 关键字定义常量与使用#define 预处理器定义常量，其计算结果是一样的。

图 3-6　例 3.6 的程序运行结果

微视频

3.3　使用变量

变量是指在程序运行过程中其值可以改变的量。在程序定义变量时，编译系统就会给它分配相应的存储单元，用来存储数据，变量的名称就是该存储单元的符号地址。

3.3.1　认识变量

在 C 语言程序设计中，变量用于存储程序中可以改变的数据。形象地讲，变量就像一个存放东西的抽屉，知道了抽屉的名字（变量名），也就能找到抽屉的位置（变量的存储单元）以及抽屉里的东西（变量的值）。当然，抽屉里存放的东西是可以改变的，也就是说，变量值也是可以变化的。

从上面的叙述不难看出，变量具有 4 个基本属性。具体介绍如下：

（1）变量名：一个符合规则的标识符。

（2）变量类型：C 语言中的数据类型或者是自定义的数据类型。

（3）变量位置：数据的存储空间位置。

（4）变量值：数据存储空间内存放的值。

程序编译时，会给每个变量分配存储空间和位置，程序读取数据的过程，其实就是根据变量名查找内存中相应的存储空间，从其内取值的过程。

【例 3.7】编写程序，使用变量输出偶数 2 和 4，然后再输出大写字母 A 和 B（源代码\ch03\3.7.txt）。

```
#include<stdio.h>
 void main(void)
 {
    int i=2;                            /*定义一个变量 i 并赋初值*/
    char y='A';                         /*定义一个字符型的变量 y 并赋初值*/
    printf("第 1 次输出偶数 i=%d\n",i);  /*输出变量 i 的值*/
    i=4;                                /*给变量 i 赋值*/
    printf("第 2 次输出偶数 i=%d\n",i);  /*输出变量 i 的值*/
    printf("第 1 次输出大写字母 y=%c\n",y);  /*输出变量 y 的值*/
    y='B';                              /*给变量 y 赋值*/
    printf("第 2 次输出大写字母 y=%c\n",y);  /*输出变量 y 的值*/
    return 0;
 }
```

程序运行结果如图 3-7 所示。从输出结果可以看出，变量 i 和 y 两次输出的值不一样。

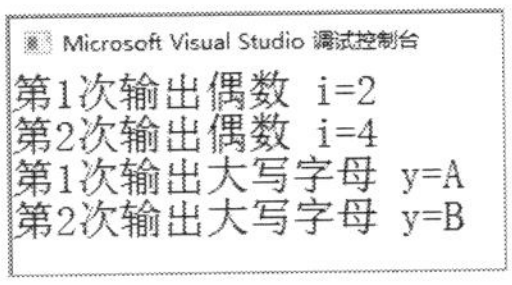

在本实例代码中变量 i 和 y 是先进行定义的，而且变量 i 和 y 都进行了两次赋值，可见，变量在程序运行中是可以改变它的值的。例 3.7 代码中的第 5 行和第 7 行是给变量赋初值的两种方式，是变量的初始化。

图 3-7　例 3.7 的程序运行结果

☆**大牛提醒**☆

变量的名称可以由字母、数字和下画线字符组成，它必须以字母或下画线开头，大写字母和小写字母是不同的，因为 C 语言是区分字母的大小写的。

3.3.2　变量的声明

变量声明的作用是向编译器保证变量以指定的类型和名称存在，这样编译器在不需要知道变量完整细节的情况下也能继续进一步的编译。变量的声明有两种情况：

（1）一种是需要建立存储空间的。例如：int a 在声明的时候就已经建立了存储空间。

（2）另一种是不需要建立存储空间的，通过使用 extern 关键字声明变量名而不定义它。例如：extern int a，其中变量 a 可以在别的文件中定义的。

变量的声明包括变量类型和变量名两个部分，其语法格式如下：

变量类型　变量名

int num；double area；char c 等语句都是变量的声明，在这些语句中，int、double 和 char 是变量类型，num、area 和 c 是变量名。这里的变量类型也是数据类型的一种，即变量 num 是整型，area 是双精度浮点型，c 是字符型。

变量类型是 C 语言自带的数据类型和用户自定义的数据类型。C 语言自带的数据类型包括整型、字符型、浮点型、枚举型和指针类型等。

【例 3.8】编写程序，在程序首部声明变量，从而计算两数之和，这里变量的定义与初始化在主函数内（源代码\ch03\3.8.txt）。

```c
#include <stdio.h>
// 函数外定义变量 x 和 y
int x;
int y;
int addtwonum()
{
    // 函数内声明变量 x 和 y 为外部变量
    extern int x;
    extern int y;
    // 给外部变量（全局变量）x 和 y 赋值
    x =105;
    y =106;
    return x+y;
}
int main()
{
    int result;
    // 调用函数 addtwonum
    result = addtwonum();
    printf("105+106= %d",result);
    return 0;
}
```

程序运行结果如图 3-8 所示。从输出结果可以看出，变量 x 和 y 相加之后的值为 "211"。

变量名其实就是一个标识符，当然，标识符的命名规则在此处同样适用。因此，变量命名时需要注意以下几点：

● 命名时应注意区分大小写，并且尽量避免使用大小写上有区别的变量名。

```
Microsoft Visual Studio 调试控制台
105+106=211
C:\Users\Administrator\source\
若要在调试停止时自动关闭控制台
按任意键关闭此窗口...
```

图 3-8　例 3.8 的程序运行结果

- 不建议使用以下画线开头的变量名，因为此类名称通常是保留给内部和系统的名字。
- 不能使用 C 语言保留字或预定义标识符作为变量名。如 int、define 等。
- 避免使用类似的变量名。如 total、totals、total1 等。
- 变量的命名最好具有一定的实际意义。如 sum 一般表示求和，area 一般表示面积。
- 变量的命名需放在变量使用之前。

☆**大牛提醒**☆

如果变量没有经过声明而直接使用，则会出现编译器报错的现象。

3.3.3 变量的赋值

既然变量的值可以在程序中随时改变，那么，变量必然可以多次赋值。变量除了通过赋值的方式获得值外，还可以通过初始化的方式获得值。把第一次的赋值行为称为变量的初始化。也可以这么说，变量的初始化是赋值的特殊形式。

下面给出几个变量赋值的语句：

```
int i;
double f;
char a;
i=10;
f=3.4;
a='b';
```

在这个语句中，前 3 行是变量的定义，后 3 行是对变量赋值。将 10 赋给了整型的变量 i，3.4 赋给了双精度浮点型的变量 f，字符 b 赋给了字符型的变量 a。后 3 行都是使用的赋值表达式。

从上述语句不难得出，对变量赋值的语法格式如下：

```
变量名=变量值;
```

对变量的初始化格式如下：

```
变量类型 变量名=初始值;
```

其中，变量必须在赋值之前进行定义。符号 "=" 称为赋值运算符，而不是等号。它表示将其后边的值放入以变量名命名的变量中。变量值可以是一个常量或一个表达式。例如：

```
int i=5;
int j=i;
double f=2.5+1.8;
char a='b';
int x=y+2;
```

更进一步，赋值语句不仅可以给一个变量赋值，还可以给多个变量赋值，格式如下：

```
变量类型 变量名1=初始值,变量名2=初始值...
```

例如：

```
int i=8,j=10,m=12;
```

上面的代码分别给变量 i 赋了 8，给变量 j 赋了 10，给变量 m 赋了 12，相当于语句：

```
int i,j,m;
i=8;
j=10;
m=12;
```

☆**大牛提醒**☆

变量的定义是让内存给变量分配内存空间，在分配好内存空间后，程序没有运行前，变量会分配一个不可知的混乱值，如果程序中没有对其进行赋值就使用的话，势必会引起不可预期的结果。所以，使用变量前务必要对其初始化，而且只有变量的数据类型相同时，才可以在一个语句中进行初始化。

【例 3.9】编写程序，通过给变量赋值，计算奇数 3 与 5 的和（源代码\ch03\3.9.txt）。

```c
#include <stdio.h>
int main(void)
{
    int a=3,b=5,c;
    c=a+b;
    printf("a=%d,b=%d\n,c=%d\n",a,b,c);
    return 0;
}
```

程序运行结果如图 3-9 所示。

图 3-9　例 3.9 的程序运行结果

3.3.4　变量的分类

变量按其作用域可分为局部变量和全局变量。全局变量在整个工程文件内都有效，其中静态全局变量只在定义它的文件内有效；局部变量在定义它的函数内有效，当函数返回后失效，静态局部变量只在定义它的函数内有效，只是程序仅分配一次内存，函数返回后，该变量不会消失，只有程序结束后才释放内存。

1. 局部变量

局部变量也称为内部变量。局部变量是在函数内作定义说明的。其作用域仅限于函数内，离开该函数后再使用这种变量是非法的。如下面的代码段：

```c
int fun(int a)        /*函数 fun()，a,b,c 的作用域*/
{
int b,c;
}
main()            /*主函数 main()，x,y 的作用域*/
{
int x,y;
}
```

x，y 作用域在函数 fun 内定义了三个变量 a、b、c。在 fun 的范围内 a、b、c 有效，或者说 a、b、c 变量的作用域限于 fun 内。同理，x，y 的作用域限于主函数 main()内。

☆大牛提醒☆

局部变量也只有局部作用域，它在程序运行期间不是一直存在，而是只在函数执行期间存在，函数的一次调用执行结束后，变量被撤销，其所占用的内存也被收回。

2. 全局变量

全局变量也称为外部变量，它是在函数外部定义的变量。它不属于哪一个函数，而是属于一个源程序文件，其作用域是整个源程序。在函数中使用全局变量，一般应作全局变量说明，只有在函数内经过说明的全局变量才能使用。全局变量具有全局作用域，只需在一个源文件中定义，就可以作用于所有的源文件。当然，其他不包含全局变量定义的源文件需要用 extern 关键字再次声明这个全局变量。

例如下面的代码段：

```
int a,b;        /*外部变量*/
void fun1()     /*函数 fun1*/
{...}
float c,d;      /*外部变量*/
int fun2()      /*函数 fun2*/
{...}
main()          /*主函数*/
{...}           *全局变量 a、b 作用域 全局变量 c、d 作用域*/
```

从上例可以看出 a、b、c、d 都是在函数外部定义的外部变量，都是全局变量。但 c、d 定义在函数 fun1()之后，而函数 fun1()内又没有对 c、d 加以说明，所以它们在函数 fun1()内无效。a、b 定义在源程序最前面，因此在函数 fun1()、函数 fun2()及主函数 main()内不加说明也可使用。

【例 3.10】编写程序，使用全局变量定义长方体的长、宽、高，通过键盘输入长方体的长、宽、高值，求出长方体的体积以及三个不同面的面积（源代码\ch03\3.10.txt）。

```
#include <stdio.h>
int ar1,ar2,ar3;                              /*定义全局变量*/
int vol(int a,int b,int c)                    /*定义全局变量*/
{int v;                                       /*计算长方体的体积*/
v=a*b*c;                                      /*计算长方体第一个面的面积*/
ar1=a*b;                                      /*计算长方体第二个面的面积*/
ar2=b*c;                                      /*计算长方体第三个面的面积*/
ar3=a*c;                                      /*返回长方体的体积*/
return v;}                                    /*定义主函数*/
void main()                                   /*定义变量*/
{int v,l,w,h;                                 /*提示输入长方体的长、宽与高*/
printf("输入长方体的长、宽和高\n");              /*输入长方体的长、宽与高*/
scanf_s("%d%d%d",&l,&w,&h);                   /*计算长方体的体积*/
v=vol(l,w,h);                                 /*输出长方体的体积、三个面的面积*/
printf("v=%d s1=%d s2=%d s3=%d\n",v,ar1,ar2,ar3);
return 0;
}
```

程序运行结果如图 3-10 所示，根据提示输入长、宽、高，按 Enter 键，即可计算出长方体的体积与三个不同面的面积，如图 3-11 所示。

图 3-10　例 3.10 的程序运行结果

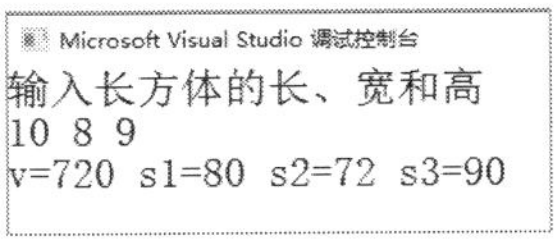

图 3-11　计算长方体的体积与面积

该实例中定义了三个全局变量 ar1，ar2，ar3，用来存放三个面积，其作用域为整个程序。函数 vol()用来求长方体的体积和三个面积，函数的返回值为体积 v。由主函数完成长宽高的输入及结果输出。

☆大牛提醒☆

C 语言规定函数返回值只有一个，当需要增加函数的返回数据时，用全局变量是一种很好的方式。本例中，如不使用全局变量，在主函数中就不可能取得 v，ar1，ar2，ar3 四个值。而采用了全局变量，在函数 vol()中求得的 ar1，ar2，ar3 在主函数 main()中仍然有效。因此全局变量是实现函数之间数据通信的有效手段。

3.4　变量的存储类型

微视频

存储类定义 C 语言程序中变量或函数的范围（可见性）和生命周期，这些说明符放置在它们所修饰的类型之前。在 C 语言程序中，可以通过存储类修饰符来告诉编译器要处理什么样的类型变量，具体有以下 4 种：自动型（auto）、静态型（static）、寄存器型（register）和外部型（extern）。

3.4.1　自动型变量

自动型（auto）变量是所有局部变量默认的存储类型。在变量前添加 auto 关键字，是声明该局部变量为自动的，这就意味着每次执行到定义该变量的时候，都会产生一个新的变量，并且对其重新进行初始化，另外，auto 只能用在函数内，即 auto 只能修饰局部变量。

例如：

```
int f(int a)                 // 定义函数 f()，a 为参数
{
  auto int b,c=100;          // 定义 b，c 自动变量
  …
}
```

该语句中，a 是形参，b、c 是自动变量，对 c 赋初值 100。执行完函数 f() 后，自动释放 a、b、c 所占的存储单元。

☆大牛提醒☆

关键字 auto 可以省略，auto 不写则隐含定为"自动存储类别"，属于动态存储方式。

【例 3.11】编写程序，定义自动型变量，通过多次调用函数输出运行结果（源代码\ch03\3.11.txt）。

```
#include<stdio.h>
void fun()
{
  auto int add = 100;        /*定义自动整型变量*/
  add = add+1;               /*变量加 1*/
  printf("%d\n",add);        /*显示结果*/
}
int main(int argc, char* argv[])
{
  printf("第 1 次调用函数结果：");   /*显示结果*/
  fun();                     /*调用函数 fun()*/
  printf("第 2 次调用函数结果：");   /*显示结果*/
  fun();                     /*调用函数 fun()*/
  return 0;                  /*程序结束*/
}
```

程序运行结果如图 3-12 所示。

在本实例中，首先在函数 fun() 中定义一个自动型的整型变量 add，在其中对变量进行加 1 操作。之后在主函数 main() 中通过显示的提示语句，可以看到调用 2 次函数 fun() 并输出，从结果中可以看到函数 fun() 中定义整型变量时系统会为其分配内存空间，在函数调用结束时自动释放这些存储空间。

```
■ Microsoft Visual Studio 调试控制台
第1次调用函数结果：  101
第2次调用函数结果：  101
```

图 3-12　例 3.11 的程序
运行结果

3.4.2　静态型变量

静态型（static）变量指示编译器在程序的生命周期内保持局部变量的存在，而不需要在每次它进入和离开作用域时进行创建和销毁。因此，使用 static 修饰符修饰局部变量可以在函数调用之间保持局部变量的值。

static 修饰符也可以应用于全局变量，当 static 修饰符修饰全局变量时，会使变量的作用域限制在声明它的文件内。全局声明的一个静态型变量或方法可以被任何函数或方法调用，只要这些方法出现在跟静态型变量或方法同一个文件中。

【例 3.12】编写程序，定义静态型变量，通过多次调用函数输出运行结果（源代码\ch03\3.12.txt）。

```c
#include<stdio.h>
void fun()
{
  static int add = 100;            /*定义静态整型变量*/
  add = add+1;                     /*变量加 1*/
  printf("%d\n",add);              /*显示结果*/
}
int main(int argc, char* argv[])
{
  printf("第 1 次调用函数结果： ");   /*显示结果*/
  fun();                           /*调用函数 fun()*/
  printf("第 2 次调用函数结果： ");   /*显示结果*/
  fun();                           /*调用函数 fun()*/
  return 0;                        /*程序结束*/
}
```

程序运行结果如图 3-13 所示。

在本实例中，使用了静态型变量。首先在函数 fun()中定义一个静态型的整型变量 add，在其中对变量进行加 1 操作。之后在主函数 main()中通过显示的提示语句，可以看到调用 2 次函数 fun()并输出，从结果中可以发现静态变量的值保持不变，因此 2 次调用的结果不一样。

图 3-13　例 3.12 的程序运行结果

3.4.3　寄存器型变量

寄存器型（register）变量用于定义存储在寄存器中而不是 RAM 中的局部变量。这意味着变量的最大尺寸等于寄存器的大小（通常是一个词），且不能对它应用一元'&'运算符，因为它没有内存位置，这样的好处是可以提高程序的运行速度。语法格式如下：

```c
{
  register int miles;
}
```

☆**大牛提醒**☆

寄存器只用于需要快速访问的变量，比如计数器。另外，定义 register 并不意味着变量将被存储在寄存器中，而是意味着变量可能存储在寄存器中，这取决于硬件的限制。

【例 3.13】编写程序，定义寄存器型变量来修饰整型变量，最后输出运行结果（源代码\ch03\3.13.txt）。

```c
#include<stdio.h>
int main()
{
  register int add ;    /*定义寄存器整型变量*/
```

```
        add = 100;
        printf("%d\n",add);        /*显示结果*/
        return 0;                  /*程序结束*/
}
```

程序运行结果如图 3-14 所示。

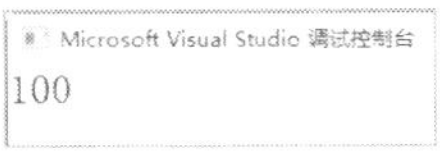

图 3-14 例 3.13 的
程序运行结果

3.4.4　外部型变量

外部型（extern）变量用于提供一个全局变量的引用，全局变量对所
有的程序文件都是可见的。当用户使用外部型变量时，对于无法初始化
的变量，会把变量名指向一个之前定义过的存储位置。extern 修饰符通常用于两个或多个文件
共享相同的全局变量或函数的时候。

【例 3.14】编写程序，定义外部型变量，调用两个文件中共享的数值，并输出运行结果（源
代码\ch03\3.14.txt）。

```
/*////////////////////////////////////////*/
/*                在 Extern1 文件中                */
/*////////////////////////////////////////*/
#include <stdio.h>
int count;                         /*定义变量 count*/
extern void write_extern();
int main()
{
    count = 100;                   /*给 count 变量赋值为 100*/
    write_extern();
    return 0;                      /*程序结束*/
}
/*////////////////////////////////////////*/
/*                在 Extern2 文件中                */
/*////////////////////////////////////////*/
#include <stdio.h>
extern int count;                  /*使用 extern 关键字声明已经在第一个文件中定义的 count*/
void write_extern(void)
{
    printf("count is %d\n", count);  /*输出 count 的值*/
}
```

程序运行结果如图 3-15 所示。

在本实例中，使用了外部型变量。首先在 Extern1 文件中
定义了一个外部型变量 count，并为其赋值为 100，然后在
Extern2 文件中使用 extern 关键字声明了已经在第 1 个文件中
定义的 count 变量，最后将其变量值显示到控制台。

图 3-15 例 3.14 的程序运行结果

3.5　新手疑难问题解答

问题 1：字符常量和字符串常量有什么区别？

解答：字符常量与字符串常量的书写方式不同，用单引号括起来的字符是字符常量，用双
引号括起来的字符是字符串常量。字符串常量与字符常量的存储方式不同，C 语言编译程序在
存储字符串常量时，自动采用\0 作为字符串常量的结束标志。

问题 2：变量的声明和变量的定义有什么不同？

解答：变量的定义比变量的声明多了一个分号，所以变量的定义是一个完整的语句。另外，变量的声明是在程序的编译期起作用，而变量的定义在程序的编译期起声明作用，在程序的运行期起为变量分配内存的作用。

3.6　实战训练

实战 1：定义变量，计算长方形的周长与面积。

编写程序，通过定义变量来计算长方形的周长与面积。程序运行结果如图 3-16 所示。

实战 2：根据输入的学生成绩，对成绩进行统计操作。

编写程序，输入学生的成绩，当输入负数时程序结束。根据输入的数据计算全班的平均成绩，并统计 90 分以上的学生个数，80～90 分的学生个数，70～80 分的学生个数，60～70 分的学生个数，以及不及格的学生个数。程序运行结果如图 3-17 所示。

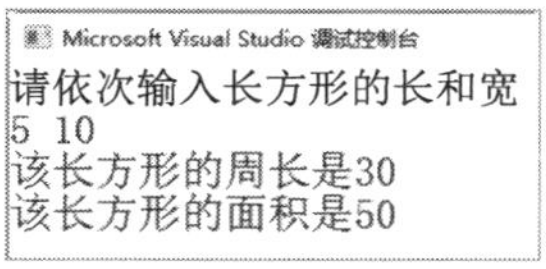

图 3-16　实战 1 的程序运行结果

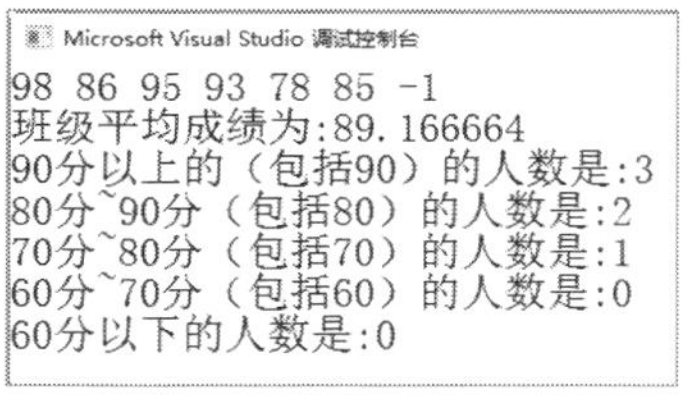

图 3-17　实战 2 的程序运行结果

实战 3：根据输入的数字，判断该数字是几位数。

编写程序，根据用户输入的数字，判断该数字是几位数。程序运行结果如图 3-18 所示。

图 3-18　实战 3 的程序运行结果

第4章

使用运算符和表达式

本章内容提要

C 语言为用户提供了丰富的运算符和表达式来实现对数据的操作，通过使用运算符可以将常量、变量以及函数等进行连接，并且可以通过改变运算符来对表达式进行不同的运算。本章就来介绍运算符和表达式的应用。

4.1　认识运算符

微视频

C 语言中的运算符是一种告诉编译器执行特定的数学或逻辑操作的符号，C 语言内置了丰富的运算符，主要包括算术运算符、关系运算符、逻辑运算符、赋值运算符、位运算符等。

4.1.1　算术运算符

C 语言中的算术运算符是用来处理四则运算的符号，是最简单、最常用的符号，数字的处理几乎都会使用到算术运算符。如表 4-1 所示显示了 C 语言支持的所有算术运算符。这里假设变量 A 的值为 10，变量 B 的值为 20。

表 4-1　算术运算符

运　算　符	描　　　　述	实　　　例
+	把两个操作数相加	A+B 将得到 30
-	从第一个操作数中减去第二个操作数	A-B 将得到-10
*	把两个操作数相乘	A*B 将得到 200
/	分子除以分母	B/A 将得到 2
%	取模运算符，整除后的余数	B%A 将得到 0
++	自增运算符，整数值增加 1	A++将得到 11
--	自减运算符，整数值减少 1	A--将得到 9

【例 4.1】编写程序，计算数值 21 与 10 的和、差、积等数值，并输出计算结果（源代码\ch04\4.1.txt）。

```
#include <stdio.h>
int main()
{
    int a = 21;
```

```
   int b = 10;
   int c ;
   c = a + b;
   printf("第1行a+b: c的值是%d\n", c );
   c = a - b;
   printf("第2行a-b: c的值是 %d\n", c );
   c = a * b;
   printf("第3行a*b: c的值是%d\n", c );
   c = a / b;
   printf("第4行a/b: c的值是%d\n", c );
   c = a % b;
   printf("第5行a%b: c的值是%d\n", c );
   c = a++;   //赋值后再加1, c为21, a为22
   printf("第6行a++: c的值是%d\n", c );
   c = a--;   //赋值后再减1, c为22, a为21
   printf("第7行a--: c的值是%d\n",c);
}
```

程序运行结果如图4-1所示。

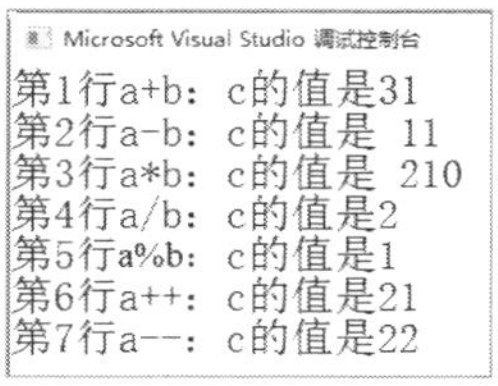

在算术运算符中，自增、自减运算符又分为前缀和后缀。
当++或--运算符置于变量的左边时，称为前置运算或前缀，表示
先进行自增或自减运算，再使用变量的值。而当++或--运算符置
于变量的右边时，称为后置运算或后缀，表示先使用变量的值，
再进行自增或自减运算。前置后置运算方法如表4-2所示，这里
假设计算的数值为a和b，并且a的值为5。

图4-1 例4.1的程序运行结果

表4-2 自增、自减运算符的前置与后置

表 达 式	类 型	计 算 方 法	结果（假定a的值为5）
b= ++a;	前置自加	a = a+ 1; b = a;	b= 6; a = 6;
b = a++;	后置自加	b=a; a = a + 1;	b= 5; a= 6;
b = --a;	前置自减	a = a - 1; b =a;	b = 4; a = 4;
b= a--;	后置自减	b = a; a = a - 1;	b= 5; a= 4;

【例4.2】编写程序，定义整型变量x、y，分别对x做前置运算和后置运算，将运算结果赋
予y，分别输出x、y的值（源代码\ch04\4.2.txt）。

```
#include <stdio.h>
int main()
{
   int x,y;
   /* 后置运算 */
   printf("x++、x--均先赋值后运算: \n");
   x = 5;
   y = x++;
   printf("y = %d\n", y );
   printf("x = %d\n", x );
   x = 5;
   y = x--;
   printf("y = %d\n", y );
   printf("x = %d\n", x );
   /* 前置运算 */
```

```
printf("++x、--x 均先运算后赋值: \n");
x = 5;
y = ++x;
printf("y = %d\n", y );
printf("x = %d\n", x );
x = 5;
y = --x;
printf("y = %d\n", y );
printf("x = %d\n", x );
return 0;
}
```

图 4-2 例 4.2 的程序运行结果

程序运行结果如图 4-2 所示。在本实例中，y=x++先将 x 赋值给 y，再对 x 进行自增运算。y=++x 先将 x 进行自增运算，再将 x 赋值给 y。y=x--先将 x 赋值给 y，再对 x 进行自减运算。y=--x 先将 x 进行自减运算，再将 x 赋值给 y。

4.1.2 关系运算符

关系运算可以被理解为是一种"判断"，判断的结果要么是"真"，要么是"假"。C 语言定义关系运算符的优先级低于算术运算符，高于赋值运算符。C 语言中定义的关系运算符如表 4-3 所示。这里假设变量 A 的值为 10，变量 B 的值为 20。

表 4-3 关系运算符

运 算 符	描 述	实 例
==	检查两个操作数的值是否相等，如果相等则条件为真	(A==B)为假
!=	检查两个操作数的值是否相等，如果不相等则条件为真	(A != B)为真
>	检查左操作数的值是否大于右操作数的值，如果是则条件为真	(A > B)为假
<	检查左操作数的值是否小于右操作数的值，如果是则条件为真	(A < B)为真
>=	检查左操作数的值是否大于或等于右操作数的值，如果是则条件为真	(A >= B)为假
<=	检查左操作数的值是否小于或等于右操作数的值，如果是则条件为真	(A <= B)为真

☆大牛提醒☆

关系运算符中的等于号==很容易与赋值号=混淆，一定要记住，=是赋值运算符，而==是关系运算符。

【例 4.3】编写程序，使用关系运算符判断数值 5 与 6 的关系，并输出判断结果（源代码\ch04\4.3.txt）。

```
#include <stdio.h>
int main()
{
  int a =5;
  int b =6;
  int c ;
  if( a == b )
  {
    printf("第 1 行 - a 等于 b\n" );
  }
  else
  {
    printf("第 1 行 - a 不等于 b\n" );
  }
  if ( a < b )
  {
    printf("第 2 行 - a 小于 b\n" );
  }
```

```
       else
       {
          printf("第2行 - a 不小于 b\n" );
       }
       if ( a > b )
       {
          printf("第3行 - a 大于 b\n" );
       }
       else
       {
          printf("第3行 - a 不大于 b\n" );
       }
       /* 改变 a 和 b 的值 */
       a =7;
       b =8;
       if ( a <= b )
       {
          printf("第4行 - a 小于或等于 b\n" );
       }
       if ( b >= a )
       {
          printf("第5行 - b 大于或等于 a\n" );
       }
    }
```

Microsoft Visual Studio 调试控制台
第1行 - a 不等于 b
第2行 - a 小于 b
第3行 - a 不大于 b
第4行 - a 小于或等于 b
第5行 - b 大于或等于 a

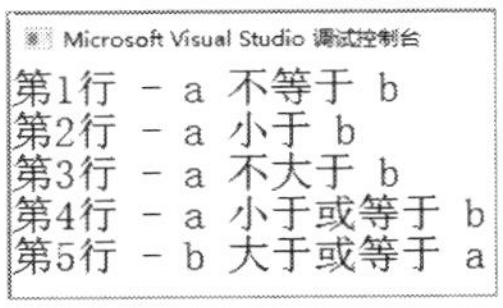

图 4-3　例 4.3 的程序运行结果

程序运行结果如图 4-3 所示。

4.1.3　逻辑运算符

C 语言为用户提供了逻辑运算符，包括逻辑与、逻辑或、逻辑非 3 种逻辑运算符。逻辑运算符两侧的操作数需要转换成布尔值进行运算。逻辑与和逻辑非都是二元运算符，要求有两个操作数，而逻辑非为一元运算符，只有一个操作数。

表 4-4 显示了 C 语言支持的所有逻辑运算符，假设变量 A 的值为 1，变量 B 的值为 0。

表 4-4　逻辑运算符

运 算 符	描　　述	实　　例
&&	逻辑与运算符表示对两个操作数进行与运算，当两个操作数均为"真"时，结果才为"真"	(A && B)为假
||	逻辑或运算符表示对两个操作数进行或运算，当两个操作数中只要有一个为"真"时，结果就是"真"	(A || B)为真
!	逻辑非运算符表示对某个操作数进行非运算，当某个操作数为"真"时，结果就是"假"	!(A && B)为真

为了方便掌握逻辑运算符的使用，逻辑运算符的运算结果可以用逻辑运算的"真值表"来表示，如表 4-5 所示。

☆大牛提醒☆

逻辑运算符与关系运算符的返回结果一样，分为"真"与"假"两种，"真"为"1"，"假"为"0"。

【例 4.4】编写程序，使用逻辑运算符判断数值 5 与 6 的关系，并输出判断的结果（源代码\ch04\4.4.txt）。

表 4-5　真值表

a	b	a&&b	a‖b	!a
1	1	1	1	0
1	0	0	1	0
0	1	0	1	1
0	0	0	0	1

```c
#include <stdio.h>
int main()
{
   int a = 5;
   int b = 6;
   int c ;
   if ( a && b )
   {
      printf("第 1 行 - 条件为真\n" );
   }
   if ( a || b )
   {
      printf("第 2 行 - 条件为真\n" );
   }
   /* 改变 a 和 b 的值*/
   a = 0;
   b = 10;
   if ( a && b )
   {
      printf("第 3 行 - 条件为真\n" );
   }
   else
   {
      printf("第 3 行 - 条件为假\n" );
   }
   if ( !(a && b) )
   {
      printf("第 4 行 - 条件为真\n" );
   }
}
```

图 4-4　例 4.4 的程序运行结果

程序运行结果如图 4-4 所示。

4.1.4　赋值运算符

赋值运算符为二元运算符，要求运算符两侧的操作数类型必须一致（或者右边的操作数必须可以隐式转换为左边操作数的类型），C 语言中提供的简单赋值运算符如表 4-6 所示。

表 4-6　赋值运算符

运 算 符	描　　述	实　　例
=	简单的赋值运算符，把右边操作数的值赋给左边操作数	C=A+B 将把 A+B 的值赋给 C
+=	加且赋值运算符，把右边操作数加上左边操作数的结果赋值给左边操作数	C += A 相当于 C = C + A
-=	减且赋值运算符，把左边操作数减去右边操作数的结果赋值给左边操作数	C -= A 相当于 C = C - A
*=	乘且赋值运算符，把右边操作数乘以左边操作数的结果赋值给左边操作数	C *= A 相当于 C = C * A
/=	除且赋值运算符，把左边操作数除以右边操作数的结果赋值给左边操作数	C /= A 相当于 C = C / A
%=	求模且赋值运算符，求两个操作数的模赋值给左边操作数	C %= A 相当于 C = C % A
<<=	左移且赋值运算符	C <<= 2 等同于 C = C << 2
>>=	右移且赋值运算符	C >>= 2 等同于 C = C >> 2

运 算 符	描　述	实　例
&=	按位与且赋值运算符	C &= 2 等同于 C = C & 2
^=	按位异或且赋值运算符	C ^= 2 等同于 C = C ^ 2
|=	按位或且赋值运算符	C |= 2 等同于 C = C	2

【例 4.5】编写程序，使用赋值运算符对 5 进行赋值运算，然后输出运算结果（源代码\ch04\4.5.txt）。

```
#include <stdio.h>
main()
{
    int a = 5;
    int c ;
    c = a;
    printf("第 1 行 - = 运算符实例, c 的值 = %d\n", c );
    c += a;
    printf("第 2 行 - += 运算符实例, c 的值 = %d\n", c );
    c -= a;
    printf("第 3 行 - -= 运算符实例, c 的值 = %d\n", c );
    c *= a;
    printf("第 4 行 - *= 运算符实例, c 的值 = %d\n", c );
    c /= a;
    printf("第 5 行 - /= 运算符实例, c 的值 = %d\n", c );
    c = 100;
    c %= a;
    printf("第 6 行 - %= 运算符实例, c 的值 = %d\n", c );
    c <<= 2;
    printf("第 7 行 - <<= 运算符实例, c 的值 = %d\n", c );
    c >>= 2;
    printf("第 8 行 - >>= 运算符实例, c 的值 = %d\n", c );
    c &= 2;
    printf("第 9 行 - &= 运算符实例, c 的值 = %d\n", c );
    c ^= 2;
    printf("第 10 行- ^= 运算符实例, c 的值 = %d\n", c );
    c |= 2;
    printf("第 11 行 - |= 运算符实例, c 的值 = %d\n", c );
}
```

图 4-5　例 4.5 的程序运行结果

程序运行结果如图 4-5 所示。

☆大牛提醒☆

在书写复合赋值运算符时，两个符号之间一定不能有空格，否则将会出错。

4.1.5　位运算符

任何信息在计算机中都是以二进制的形式保存的，位运算符是对数据按二进制位进行运算的运算符。C 语言中提供的位运算符如表 4-7 所示，这里假设变量 A 的值为 60，变量 B 的值为 13。

表 4-7　位运算符

运 算 符	描　述	实　例
&	位与运算符，按二进制位进行"与"运算。运算规则： 0&0=0; 0&1=0; 1&0=0; 1&1=1;	(A&B)将得到 12，即为 0000 1100

续表

运　算　符	描　　述	实　　例
|	位或运算符，按二进制位进行"或"运算。运算规则： 0|0=0; 0|1=1; 1|0=1; 1|1=1;	(A|B)将得到 61，即为 0011 1101
^	异或运算符，按二进制位进行"异或"运算。运算规则： 0^0=0; 0^1=1; 1^0=1; 1^1=0;	(A^B)将得到 49，即为 0011 0001
~	取反运算符，按二进制位进行"取反"运算。运算规则： ～1=0; ～0=1;	(～A)将得到-61，即为 1100 0011，一个有符号二进制数的补码形式
<<	二进制左移运算符。将一个运算对象的各二进制位全部左移若干位（左边的二进制位丢弃，右边补 0）	A<<2 将得到 240，即为 1111 0000
>>	二进制右移运算符。将一个数的各二进制位全部右移若干位，正数左补 0，负数左补 1，右边丢弃	A>>2 将得到 15，即为 0000 1111

【例 4.6】编写程序，使用位运算符对数值 60 和 13 进行位运算，然后输出运算结果（源代码\ch04\4.6.txt）。

```c
#include <stdio.h>
int main()
{
  unsigned int a = 60;    /* 60 = 0011 1100 */
  unsigned int b = 13;    /* 13 = 0000 1101 */
  int c = 0;
  c = a & b;        /* 12 = 0000 1100 */
  printf("第 1 行 - c 的值是 %d\n", c );
  c = a | b;        /* 61 = 0011 1101 */
  printf("第 2 行 - c 的值是 %d\n", c );
  c = a ^ b;        /* 49 = 0011 0001 */
  printf("第 3 行 - c 的值是 %d\n", c );
  c = ~a;           /*-61 = 1100 0011 */
  printf("第 4 行 - c 的值是 %d\n", c );
  c = a << 2;       /* 240 = 1111 0000 */
  printf("第 5 行 - c 的值是 %d\n", c );
  c = a >> 2;       /* 15 = 0000 1111 */
  printf("第 6 行 - c 的值是 %d\n", c );
}
```

程序运行结果如图 4-6 所示。

4.1.6　杂项运算符

在 C 语言中，除了算术运算符、关系运算符、逻辑运算符等，还有其他一些重要的运算符，如表 4-8 所示。

```
Microsoft Visual Studio 调试控制台
第1行 - c 的值是 12
第2行 - c 的值是 61
第3行 - c 的值是 49
第4行 - c 的值是 -61
第5行 - c 的值是 240
第6行 - c 的值是 15
```

图 4-6　例 4.6 的程序运行结果

表 4-8　杂项运算符

运　算　符	描　　述	实　　例
sizeof()	返回变量的大小	sizeof(a)将返回 4，其中 a 是整数
&	返回变量的地址	&a;将给出变量的实际地址

续表

运　算　符	描　　述	实　　例
*	指向一个变量	*a;将指向一个变量
?:	条件表达式	如果条件为真，则值为 X，否则值为 Y

【例 4.7】编写程序，使用杂项运算符计算变量的值（源代码\ch04\4.7.txt）。

```
#include <stdio.h>
int main()
{
    int a = 4;
    short b;
    double c;
    int* ptr;
    /* sizeof 运算符实例 */
    printf("Line 1 - 变量 a 的大小 = %lu\n", sizeof(a) );
    printf("Line 2 - 变量 b 的大小 = %lu\n", sizeof(b) );
    printf("Line 3 - 变量 c 的大小 = %lu\n", sizeof(c) );
    /* & 和 * 运算符实例 */
    ptr = &a;      /* 'ptr' 现在包含 'a' 的地址 */
    printf("a 的值是 %d\n", a);
    printf("*ptr 是 %d\n", *ptr);
    /* 三元运算符实例 */
    a = 10;
    b = (a == 1) ? 20: 30;
    printf( "b 的值是 %d\n", b );
    b = (a == 10) ? 20: 30;
    printf( "b 的值是 %d\n", b );
}
```

程序运行结果如图 4-7 所示。

```
※ Microsoft Visual Studio 调试控制台
第1行 - 变量 a 的大小 = 4
第2行 - 变量 b 的大小 = 2
第3行 - 变量 c 的大小 = 8
a 的值是 4
*ptr 是 4
b 的值是 30
b 的值是 20
```

图 4-7　例 4.7 的程序运行结果

4.1.7　运算符的优先级

运算符的种类非常多，通常不同的运算符又构成了不同的表达式，甚至一个表达式中又包含有多种运算符，因此它们的运算方法应该有一定的规律性。C 语言规定了各类运算符的运算优先级及结合性等，如表 4-9 所示。

表 4-9　运算符的运算优先级及结合性

类　　别	运　算　符	结　合　性
后缀	() [] -> . ++ --	从左到右
一元	+ - ! ~ ++ -- (type)* & sizeof	从右到左
乘除	* / %	从左到右
加减	+ -	从左到右
移位	<< >>	从左到右
关系	< <= > >=	从左到右
相等	== !=	从左到右
位与 AND	&	从左到右
位异或 XOR	^	从左到右
位或 OR	|	从左到右
逻辑与 AND	&&	从左到右
逻辑或 OR	||	从左到右
条件	?:	从右到左

续表

类　别	运　算　符	结　合　性
赋值	= += -= *= /= %=>>= <<= &= ^= |	从右到左
逗号	,	从左到右

☆**大牛提醒**☆

如果无法确定运算符的有效顺序，则尽量采用括号来保证运算的顺序，这样也使得程序一目了然，而且自己在编程时能够保持思路清晰。

【例 4.8】编写程序，使用小括号改变表达式的运算顺序，并输出表达式的计算结果（源代码\ch04\4.8.txt）。

```c
#include <stdio.h>
main()
{
  int a = 20;
  int b = 10;
  int c = 15;
  int d = 5;
  int e;
  e = (a + b) * c / d;      // ( 30 * 15 ) / 5
  printf("(a + b) * c / d 的值是 %d\n", e );
  e = ((a + b) * c) / d;    // (30 * 15) / 5
  printf("((a + b) * c) / d 的值是 %d\n" , e );
  e = (a + b) * (c / d);    // (30) * (15/5)
  printf("(a + b) * (c / d) 的值是 %d\n", e );
  e = a + (b * c) / d;      //  20 + (150/5)
  printf("a + (b * c) / d 的值是 %d\n" , e );
  return 0;
}
```

```
※ Microsoft Visual Studio 调试控制台
(a + b) * c / d 的值是 90
((a + b) * c) / d 的值是 90
(a + b) * (c / d) 的值是 90
a + (b * c) / d 的值是 50
```

程序运行结果如图 4-8 所示。

图 4-8　例 4.8 的程序运行结果

4.2　使用表达式

微视频

在 C 语言中，表达式由运算符和操作数构成，表达式的运算符指出了对操作数的操作，操作数可以是常量、变量或者函数的调用，并且表达式是用来构成语句的基本单位。本节就来介绍表达式的使用。

4.2.1　算术表达式

由算术运算符和操作数组成的表达式称为算术表达式，算术表达式的结合性为自左向右。常用的算术表达式使用说明，如表 4-10 所示。

表 4-10　算术表达式的描述

表达式的样式	所用运算符	表达式的描述	示例（假设 i=1）
操作数 1 + 操作数 2	+	执行加法运算（如果两个操作数是字符串，则该运算符作字符串连接运算符，将一个字符串添加到另一个字符串的末尾）	3+2(结果：5) 'a'+14(结果：111) 'a'+ 'b'(结果：195) 'a'+"bcd"(结果：abcd) 12+"bcd"(结果：12bcd)
操作数 1 - 操作数 2	-	执行减法运算	3-2(结果：1)

续表

表达式的样式	所用运算符	表达式的描述	示例（假设 i=1）
操作数 1 * 操作数 2	*	执行乘法运算	3*2(结果：6)
操作数 1 / 操作数 2	/	执行除法运算	3/2(结果：1)
操作数 1 % 操作数 2	%	获得进行除法运算后的余数	3%2(结果：1)
操作数++ 或 ++操作数	++	将操作数加 1	i++/++i(结果：1/2)
操作数-- 或 --操作数	--	将操作数减 1	i--/--i(结果：1/0)

【例 4.9】编写程序，定义 int 型变量 a、b、c，初始化 a 的值为 10，初始化 b 的值为 20，使用算术表达式对 a 和 b 进行运算，将计算结果分别赋予 c 再输出（源代码\ch04\4.9.txt）。

```c
#include <stdio.h>
int main()
{
    int a = 10;
    int b = 20;
    int c ;
    /* +运算 */
    c= a + b;
    printf("a+b=%d\n", c );
    /* -运算 */
    c= a - b;
    printf("a-b=%d\n", c);
    /* *运算 */
    c = a * b;
    printf("a*b=%d\n", c );
    /* /运算 */
    c = a / b;
    printf("a/b=%d\n", c );
    /* %运算 */
    c= a % b
    printf("a%%b=%d\n", c );
    /* 前置++运算 */
    c = ++a;
    printf("++a=%d\n", c);
    /* 前置--运算 */
    c= --a;
    printf("--a=%d\n", c );
    return 0;
}
```

程序运行结果如图 4-9 所示。

在使用算术表达式的过程中，应该注意以下几点：

（1）在算术表达式中，如果操作数的类型不一致，系统会自动进行隐式转换，如果转换成功，表达式的结果类型以操作数中表示范围大的类型为最终类型。

（2）减法运算符的使用同数学中的使用方法类似，但需要注意的是，减法运算符不但可以应用于整型、浮点型数据间的运算，还可以应用于字符型的运算。在字符型运算时，首先将字符转换为其 ASCII 码值，然后进行减法运算。

（3）在使用除法运算符时，如果除数与被除数均为整数，则结果也为整数，它会把小数舍去（并非四舍五入），如 3/2=1。

```
Microsoft Visual Studio 调试控制台
a+b=30
a-b=-10
a*b=200
a/b=0
a%b=10
++a=11
--a=10
```

图 4-9 例 4.9 的程序运行结果

4.2.2　赋值表达式

由赋值运算符和操作数组成的表达式称为赋值表达式，赋值表达式的功能是计算表达式的值再赋予左侧的变量。赋值表达式的一般形式如下：

变量　赋值运算符　表达式

赋值表达式的计算过程是：首先计算表达式的值，然后将该值赋给左侧的变量。C 语言中常见赋值表达式以及使用说明，如表 4-11 所示。

表 4-11　常见赋值表达式以及使用说明

表达式的样式	所用运算符	表达式的描述	示例（假设 x=10）
运算结果=操作数	=	直接赋值	x=10
运算结果=操作数 1+操作数 2	+=	加上数值后赋值	x = x + 10
运算结果=操作数 1-操作数 2	-=	减去数值后赋值	x= x - 10
运算结果=操作数 1*操作数 2	*=	乘以数值后赋值	x = x *10
运算结果=操作数 1/操作数 2	/=	除以数值后赋值	x = x / 10
运算结果=操作数 1%操作数 2	%=	求余数后赋值	x= x% 10

【例 4.10】编写程序，定义整型变量 x、y，使用赋值表达式对 x 进行相应的运算操作，然后将结果赋予 y 输出（源代码\ch04\4.10.txt）。

```c
#include <stdio.h>
main()
{
  int x,y;
  x=2;
  printf("x =%d\n",x);
  /* 基本赋值 */
  y = x;
  printf("计算 y = x\n");
  printf("y = %d\n", y );
  /* +=运算符 */
  y += x;
  printf("计算 y += x\n");
  printf("y = %d\n", y );
  /* -=运算符 */
  y -= x;
  printf("计算 y -= x\n");
  printf("y = %d\n", y );
  /* *=运算符 */
  y *= x;
  printf("计算 y *= x\n");
  printf("y = %d\n", y );
  /* /=运算符 */
  y /= x;
  printf("计算 y /= x\n");
  printf("y = %d\n", y );
  /* %=运算符 */
  y = 3;
  y %= x;
  printf("计算 y %%= x(y=3)\n");
  printf("y = %d\n", y );
  return 0;
}
```

程序运行后的结果如图 4-10 所示。

在使用赋值表达式的过程中，应该注意以下几点：

（1）赋值的左操作数必须是一个变量，C 语言中可以对变量进行连续赋值，这时赋值运算符是右关联的，这意味着从右向左运算符被分组。例如，形如 a=b=c 的表达式等价于 a=(b=c)。

（2）如果赋值运算符两边的操作数类型不一致，如果存在隐式转换，系统会自动将赋值运算符右边的类型转换为左边的类型再赋值；如果不存在隐式转换，那就先要进行显式类型转换，否则程序会报错。

```
※ Microsoft Visual Studio 调试控制台
x =2
计算y = x
y = 2
计算y += x
y = 4
计算y -= x
y = 2
计算y *= x
y = 4
计算y /= x
y = 2
计算y %= x(y=3)
y = 1
```

图 4-10 例 4.10 的
程序运行结果

4.2.3 关系表达式

由关系运算符和操作数构成的表达式称为关系表达式。关系表达式中的操作数可以是整型数、实型数、字符型等。对于整数类型、实数类型和字符类型，六种关系运算符都适用；对于字符串的关系运算符实际上只能使用==和!=运算符。关系表达式的格式如下：

```
表达式 关系运算符 表达式
```

例如：

```
3>2
z>x-y
'a'+2<d
a>(b>c)
a!=(c==d)
"abc"!="asf"
```

☆大牛提醒☆

两个字符串值都为 null 或两个非空字符串长度相同、对应的字符序列也相同的情况下比较的结果才能为"真"。

关系表达式的返回值只有"真"与"假"两种，分别用"1"和"0"来表示，例如：

```
2>1 的返回值为"真"，也就是"1"
(a+b)==(c=5)的返回值为"假"，也就是"0"
```

【例 4.11】编写程序，通过输入端输入一个字符，使用关系表达式判断该字符是字母还是数字（源代码\ch04\4.11.txt）。

```c
#include <stdio.h>
int main()
{
    /* 定义变量 */
    char ch;
    printf("请输入一个字符：\n");
    ch=getchar();
    /* 根据不同情况进行判断 */
    if((ch>='A' && ch<='Z') || (ch>='a' && ch<='z'))
    {
        printf("%c 是一个字母。\n",ch);
    }
    else if(ch>='0' && ch<='9')
    {
        printf("%c 是一个数字。\n",ch);
    }
    else
    {
        printf("%c 属于其他字符。\n",ch);
```

```
    }
    return 0;
}
```

保存并运行程序，如果输入数值，则返回如图 4-11 所示的结果；如果输入一个字符，则返回如图 4-12 所示的结果。

请输入一个字符：
8
8　是一个数字。

图 4-11　输入数字的反馈信息

※ Microsoft Visual Studio 调试控制台
请输入一个字符：
a
a　是一个字母。

图 4-12　输入字母的反馈信息

4.2.4　逻辑表达式

由逻辑运算符和操作数组成的表达式称为逻辑表达式。逻辑表达式的结果只能是真与假，要么是"1"要么是"0"。逻辑表达式的书写形式一般为：

表达式 逻辑运算符 表达式

例如，表达式 a&&b，其中 a 和 b 均为布尔值，系统在计算该逻辑表达式时，首先判断 a 的值，如果 a 为 true，再判断 b 的值，如果 a 为 false，系统不需要继续判断 b 的值，直接确定表达式的结果为 false。

虽然在 C 语言中，以"1"表示"真"，以"0"表示"假"，但是反过来在判断一个量是"真"或是"假"时，是以"0"代表"假"，以非"0"的数字代表"真"。

例如：

2&&3

由于"2"和"3"均非"0"，所以表达式的返回值为"真"，即为"1"。

【例 4.12】编写程序，分别定义字符型变量 s 并初始化为"z"，整型变量 a、b、c 并初始化为 1、2、3，浮点型变量 x、y 并初始化为 2e+5、3.14。输出由它们所组合的相应逻辑表达式的返回值（源代码\ch04\4.12.txt）。

```
#include <stdio.h>
int main()
{
    /* 定义变量 */
    char s='z';
    int a=1,b=2,c=3;
    float x=2e+5,y=3.14;
    /* 输出逻辑表达式的返回值 */
    printf("结果一: ");
    printf( "%d,%d\n", !x*y, !x );
    printf("结果二: ");
    printf( "%d,%d\n", x||a&&b-5, a>b&&x<y );
    printf("结果三: ");
    printf( "%d,%d\n", a==2&&s&&(b=3), x+y||a+b+c );
    return 0;
}
```

程序运行结果如图 4-13 所示。

※ Microsoft Visual Studio 调试控制台
结果一: 0,0
结果二: 1,0
结果三: 0,1

图 4-13　例 4.12 的程序运行结果

4.2.5　位运算表达式

由位运算符和操作数构成的表达式为位运算表达式。在位运算表达式中，系统首先将操作数转换为二进制数，然后再进行位运算，计算完毕后，再将其转换为十进制整数。各种位运算方法，如表 4-12 所示。这里假设操作数 1 为 8，操作数 2 为 3。

表 4-12　位运算符表达式

表达式的样式	所用运算符	表达式的描述	示例
操作数 1 & 操作数 2	&	与运算。操作数中的两个位都为 1，结果为 1；两个位中有一个为 0，结果为 0	结果为 0。8 转换二进制为 1000，3 转换二进制为 0011，与运算结果为 0000，转换十进制为 0
操作数 1 ｜ 操作数 2	｜	或运算。操作数中的两个位都为 0，结果为 0；否则，结果为 1	结果为 11。8 转换二进制为 1000，3 转换二进制为 0011，或运算结果为 1011，转换十进制为 11
操作数 1 ^ 操作数 2	^	异或运算。操作数中的两个位相同时，结果为 0；不相同时，结果为 1	结果为 11。8 转换二进制为 1000，3 转换二进制为 0011，与运算结果为 1011，转换十进制为 11
～ 操作数 1	～	取补运算，操作数的各个位取反，即 1 变为 0，0 变为 1	结果为-9。8 转换二进制为 1000，取补运算后为 0111，转换十进制为-9
操作数 1 <<操作数 2	<<	左移位。操作数按位左移，高位被丢弃，低位顺序补 0	结果为 32。8 转换二进制为 1000，左移两位后为 100000，转换为十进制为 32
操作数 1 >>操作数 2	>>	右移位。操作数按位右移，低位被丢弃，其他各位顺序依次右移	结果为 2。8 转换二进制为 1000，左移两位后 10，转换为十进制为 2

【例 4.13】编写程序，定义整型变量 a、b，并初始化为 20、15；定义 int 型变量 c 并初始化为 0。对 a、b 进行相关位运算操作，将结果赋予变量 c 并输出（源代码\ch04\4.13.txt）。

```c
#include <stdio.h>
int main()
{
    /* 定义变量 */
    unsigned int a = 20;      /* 20 = 0001 0100 */
    unsigned int b = 15;      /* 15 = 0000 1111 */
    int c = 0;
    printf("a 的值为：%d,b 的值为：%d\n",a,b);
    /* 位运算 */
    c = a & b;                /* 4 = 0000 0100 */
    printf("a & b 的值是 %d\n", c );
    c = a | b;                /* 31 = 0001 1111 */
    printf("a | b 的值是 %d\n", c );
    c = a ^ b;                /* 27 = 0001 1011 */
    printf("a ^ b 的值是 %d\n", c );
    c = ~a;                   /*-21 = 1110 1011 */
    printf("~ a 的值是 %d\n", c );
    c = a << 2;               /* 80 = 0101 0000 */
    printf("a << 2 的值是 %d\n", c );
    c = a >> 2;               /* 5 = 0000 0101 */
    printf("a >> 2 的值是 %d\n", c );
    return 0;
}
```

程序运行结果如图 4-14 所示。

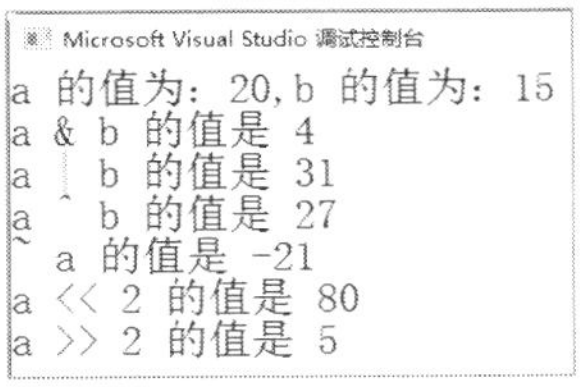

图 4-14 例 4.13 的程序运行结果

4.2.6 条件表达式

由条件运算符和操作数组成的表达式称为条件表达式。条件表达式的一般形式如下：

```
条件表达式?表达式 1:表达式 2
```

条件表达式的计算过程是先计算条件，然后进行判断。如果条件表达式的结果为"真"，计算表达式 1 的值，表达式 1 为整个条件表达式的值；否则，计算表达式 2 的值，表达式 2 为整个条件表达式的值。例如，求出 a 和 b 中最大数的表达式。

```
a>b?a:b    //取 a 和 b 的最大值
```

条件运算符的优先级高于赋值运算符，低于关系运算符和算术运算符。所以有：

```
(a>b)?a:b 等价于 a>b?a:b
```

条件运算符的结合性规则是自右向左，例如：

```
a>b?a:c<d?c:d 等价于 a>b?a:(c<d?c:d)
```

注意：在条件运算符中? 与: 是一对运算符，不可拆开使用。

【例 4.14】 编写程序，定义两个整型变量，通过输入端输入两数的值，再使用条件表达式比较它们的大小，将较大数输出（源代码\ch04\4.14.txt）。

```c
#include <stdio.h>
int main()
{
    /*定义两个整型变量 */
    int x, y;
    printf("请输入两个整数,以比较大小:\n");
    scanf("%d %d", &x, &y);
    /* 使用条件表达式比较两数大小 */
    printf("两数中较大的为: %d\n", x>y?x:y);
    return 0;
}
```

程序运行结果如图 4-15 所示。

图 4-15 例 4.14 的程序运行结果

4.2.7 逗号表达式

逗号运算符的功能是将两个表达式连接起来成为一个表达式，这就是逗号表达式。逗号表达式的一般形式为：

```
表达式 1,表达式 2
```

逗号表达式的运算方式为分别对两个表达式进行求解，然后以表达式 2 的计算结果作为整个逗号表达式的值。在逗号表达式中可以使用嵌套的形式，例如：

```
表达式 1,(表达式 2,表达式 3...表达式 n)
```

将上述逗号表达式展开可以得到：

```
表达式 1,表达式 2,表达式 3...表达式 n
```

那么表达式 n 便为整个逗号表达式的值。

【例 4.15】 编写程序，定义整型变量 a, b, c, x, y。对 a, b, c 进行初始化，它们的值分别为 1，2，3，然后计算逗号表达式 y=(x=a+b,a+c)，最后输出 x，y 的值（源代码\ch04\4.15.txt）。

```c
#include <stdio.h>
```

```
int main()
{
    /* 定义变量 */
    int a=1,b=2,c=3,x,y;
    /* 逗号表达式 */
    y=(x=a+b,a+c);
    printf("整个逗号表达式的值为 y=%d\n",y);
    printf("表达式 1 的值为 x=%d\n",x);
    return 0;
}
```

Microsoft Visual Studio 调试控制台
整个逗号表达式的值为y=4
表达式1的值为x=3

程序运行结果如图 4-16 所示。

图 4-16　例 4.15 的程序运行结果

4.3　新手疑难问题解答

问题 1：i++ 与 ++i，或者 i-- 与 --i 是一样的吗？

解答：从作用上看，i++ 与 ++i 都相当于 i=i+1，i-- 与 --i 都相当于 i=i-1。但它们之间有不同之处，以 i++ 和 ++i 为例，i++ 是先使用 i 的值，再执行 i=i+1，而 ++i 是先执行 i=i+1 后，再使用 i 的值。例如，若 i 初值为 1，则：

j=i++;　/*执行后 j 的值为 1，i 的值为 2，因为先执行 j=i，将 i 的初值 1 赋给 j，此时 j=1，然后再执行 i=i+1=2;*/

j=++i;　/*执行后 j 的值为 2，i 的值为 2，因为先执行 i=i+1=2，将 i 的值 2 赋给 j，此时 j=2; */

问题 2：在使用算术运算符中的除法运算符时，为什么 99/5 值为 19，而不是 19.8？

解答：对于"/"运算符，C 语言中的规定如下：

（1）当它的两个运算分量均为整数时，计算结果也必须为整数，也就是说运算结果只保留除法运算后的商（舍去小数部分），所以 99/5 结果为 19，舍去小数部分。

（2）如果两个运算分量中有一个数是浮点型，则结果也应该为浮点型数据。例如：99.0/5 的结果为 19.8。

（3）如果两个运算分量有一个为负值，其结果随不同的机器系统而不同，但多数机器采用"向零取整"的原则。例如 -7/4 的结果为 -1；7/-4 的结果为 1。

4.4　实战训练

解题思路

实战 1：根据成绩，输出成绩的等级。

编写程序，根据提示输入成绩，然后判断该成绩的等级，包括 A、B、C，程序运行结果如图 4-17 所示。

实战 2：使用运算符及表达式统计字符当中的每个元素的个数。

编写程序，输入一行字符，分别统计其中英文字母个数、空格个数、数字格式和其他字符的个数。程序运行结果如图 4-18 所示。

图 4-17　实战 1 程序运行结果

图 4-18　实战 2 程序运行结果

实战 3：将 1～100 的数据以 10×10 格式顺序输出。

编写程序，输出 100 个数值，该数值的排列方式为 10×10，程序运行结果如图 4-19 所示。

图 4-19　实战 3 程序运行结果

第5章

数据的输入和输出

本章内容提要

在 C 语言中，用户通过与计算机进行交互来实现数据的输入与输出。首先用户将数据输入计算机，令计算机按照程序使用用户录入的数据进行相关的运算操作，然后再将得出的结果通过输出的方法展示给用户。本章将对输入与输出这种交互的操作方式进行详细的讲解。

5.1 数据输入输出概述

微视频

C 语言中的输入/输出操作是通过输入/输出库函数来实现的，如函数调用语句程序段中用到的函数 printf() 和 scanf_s()。

C 语言的标准函数库由系统提供，在程序中使用标准库函数无须关注具体实现操作的细节，只需要合法调用函数即可。例如，调用标准函数库中的 I/O 函数需要用编译预处理命令#include 将标准输入/输出头文件 stdio.h 包含到用户源文件中。

一般格式如下：

```
#include <stdio.h>
```

或者

```
#include "stdio.h"
```

说明如下：

（1）#include 预处理命令一般写在程序开头的位置。

（2）stdio 是 Standard Input&Output 的缩写，h 为 head 的缩写。stdio 头文件包含了与标准输入/输出库函数有关的标量定义和宏定义。

（3）使用 "<>" 时，编译器从标准库目录开始搜索头文件，使用双引号时，编译器将从用户的工作目录开始搜索，如果没有找到，再去标准库搜索程序中要应用的头文件。

5.2 格式输入输出函数

格式化输入输出函数就是之前常用的函数 scanf_s() 与函数 printf()，函数 scanf()_s 用于标准输入，也就是通过键盘读取并格式化；函数 printf() 用于标准输出，即输出数据到屏幕上。

5.2.1 格式输出函数 printf()

格式输出函数 printf() 主要是将标准输入流读入的数据向输出设备进行输出,一般形式如下:

```
printf("格式字符串");
printf("格式字符串", 输出项列表);
```

说明如下:

(1) "格式字符串"用来指定输出的格式,由"普通字符"和"格式控制字符"组成。"普通字符"是除了格式说明符之外的需要原样输出的字符,一般是输出时的提示性信息,也可以输出空格及转义字符;"格式控制字符"由"%"和格式说明符组成,如 %c、%d、%f 等,用于将输出项依次转换为指定的格式输出。

例如,若已经定义了基本整型变量 a 并且将 a 赋值为 10,则可以这样输出 a 的值:

```
int a=10;
printf("变量 a 的值为: %d\n", a);
```

输出的结果如下:

```
a 的值是: 10
```

C 语言中的格式字符及说明如表 5-1 所示。

表 5-1 C 语言中的格式字符及说明

格 式 字 符	说 明
d 或 i	输入/输出十进制有符号整数
o	输入/输出十进制无符号整数
x 或 X	输入/输出十六进制无符号整数
u	输入/输出十进制无符号整数
c	输入/输出单个字符
s	输入/输出字符串
f	输入/输出浮点数
e 或 E	输入/输出指数形式的浮点数
p	输入/输出指针(地址)的值
G 或 g	自动选择合适的表示法输出浮点数

(2) "输出项列表"是需要输出的若干数据的列表,各项间由逗号隔开,每一项既可以是常量、变量,也可以是表达式,按照"格式字符串"规定的格式输出具体的值。例如,上个例子中也可以这样输出结果:

例如,若已经定义了基本整型变量 a、b,并且将 a 赋值为 10,b 的值为 a+5,则可以这样输出 a 和 b 的值:

```
int a=10,b;
printf("a=%d b=%d\n", a, a+5);
```

输出的结果如下:

```
a=10 b=15
```

【例 5.1】编写程序,定义整型变量 a,字符型变量 b,浮点型变量 c,并为 a、b、c 分别赋值,最后通过输出函数 printf() 输出变量 a、b、c 的值(源代码\ch5\5.1.txt)。

```
#include <stdio.h>
void main()
{
  int a=10;
```

```
    char b='A';
    float c=3.1415;
    printf("a=%d  b=%c  c=%f\n",a,b,c);          /*在屏幕中输出 a,b,c 的值*/
    return 0;
}
```

程序运行结果如图 5-1 所示。

```
▣ Microsoft Visual Studio 调试控制台
a=10   b=A   c=3.141500
```

图 5-1　例 5.1 的程序运行结果

5.2.2　格式输入函数 scanf_s()

格式输入函数 scanf_s()与 printf()相对应，按照用户所指定的格式通过键盘将数据输入到指定的变量之中。函数 scanf_s()的书写格式如下：

```
scanf_s("格式字符串", 地址列表);
```

说明如下：

（1）"格式字符串"的含义与函数 printf()中的"格式字符串"基本相同，由"普通字符"和"格式控制字符"组成，用来指定输入的格式。

（2）"地址列表"是由若干个地址组成的列表，变量的地址可以利用运算符&（取地址符号）求出。

（3）程序运行时，按照"格式字符串"的格式依次输入数据，其中"普通字符"要在输入的时候原样录入，以"回车"作为输入结束的标志。

【例 5.2】编写程序，定义整型变量 a、b，浮点型变量 c、d，通过输入函数 scanf_s()在键盘中输入数值，最后输出变量 a、b、c、d 的值（源代码\ch5\5.2.txt）。

```
#include <stdio.h>
void main()
{
    int a, b; /*定义整型变量a和b*/
    float c, d; /*定义浮点型变量c和d*/
    printf("请输入变量a和b的值:");
    scanf_s("%d %d", &a, &b);      /*输入a和b的值*/
    printf("请输入变量c和d的值:");
    scanf_s("%f %f", &c, &d);      /*输入c和d的值*/
    printf("a=%d b=%d\n", a, b);   /*输出a和b的值*/
    printf("c=%f d=%f\n", c, d);   /*输出c和d的值*/
    return 0;
}
```

程序运行结果如图 5-2 所示。

```
▣ Microsoft Visual Studio 调试控制台
请输入变量a和b的值:2 3
请输入变量c和d的值:5.1 3.2
a=2 b=3
c=5.100000 d=3.200000
```

图 5-2　例 5.2 的程序运行结果

☆**大牛提醒**☆

函数 scanf_s()"格式字符串"中的"普通字符"都需要在运行程序时原样输入，为了避免不必要的操作造成程序运行时的失误，建议除了"格式控制字符"之外只保留最基本的分隔符，不要出现多余符号。如果是为了显示输入过程中的提示性信息，则可以用函数 printf()输出字符串。

微视频

5.3 字符输入输出函数

字符输入/输出是针对单个字符型数据的输入/输出操作,除了可以使用前面介绍的格式输入/输出函数以外,C 语言还提供了专门的字符输入/输出函数,分别是函数 putchar()和 getchar()。

5.3.1 字符输出函数 putchar()

字符输出函数 putchar()用于向标准输出设备输出一个字符,而且同一时间内只能输出一个单一的字符。

```
putchar(ch);
```

其中,ch 为一个字符变量或常量,该函数的作用等同于:

```
printf("a",ch);
```

举例说明如下:

```
putchar('a');    /*输出小写字母 a*/
putchar(a);      /*输出字符变量 a 的值*/
putchar('101');  /*转义字符,输出字符 A*/
putchar('\n');   /*转义字符,换行*/
```

注意:在使用函数 putchar()时需要添加头文件#include <stdio.h>。

【例 5.3】编写程序,定义多个字符变量,然后使用函数 putchar()输出字符串 Hello!（源代码\ch5\5.3.txt）。

```
#include <stdio.h>
void main()
{
  char c1,c2,c3,c4,c5;
  c1='H';
  c2='e';
  c3='l';
  c4='o';
  c5='!';
  /* 使用函数 putchar()输出字符串 */
  putchar(c1);
  putchar(c2);
  putchar(c3);
  putchar(c3);
  putchar(c4);
  putchar(c5);
  putchar('\n');
  return 0;
}
```

程序运行结果如图 5-3 所示。

☆**大牛提醒**☆

使用函数 putchar()输出字符时,如果没有特意输出换行转义符的话,每个字符是连续输出的。

```
Microsoft Visual Studio 调试控制台
Hello!

C:\Users\Administrator
若要在调试停止时自动关
按任意键关闭此窗口...
```

图 5-3 例 5.3 的程序运行结果

5.3.2 字符输入函数 getchar()

函数 getchar()用于从键盘上读入一个字符,以回车作为输入结束的标志。在输入回车前输入的所有字符都会逐个显示在屏幕上,但只有第一个字符作为函数的返回值,其语法格式如下:

```
getchar();
```

☆**大牛提醒**☆

使用函数 getchar()输入时，都是转换为 ASCII 码值来存储，所以函数 getchar()读取一个字符，返回的是一个整数。

在编写 C 语言程序时，通常把输入的字符赋予一个字符变量，使其构成一个赋值语句，语法如下：

```
char c;
c=getchar();
```

☆**大牛提醒**☆

同函数 putchar()一样，使用函数 getchar()时，首先要添加头文件#include <stdio.h>。

【例 5.4】编写程序，定义字符变量 c1、c2，然后使用函数 getchar()输入这两个字符的值，然后再把它们输出到屏幕上（源代码\ch5\5.4.txt）。

```
#include<stdio.h>
void main()
{
  char c1,c2;
  printf("请输入第一个字符: \n");
  /* 使用函数 getchar()输入第一个字符 */
  c1=getchar();
  /* 通过函数 getchar()获取回车字符 */
  getchar();
  printf("请输入第二个字符: \n");
  /* 使用函数 getchar()输入第二个字符 */
  c2=getchar();
  /* 使用函数 putchar()输出字符 */
  putchar(c1);
  putchar(c2);
  putchar('\n');
  return 0;
}
```

程序运行结果如图 5-4 所示。

☆**大牛提醒**☆

在使用函数 getchar()时，如果需要连续输入两个字符，那么在输入第二个字符前需要清除缓冲区，或者使用函数 getchar()获取回车字符。

Microsoft Visual Studio 调试控制台
请输入第一个字符:
A
请输入第二个字符:
B
AB

图 5-4   例 5.4 的程序
运行结果

5.4 字符串输入输出函数

微视频

如果想要输入输出字符串，只是使用函数 getchar()和 putchar()就会很烦琐，因为这两个函数每次只能输入输出一个字符。为了方便，C 语言为用户提供了字符串输入输出函数，分别是函数 gets()与函数 puts()。

5.4.1 字符串输出函数 puts()

函数 puts()是字符串输出函数，用于向输出缓冲区中写入一个字符串，在字符串输出完毕后，紧跟着输出一个换行符"\n"。函数 puts()语法格式如下：

```
int puts(char *string);
```

其中，string 为将要输出的字符串。输出成功后返回值为非 0 值，否则返回 0。

【例 5.5】定义一个字符型数组 str[]，并初始化为 Hello！，使用函数 puts()将字符串输出到屏幕上（源代码\ch5\5.5.txt）。

```
#include<stdio.h>
void main()
{
    /* 定义字符型数组 str[] */
    char str[10] = "Hello!";
    /* 使用函数 puts()输出字符串 */
    puts(str);
    puts("Hello\0!");
    return 0;
}
```

程序运行结果如图 5-5 所示。

图 5-5　例 5.5 的程序运行结果

5.4.2　字符串输入函数 gets()

函数 gets()是字符串输入函数，其作用是从输入流的缓冲区中读取字符到指定的数组，直到遇见换行符或者读到文件尾时停止，并且最后自动添加 NULL 作为字符串的结束标志。函数 gets()的语法格式如下：

```
char *gets(char *string);
```

其中，string 为字符指针变量，是一个形式参数。函数 puts()的返回值为字符型，若读取成功返回 string 的指针，若失败则返回 NULL。

☆大牛提醒☆

函数 gets()在读取字符串时会忽略掉所有前导空白符，而从字符串第一个非空白符读起，并且所读取的字符串将暂时存放于给定的 string 中。

【例 5.6】编写程序，定义一个字符型数组 string[]用于存放输入的字符串，使用函数 gets()读入一个字符串，然后使用函数 puts()将该字符串输出（源代码\ch5\5.6.txt）。

```
#include <stdio.h>
void main()
{
    /* 定义一个字符型数组 str[]用于存放字符串 */
    char string[10];
    printf("请输入一个字符串: \n");
    /* 使用函数 gets()读取字符串 */
    gets(string);
    printf("您输入的字符串为: \n");
    puts(string);
}
```

图 5-6　例 5.6 的程序运行结果

程序运行结果如图 5-6 所示。

5.5　整数的输入输出

使用 C 语言中的格式字符 d 或 i、o、x 或 X 和 u 格式符，可以输入/输出整数。另外，在格式字符串中，在%和格式字符之间可以插入附加格式符，也被称为修饰符，如表 5-2 所示。

下面介绍用于输出整数格式字符的具体用法：

（1）d 或 i 格式符，输入/输出十进制整数，具体用法如下：

① d，指定按照实际占用的宽度输入/输出十进制整型数据。

② md（-md），m 为一正整数，指定输入/输出十进制整数的宽度。若数据位数大于 m，输入时系统自动截取所需宽度，输出时则按照实际位数输出；若数据位数小于 m，输入时按照实际位数输入，输出时在数据左端补空格直到补足 m 位，相当于在指定的宽度内右对齐输出；-md 与 md 相似，只是表示在指定宽度内实际位数不够时在数据右端补空格，相当于左对齐输出。

表 5-2　附加格式符

格 式 字 符	说　　　明
l	用于长整型数，可以加在格式符 d、o、x、u 之前
m（正整数）	指定输入/输出十进制整数的宽度
n（正整数）	对于实数，表示输出 n 位小数；对于字符串，表示截取的字符个数
-	输出的数字或字符在域内左对齐

③ ld（li、lo、lx、lu），l 为修饰符，用来指定长整型数据的输出格式。

（2）o 格式符。输入/输出八进制无符号整数，不输出前导符 0。

（3）x/X 格式符。输入/输出十六进制无符号整数，不输出前导符 0x。

（4）u 格式符。输入/输出十进制无符号整数。

【例 5.7】编写程序，定义整型变量 x、y、z，并给变量赋值，然后计算 w=4x+3y+2z 的值，最后输出运算的结果（源代码\ch5\5.7.txt）。

```
#include <stdio.h>
void main()
{
  int w,x,y,x;                    /*定义变量*/
  printf("请输入 x,y,z 的值: ");  /*提示输入信息*/
  scanf_s("%d%d%d",&x,&y,&z);     /*输入数据*/
  w=4*x+3*y+2*z;                  /*带入表达式计算*/
  printf("w=%d",w);               /*输出计算结果*/
  return 0;
}
```

程序运行结果如图 5-7 所示。

☆大牛提醒☆

函数 scanf_s()中格式符号之间没有使用普通字符，在通过键盘输入数据的时候，数据之间要以空格隔开或者每录入一个数据就按一下 Enter 键。

图 5-7　例 5.7 的程序运行结果

5.6　字符数据的输入输出

使用格式字符中的 c 和 s 格式符可以输入/输出字符数据。c 格式符用于指定以字符格式进行输入/输出，s 格式符用于指定以字符串格式进行输入/输出。

【例 5.8】编写程序，从键盘输入一个小写字母，然后转换成大写字母输出（源代码\ch5\5.8.txt）。

```
#include <stdio.h>
void main()
{
  char ch;                        /*数据声明*/
```

```
printf("请输入一个英文小写字母：");        /*提示输入信息*/
scanf_s("%c", &ch);                      /*输入数据*/
ch-=32;                                   /*利用 ASCII 码值运算进行数据处理*/
printf("转换成大写字母：%c\n", ch);       /*输出转换结果*/
return 0;
}
```

程序运行结果如图 5-8 所示。

Microsoft Visual Studio 调试控制台

请输入一个英文小写字母：a
转换成大写字母：A

图 5-8　例 5.8 的程序运行结果

5.7　实型数据的输入输出

微视频

使用格式字符中的 e/E、g/G、f 格式符可以输入/输出实型数据。具体介绍如下：

（1）e/E 格式符。以指数形式输入/输出实数。

（2）g/G 格式符。输入实数时可以采用小数或指数形式，输出时系统根据数值大小自动选择 f 格式或 e 格式，且不输出无意义的 0。

（3）f 格式符。以十进制小数形式输入/输出实数，包括单精度和双精度。具体用法如下：

① f，输出全部整数部分和 6 位小数。输出的不一定都是有效数字。

② mf，m 为一正整数，可以指定正整数作为输入/输出数据。

③ m.nf，m 和 n 都是正整数，输出时可以指定共 m 位，其中有 n 位小数的形式。不足位左补空格。%-m.nf，输出要求同上，只是不足位右补空格。需要注意的是，不能指定输入数据的精度。

④ lf（le,lg），l 为修饰符，表示输入双精度型数据。

【例 5.9】编写程序，用键盘输入正整数 a、b、c 的值，求其算术平均值并保留两个小数位输出（源代码\ch5\5.9.txt）。

```
#include <stdio.h>
void main()
{
    int a, b, c;                          /*定义整型变量*/
    double average;                       /*定义整型变量*/
    printf("请输入三个正整数：");          /*提示输入信息*/
    scanf_s("%d,%d,%d", &a, &b, &c);      /*输入 a, b, c 的值*/
    average=(a+b+c)/3.0;                  /*计算 a, b, c 的平均值*/
    printf("average=%.2f\n", average);    /*输出计算结果*/
    return 0;
}
```

程序运行结果如图 5-9 所示。

☆**大牛提醒**☆

使用函数 scanf_s()输入数据时，由于函数多个输入格式说明符之间的分隔符是"，"。应该在运行程序时原样输入，另外，利用%f 说明符输出实数时，可以选择保留小数位进行数值精度控制，而输入实数时只可以指定宽度，不能指定精度。

Microsoft Visual Studio 调试控制台

请输入三个正整数：1, 2, 3
average=2.00

图 5-9　例 5.9 的程序运行结果

5.8　新手疑难问题解答

问题 1：使用函数 scanf_s()输入数值或其他字符时，为什么会在变量前添加&符号呢？例如 scanf_s()("%f %f", &c, &d);。

解答：这里的&是地址操作符。我们知道变量是存储在内存中的，变量名就是一个代号，内存为每个变量分配一块存储空间，当然，存储空间也有地址，也可以说成是变量的地址。但是，计算机怎么找到这个地址呢？这就要用到地址操作符&，在&的后面跟上地址就能获取计算机中变量的地址。其实，函数 scanf_s()的作用就是把输入的数据根据找到的地址存入内存中，也就是给变量赋值。

问题 2：函数 gets()与函数 scanf_s()都可以用于输入字符串，它们在输入的时候有什么区别？

解答：函数 gets()与函数 scanf_s()都位于头文件 stdio.h 中，并且接受的字符串都为字符数组或者指针的形式，但是使用函数 scanf_s()时不能够接收空格、制表符 Tab 以及回车，在输入的时候遇见空格、回车等会认为输入结束，而函数 gets()却能够接收空格、制表符 Tab 以及回车。

5.9　实战训练

解题思路

实战 1：输出英文 26 个字母。

编写程序，以大写方式输出英文 26 个字母。程序运行结果如图 5-10 所示。

```
Microsoft Visual Studio 调试控制台
A B C D E F G H I J K L M N O P Q R S T U V W X Y Z
```

图 5-10　实战 1 的程序运行结果

实战 2：根据输入的行数，输出杨辉三角形。

编写程序，定义杨辉三角形的行数，然后根据行数输出杨辉三角形，程序运行结果如图 5-11 所示。

实战 3：使用输出函数以及格式控制符对输入数据进行输出。

编写程序，通过输入端分别输入整型、浮点型、双精度型、字符型数据，然后使用输出函数以及格式控制符对输入数据进行输出，程序运行结果如图 5-12 所示。

```
Microsoft Visual Studio 调试控制台
行数：10
                    1
                  1   1
                1   2   1
              1   3   3   1
            1   4   6   4   1
          1   5  10  10   5   1
        1   6  15  20  15   6   1
      1   7  21  35  35  21   7   1
    1   8  28  56  70  56  28   8   1
  1   9  36  84 126 126  84  36   9   1
```

图 5-11　实战 2 的程序运行结果

```
Microsoft Visual Studio 调试控制台
你的名字是：
小明
您好，小明
请分别输入整型、浮点型、双精度型、字符型数据：
89
3.1415
0.25416
abcd
i=000089
f=3.1415
d=0.2542
s=007EF7C8
```

图 5-12　实战 3 的程序运行结果

第6章

算法与流程图

⏰ **本章内容提要**

算法是解决问题的方法和步骤，生活中处处都有算法。C 语言中的算法实际上是程序设计的主要思想，这些思想通过 C 语言代码中的各种语句、运算或者指令信息来体现。而流程图则是将编程中的算法思想通过绘制图形以及流程的形式展示出来。本章就来介绍 C 语言中的算法与流程图。

6.1 算法概述

微视频

本节将向读者介绍算法的相关内容，什么是算法，算法的特性以及如何对算法的优劣进行判断。

6.1.1 算法的概念

在现实生活中，算法无处不在，当人们遇见一个问题并对这个问题进行思考时，就是在使用算法。因此算法可以理解为针对出现的问题所设计的具体步骤以及解决方法。例如，想通过某聊天软件与朋友进行聊天，那么首先搜索下载该聊天软件，然后进行安装，最后打开使用。

著名的计算机科学家尼·沃斯（Nikilaus Wirth）曾提出过一个公式：数据结构+算法=程序。也就是说一个完整的程序应该包含数据结构和算法。数据结构就是程序中所使用到的数据的类型以及数据的组织形式。

而就现在而言，设计一个 C 语言程序不仅需要数据结构和算法，还需要程序的设计方法以及一个语言工具和环境。所以一个程序的组成可以表示为：程序结构+算法+程序设计方法+语言工具和环境。

计算机中的算法大致可分为两种类别：

（1）数值运算算法。

主要用于针对数值问题进行求解，比如求解方程的根，求解函数的定积分这类需要借助数学公式进行相应的计算的问题。

（2）非数值运算算法。

这类算法所包括的面十分广泛，比如在图书检索、人事管理、车辆调度中的应用，一般需要建立一个过程模型，根据模型制定算法。

6.1.2 算法的特性

尽管算法因求解问题的不同而千变万化，但具有以下 5 个重要的特性：

1. 有穷性

算法应当包含有限的操作步骤，不能无穷无尽。不论做什么样的运算，一定要注意它所包含的上限问题，也就是说要在有限的操作步骤内解决问题。

2. 确定性

算法中的每个步骤都必须是确定的、十分清晰的，不得具有二义性。若是某个操作步骤是含糊的、模棱两可的，解决问题的结果可能就会出现分歧。

3. 有零个或多个输入

输入是指在执行算法时需要从外界来获取若干必要的初始量等信息。有时需要用户输入多个数据，例如：

```
c=a+b;
```

此时需要用户给定变量 a 和变量 b 的值以计算变量 c 的值。

有时不需要用户输入任何数据，此为零输入，例如：

```
printf("Hello C!");
```

此时只是需要输出一段字符串。

4. 有一个或多个输出

算法的最终目的就是为了求解，通过输出的方式来将求出的结果显示出来。若是一个程序在执行结束后没有返回任何信息，那么此程序就没有执行的价值。

5. 有效性

算法在执行时，每一个步骤必须都能够有效被执行，并且得到确定的结果。例如：

```
int a=2,b=0;
c=a/b;
```

此时，"c=a/b"便为一个无效语句，因为使用 0 作为分母是没有意义的。

6.1.3 算法的优劣

一个产品的质量可以用好坏来区分，算法同样也有优劣，评判一个算法的优劣可以从以下几个方面来讲。

1. 正确性

正确性是指算法在制定完成后能否满足具体问题的要求，也就是说针对任何合法的输入，该算法都能够得出合理正确的结果。

2. 可读性

算法在制定完成后，该算法被理解的难易程度即为可读性。可读性对于一个算法来说十分的重要，若是一个算法比较令人难以理解，那么这个算法就得不到推广也不能进行交流，对于算法的修改、维护以及拓展都十分不利。因此在制定算法的时候，需要尽量将算法写得通俗易懂、简单明了。

3. 时间复杂度

时间复杂度是指一个算法在运行的过程中所消耗的时间。影响一个算法的时间复杂度主要有以下因素：

（1）问题的规模大小。例如，求解 10 以内自然数之和与求解 1000 以内自然数之和所花费的时间是不同的。

（2）源程序的编译功能强弱以及经过编译所产生的机器代码质量的优劣。

（3）根据计算机的系统硬件所决定的机器执行一条目标指令所需要的时间。

（4）程序中语句所执行的次数。

（5）使用不同的计算机语言所实现的效率。

时间复杂度在一个非常小的程序中可能很难体会出来，但是在一个特别大的程序中就会发现，一个程序在运行过程中的时间复杂度是举足轻重的。所以说编写出一个更为高效且高速的算法是开发人员对算法不断改进的目标。

4. 空间复杂度

空间复杂度是指算法在运行的过程中所需要的内存空间的大小。一个算法在计算机的内存中所占有的存储空间包含了算法本身所占的内存空间、算法在对数据输入输出时所占用的内存空间以及算法在运行的过程中所占用的临时存储空间。就目前而言，计算机发展日新月异，对于空间复杂度的考虑已经不再那么重要了，但是编程时开发人员也是需要注意的。

6.2　流程图简介

微视频

使用流程图可以将算法以图形的形式清晰地绘制出来。通过流程图，编程人员可以使用一些简单的集合图形以及流程线来表示算法中的各种操作和语句。

使用流程图表示算法，具有以下优点：

（1）结构清晰，逻辑性强。

（2）易于理解，画法简单。

（3）便于描述，形式规范。

用于描述算法的流程图可以分为两种：传统流程图以及 N-S 流程图。

6.2.1　传统流程图

传统流程图是由以下基本元素组成的，如图 6-1 所示。

对于流程图，我们可以使用 Visio 来绘制，下面以计算两个数之和为例，绘制流程图的操作步骤如下：

步骤 1：打开 Visio 软件主界面，如图 6-2 所示。

步骤 2：选择左侧形状列表中的"基本流程图形状"一栏，选中其中"开始/结束"图形，使用鼠标左键将图形拖到画布上，双击该图形，并输入"开始"，完成起止框的绘制，如图 6-3 所示。

步骤 3：选择左侧"数据"图形，使用鼠标左键将图形拖到画布上，双击该图形，并输入"输入 a，b"，完成输入输出框的绘制，如图 6-4 所示。

| 起止框 |
| 输入输出框 |
| 判断框 |
| 处理框 |
| 流程线 |
| 连接点 |

图 6-1　传统流程图的基本元素

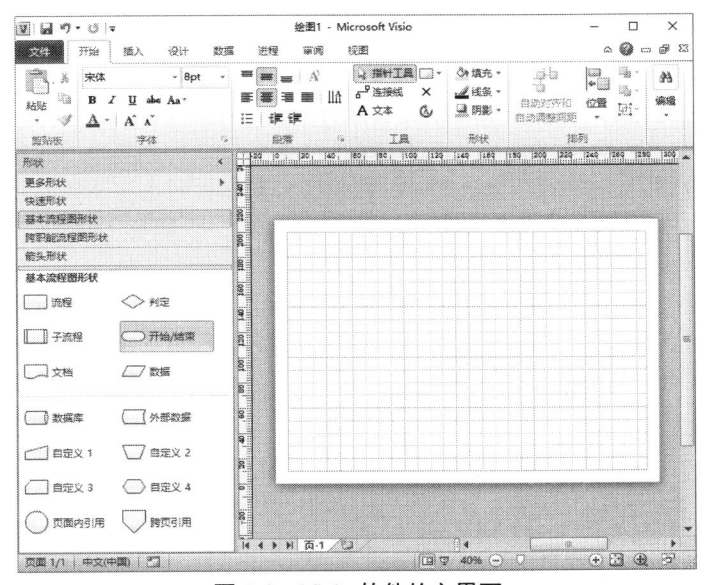

图 6-2　Visio 软件的主界面

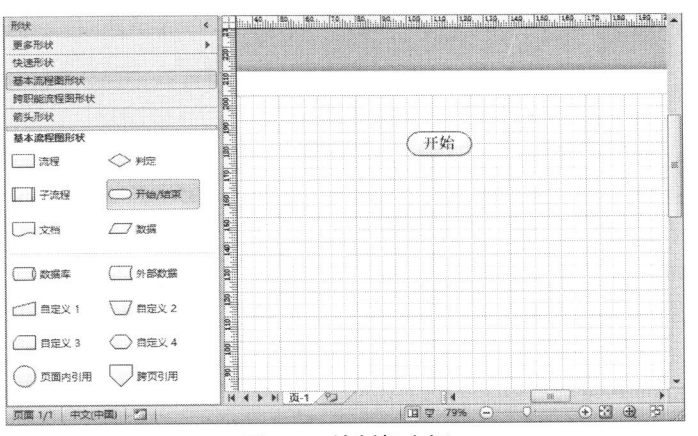

图 6-3　绘制起止框

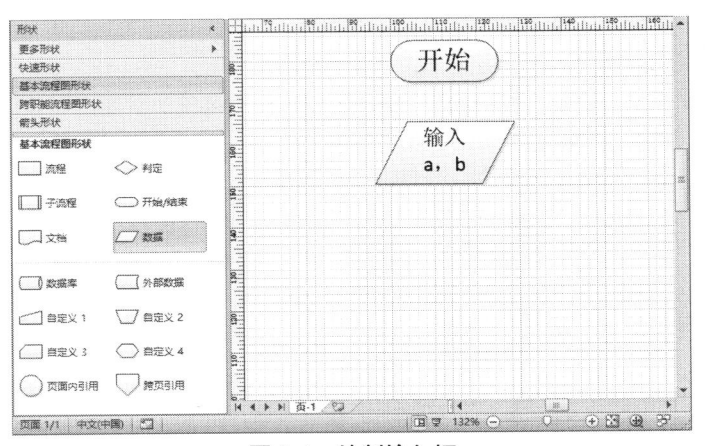

图 6-4　绘制输入框

步骤 4：选择左侧"流程"图形，使用鼠标左键将图形拖到画布上，双击该图形，并输入"计算 a，b 的和"，完成处理框的绘制，如图 6-5 所示。

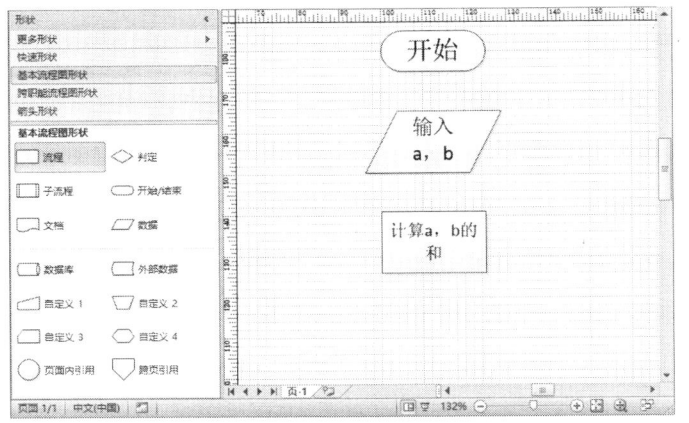

图 6-5　绘制处理框

步骤 5：绘制输入输出框，并输入"输出 a，b 的和"，如图 6-6 所示。

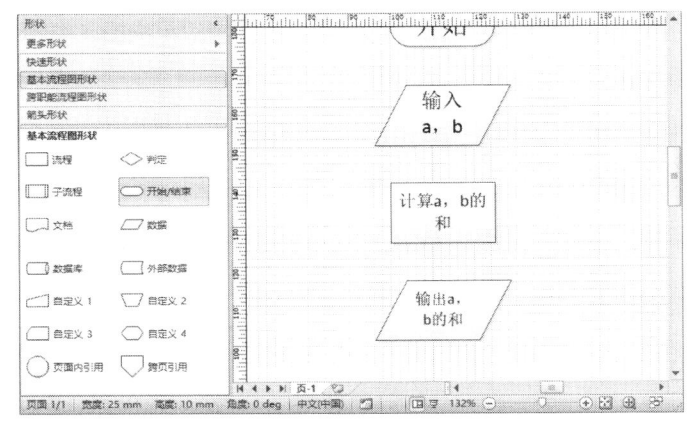

图 6-6　绘制输出框

步骤 6：绘制结束框，如图 6-7 所示。

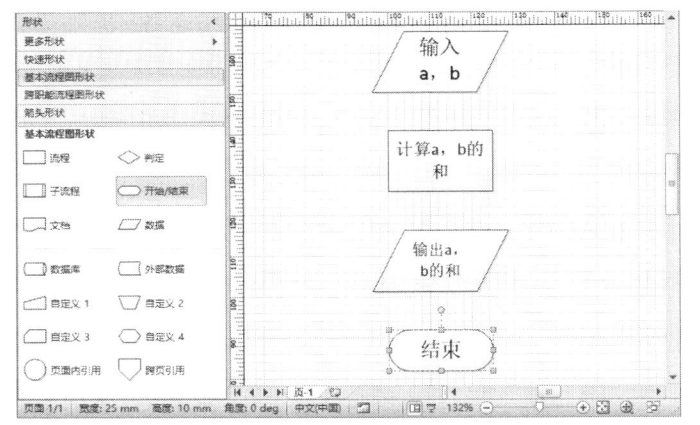

图 6-7　绘制结束框

步骤 7：使用工具栏中的"连接线"将之前绘制的图形框相连，完成流程图的绘制，如图 6-8 所示。

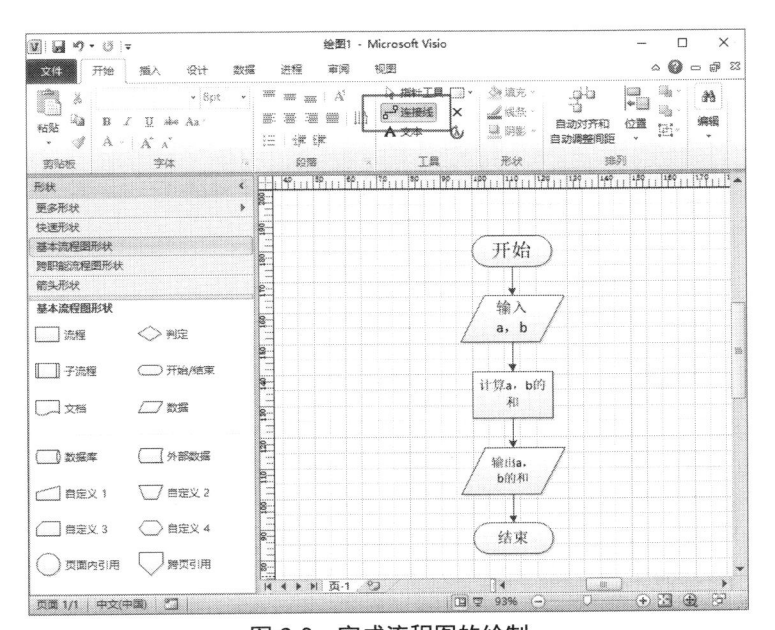

图 6-8 完成流程图的绘制

6.2.2 N-S 流程图

N-S 流程图也称为盒子图，是将所有的处理步骤都写在一个大矩形框内，表示起来更简单，完全去掉了带箭头的流程线。通过流程图中的 3 种基本元素框可以按需要进行任意逻辑的组合，从而表达一个完整的处理问题的算法。

6.3 算法的表示方法

微视频

对于一个程序的算法，可以用不同的方法来表示，常用的有自然语言表示法、流程图表示法、N-S 流程图表示法、伪代码表示法、计算机语言表示法等。

6.3.1 自然语言表示法

所谓的自然语言表示法，就是通过人们在日常交流中所使用的语言，如汉语、英语等来描述一个算法。使用自然语言来表示算法的好处是通俗易懂，并且易于掌握。

但自然语言也存在着严重的缺陷，其缺点如下：

（1）使用自然语言描述算法，文字冗长。

（2）易于产生歧义，一个词组通常会含有不同的含义。

（3）使用自然语言描述分支句或循环语句时很不方便，不够直观。

【例 6.1】使用自然语言描述：通过输入端输入 3 个数，找出 3 个数中的最大数（源代码\ch06\6.1.txt）。

步骤 1：定义 4 个变量，a、b、c 以及 max。

步骤 2：输入 3 个大小不同的整数，分别赋值给 a、b、c。

步骤 3：判断 a 与 b 的大小，若 a 大于 b 则将 a 赋值给 max，否则将 b 赋值给 max。

步骤 4：判断 max 与 c 的大小，若 max 大于 c 则执行步骤 5，否则将 c 赋值给 max。

步骤 5：输出 max。

```c
#include <stdio.h>
int main()
{
  int a,b,c,max;
  printf("输入 3 个大小不同的整数：\n");
  scanf_s("%d%d%d",&a,&b,&c);
  if(a>b)
  {
    max=a;
  }
  else
  {
    max=b;
  }
  if(c>max)
  {
    max=c;
  }
  printf("3 个数中最大数为：%d\n",max);
  return 0;
}
```

程序运行结果如图 6-9 所示。

Microsoft Visual Studio 调试控制台
输入3个大小不同的整数：
10 56 82
3个数中最大数为：82

图 6-9　例 6.1 的程序运行结果

6.3.2　流程图表示法

流程图表示法属于一种比较传统的算法表示法，它是使用一些几何图形框来表示各种不同性质的操作，而使用流程线来指示算法的执行方向。与自然语言表示法相比，使用流程图来对算法进行表示会更为直观形象，清晰简洁，易于理解，所以流程图应用相当广泛。流程图所使用的几何图形框，如图 6-10 所示。

其中起止框用于表示算法的开始与结束；判断框用于对一个条件表达式进行判断，并且根据判断的结果来决定执行怎样的后续操作；输入输出框，用于数据的输入与输出；处理框通常用于执行表达式语句等；流程线用于将前后流程进行连接，并表明程序执行的方向；连接点用于将两个不同的流程线连接起来。

在流程图的使用过程中，可以将流程图分为 3 种基本结构，分别是顺序结构、选择结构以及循环结构。使

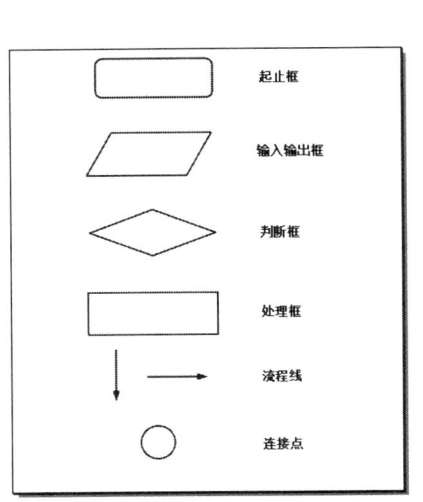

图 6-10　流程图所使用的几何图形框

用这 3 种基本结构可以构造出一个良好的算法基本单元，使得流程图具有规律性，并且这种改进也能够令流程图具有结构化的性质，人们在阅读时更能够理解所描述的算法。

1. 顺序结构

顺序结构是程序代码中最基本的结构，它属于一种线性结构，顺序结构的代码在执行的时候是按照语句的先后顺序逐条执行的，也就是从上至下，一条一条执行，不会漏过任意一条语句或者代码。顺序结构的执行流程如图 6-11 所示。

根据语句的先后顺序，先执行语句 A，然后执行语句 B。

2. 选择结构

通过判断某个条件表达式的结果成立与否来执行相应的操作时，需要使用到选择结构。选择结构的执行流程如图 6-12 所示。

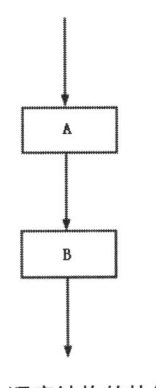

图 6-11　顺序结构的执行流程

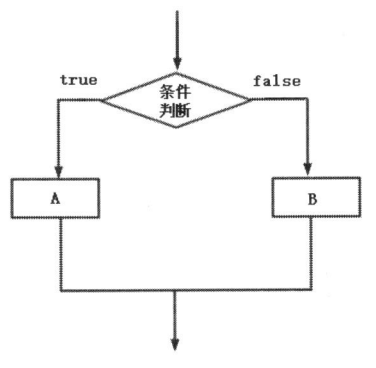

图 6-12　选择结构的执行流程

选择结构先进行条件判断，通过返回的判断结构来选择接下来的执行语句，若条件成立，则执行语句 A；若条件不成立，则执行语句 B。也就是说该结构总会从两个分支之间选择一条分支去执行它后续的语句，所以选择结构又叫作分支结构。

3. 循环结构

如果一个算法需要根据条件的成立来反复执行一系列操作，直到给定的条件不成立时才结束循环，这样的结构称为循环结构。根据判断条件所在的位置的不同，可以分为两种循环，它们是当型循环（如图 6-13 所示）和直到型循环（如图 6-14 所示）。

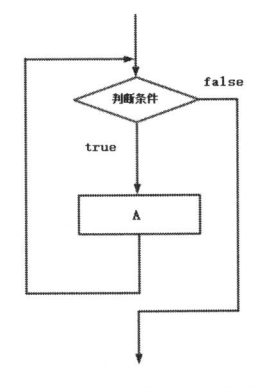

图 6-13　当型循环的执行流程

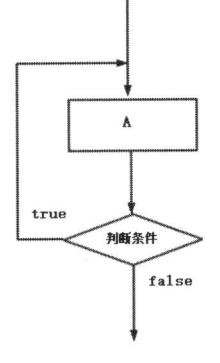

图 6-14　直到型循环的执行流程

在当型循环结构中，首先要判断条件是否成立，若条件成立，则执行操作 A，然后再回到判断条件的步骤；若是条件仍成立，则继续执行操作 A……直到判断条件不成立时，则结束循环。在当型循环中，若是第一次判断条件时不成立，那么会直接跳过循环。

在直到型循环结构中，首先执行一次操作 A，然后进行条件判断环节，若是条件成立，则执行操作 A，再进行条件判断……反复执行直到条件不成立时结束循环。在判断条件之前，需要执行一次操作 A。

【例 6.2】通过流程图将算法表示出来：从输入端输入一个年份，如 2019，判断该年份是否为闰年，输出判断结果（源代码\ch06\6.2.txt）。

判断某年是否为闰年，用流程图表示，如图 6-15 所示。

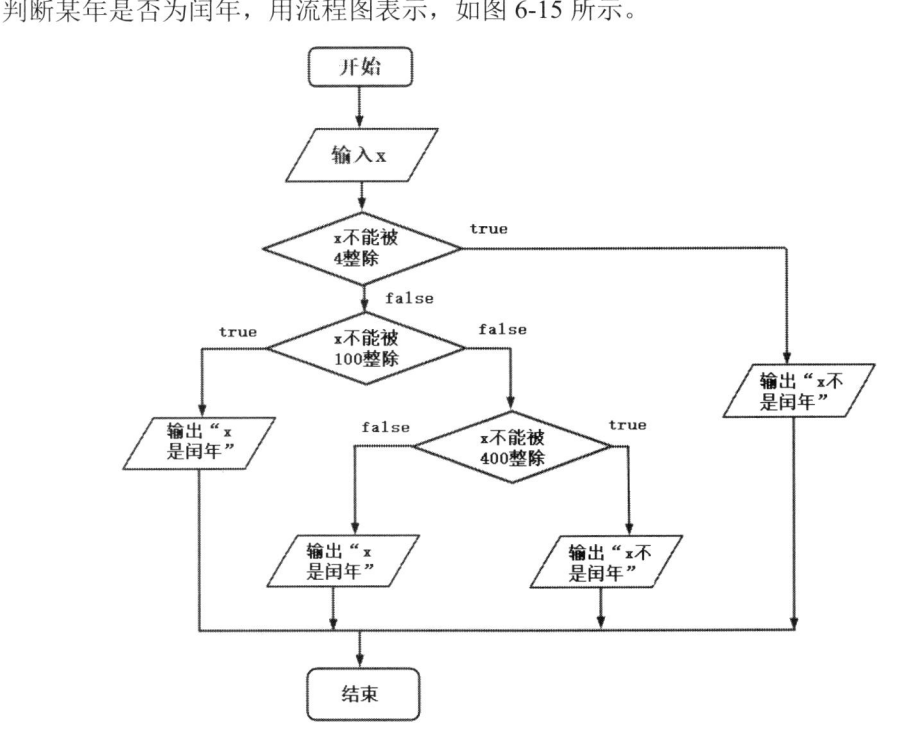

图 6-15　判断某年是否为闰年的流程图

```c
#include <stdio.h>
int main()
{
  int x;
  printf("请输入一个年份（例如 2019）:\n");
  scanf_s("%d",&x);
  if(x%4!=0)
  {
    printf("%d 不是闰年\n",x);
  }
  else
  {
    if(x%100!=0)
    {
      printf("%d 是闰年\n",x);
    }
    else
```

```
    {
        if(x%400!=0)
        {
            printf("%d 不是闰年\n",x);
        }
        else
        {
            printf("%d 是闰年\n",x);
        }
    }
  }
  return 0;
}
```

程序运行结果如图 6-16 所示。

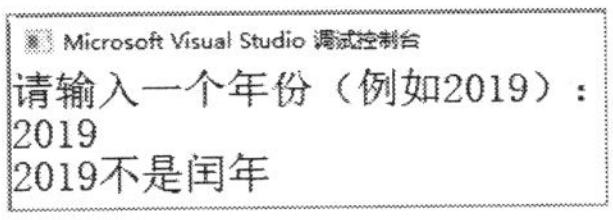
Microsoft Visual Studio 调试控制台
请输入一个年份（例如2019）：
2019
2019不是闰年

图 6-16　例 6.2 的程序运行结果

6.3.3　N-S 流程图表示法

N-S 流程图将传统流程图中的复杂流程线全部舍弃，而是通过一个矩形框将数据的处理操作包含在内，所以 N-S 流程图是一种结构化的描述方式，它通过传统流程图的 3 种基本结构，用不同的逻辑绘制方法来表达出处理问题的算法。

1. 顺序结构

N-S 流程图的顺序结构，如图 6-17 所示。

图 6-17 是由 A 和 B 组成的顺序结构，其中 A 和 B 可以是简单的操作语句，也可以是 3 种基本结构之一。

2. 选择结构

N-S 流程图的选择结构，如图 6-18 所示。

其中，先判断条件，若条件成立则执行 A 操作，若条件不成立则执行 B 操作，图 6-18 中的“T”表示 true，“F”表示 false。

3. 循环结构

循环结构与传统流程图一样，也分为当型循环与直到型循环，如图 6-19 和图 6-20 所示。

当型循环在执行时首先判断条件，若条件成立，则执行操作 A，执行完毕后再返回判断条件，若条件仍成立，则继续执行操作 A……直到判断条件不成立结束循环。

直到型循环在执行时，首先执行操作 A，然后判断条件，若成立则继续执行操作 A……如此反复直到条件不成立时结束循环。

当型循环与直到型循环虽然都具有循环的功能，但是当型循环是先判后执行，若条件不成立，则一次都不会执行；而直到型循环是先执行后判，就算是条件不成立，也会执行一次。

【例 6.3】编写程序，定义 6 个变量 a，b，c，d，x1，x2。通过输入端输入 3 个变量的值，然后计算 c-b 的值赋予 d，判断当 d 小于 0 时执行 x1=b/2+a 以及 x2=c*2+a，否则执行 x1=x2=a*b，最后输出 a，b，c 以及 x1 和 x2 的值（源代码\ch06\6.3.txt）。

使用 N-S 流程图表示，如图 6-21 所示。

图6-17　N-S 流程图的顺序结构

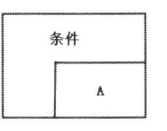

图 6-19　当型循环的 N-S 流程图表示法

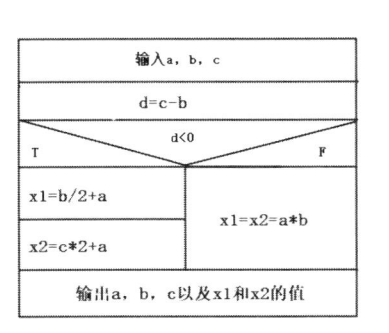

图6-18　N-S 流程图的选择结构

图 6-20　直到型循环的 N-S 流程图表示法

图 6-21　使用 N-S 流程图表示分支流程

```c
#include <stdio.h>
int main()
{
  float a,b,c,d;
  double x1=0,x2=0;
  printf("请输入 a, b, c 的值: \n");
  scanf_s("%f%f%f",&a,&b,&c);
  d=c-b;
  if(d<0)
  {
    x1=b/2+a;
    x2=c*2+a;
    /* 输出表达式 */
    printf("x1=b/2+a\n");
    printf("x2=c*2+a\n");
  }
  else
  {
    x1=a*b;
    x2=x1;
    /* 输出表达式 */
    printf("x1=a*b;\n");
    printf("x2=x1\n");
  }
  printf("a=%.2f,b=%.2f,c=%.2f\n",a,b,c);
  printf("x1=%.2f, x2=%.2f\n",x1,x2);
  return 0;
}
```

程序运行结果如图 6-22 所示。

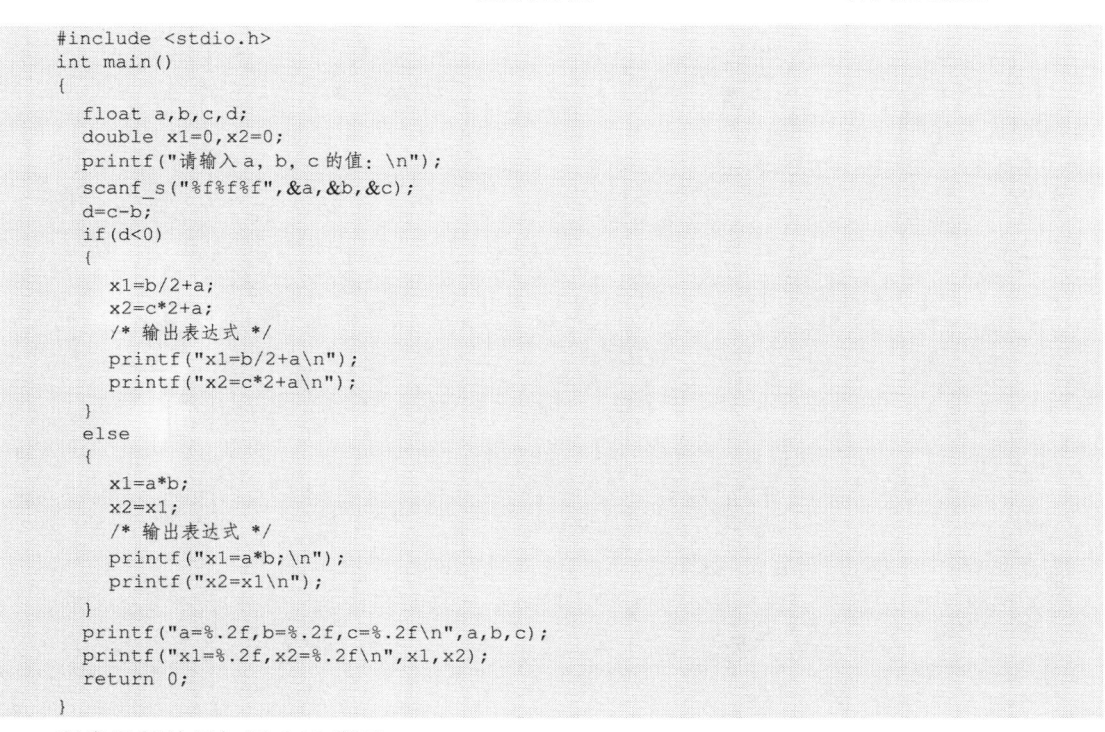

图 6-22　例 6.3 的程序运行结果

6.3.4　伪代码表示法

伪代码是一种使用文字与符号相结合的描述方法，它介于自然语言与机器语言之间。因为使用伪代码不必遵循计算机语言那种严格的语法规则，使用时只需要借助一些计算机语言中的控制结构，通过自然语言以及程序设计语言对算法进行相应的描述即可。

伪代码在使用过程中应该做到结构清晰、代码简单、可读性高，它属于代码的极简形式，每一行只书写一条指令，并以";"结尾，并在风格上使用缩进。

例如：

```
if 九点之前 then
洗衣服;
else if 十点 then
照顾孩子;
else if 一点 then
做饭;
else
带孩子去游乐园;
end if
```

本段伪代码就使用了 if…else 的语句结构，将日常事务进行了罗列，简单明了，十分清晰。

【例 6.4】编写代码，通过输入端输入 3 个数，并且按照大小顺序将它们输出（源代码\ch06\6.4.txt）。

首先使用伪代码表示算法：

```
开始
input a b c;
if a<b then
  swap a,b;
if a<c then
  print c,a,b;
else
  if c>b then
    print a,c,b;
else
  print a,b,c;
end if
结束
```

将伪代码转换为 C 语言代码：

```
#include <stdio.h>
int main()
{
  int a,b,c,temp;
  printf("输入 3 个整数: \n");
  scanf_s("%d%d%d",&a,&b,&c);
  if(a<b)
  {
    temp=b;
    b=a;
    a=temp;
  }
  else if(a<c)
  {
    temp=c;
    c=a;
    a=temp;
  }
  else
  {
    temp=c;
    c=b;
```

```
    b=temp;
  }
  printf("按照从大到小排列为：%d %d %d\n",a,b,c);
  return 0;
}
```

程序运行结果如图 6-23 所示。

```
Microsoft Visual Studio 调试控制台
输入3个整数：
15 20 12
按照从大到小排列为：20 15 12
```

图 6-23　例 6.4 的程序运行结果

6.3.5　计算机语言表示法

说起计算机语言，其实大家不会很陌生，例如使用 VC 进行编译运行的例子代码就是使用了计算机语言。使用计算机语言，要严格遵守该语言的语法规则、书写规则等。

【例 6.5】使用 C 语言编写程序，计算 1+2+3+4+5 的和，并输出计算结果（源代码\ch06\6.5.txt）。

```
#include <stdio.h>
int main()
{
  /* 定义变量 */
  int i,sum;
  sum=1;
  i=2;
  /* 使用 while 循环求和 */
  while(i<=5)
  {
    sum=sum+i;
    i=i+1;
  }
  printf("1+2+3+4+5=%d\n",sum);
  return 0;
}
```

程序运行结果如图 6-24 所示。

```
Microsoft Visual Studio 调试控制台
1+2+3+4+5=15
```

图 6-24　例 6.5 的程序运行结果

由此可以看出计算机语言在表示算法时具有以下特点：

（1）由上至下。

（2）逐步细化。

（3）模块化的设计。

（4）结构化的编码。

6.4　新手疑难问题解答

问题 1：如何理解算法，一个问题的算法是唯一的吗？

解答：简单地讲，算法就是解决问题时先做什么，后做什么。例如你想找工作，首先要制作简历，寻找你需要的岗位，提交简历，然后参加层层面试，得到录用通知，最后到单位报到，等等。以上找工作的算法是用自然语言描述的。再如：菜谱是做菜肴的算法，洗衣机的使用说明书是操作洗衣机的算法，歌谱是一首歌曲的算法，等等。如果用计算机解决问题，也要先确定算法。而且一个问题的算法不是唯一的，就像解决问题的方法不是一样的。

问题2： 使用流程图可以描述算法，是不是每个算法都需要绘制流程图呢？

解答： 对初学者来说，绘制流程图是十分必要的，它可以帮助我们理清程序思路，避免出现不必要的逻辑错误。在程序的调试、除错、升级、维护过程中，作为程序的辅助说明文档，流程图也是非常有用的。另外，在团队的合作中，流程图还是程序员们相互交流的重要手段。阅读一份简明扼要的流程图，比阅读一段繁杂的代码更易于理解。

解题思路

6.5 实战训练

实战1： 解决汉诺塔问题，并将解决步骤输出在屏幕上。

编写程序，使用递归算法，解决汉诺塔问题，并将解决步骤输出在屏幕上。程序运行结果如图6-25所示。

汉诺塔问题源于一个古老的印度传说，有三根柱子，在第一根柱子上从下往上按照大小顺序摆放有64片圆盘，需要做的是将圆盘从下开始同样按照大小顺序摆放到另一根柱子上，并且规定，小圆盘上不能摆放大圆盘，在三根柱子之间每次只能移动一个圆盘，最后移动的结果是将所有圆盘通过其中一根柱子，全部移动到另一根上，并且摆放顺序不变。

以移动三个圆盘为例，汉诺塔的移动过程如图6-26所示。

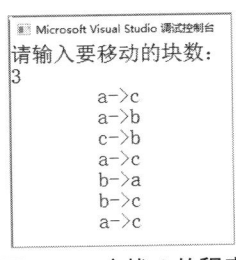

图6-25 实战1的程序运行结果

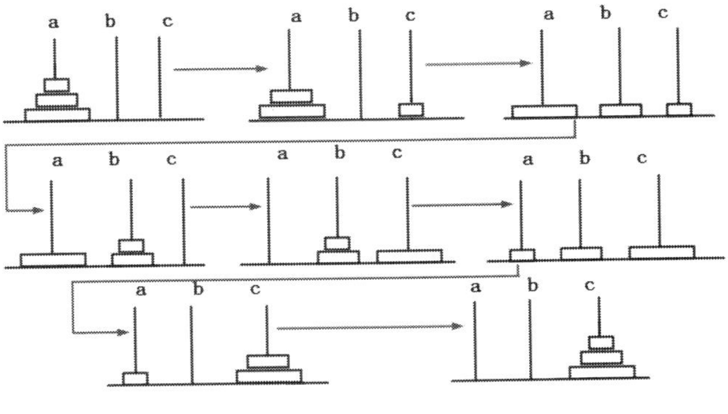

图6-26 汉诺塔移动的过程

实战2： 根据输入的数值，计算出一元二次方程的根。

编写程序，求解标准形式 $ax^2+bx+c=0(a\neq0)$ 一元二次方程的根，并将求解的结果输出。程序运行结果如图6-27所示。

图6-27 实战2的程序运行结果

实战 3：通过流程图将算法表示出来，求 5 的阶乘，并将结果输出。

编写程序，计算 5 的阶乘，然后用流程图（如图 6-28 所示）表示出算法，程序运行结果如图 6-29 所示。

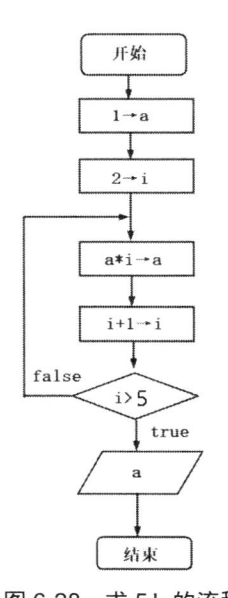

图 6-28　求 5！的流程图

图 6-29　实战 3 的程序运行结果

第7章

流程控制结构

⏱ **本章内容提要**

在计算机中，程序是被逐句执行的，C 语言中有 3 个结构来组织程序语句，分别是顺序结构、选择判断结构、循环结构。使用这 3 种结构，可以完成任何复杂的程序，这 3 种结构也是书写复杂 C 语言程序的基础。本章就来介绍 C 语言程序流程控制结构。

7.1 顺序结构

微视频

在 C 语言中，最常见的语句执行结构就是顺序结构。顺序结构是按照程序中 C 语言语句的顺序一句一句地执行的，代码从主函数开始运行，从上到下，一句一句地执行，不漏掉代码。顺序结构在 C 语言程序中的形式如下：

```
语句 1;
语句 2;
…
语句 n-1;
语句 n;
```

假设程序中有 n 条语句，并且是按照顺序结构组织的，那么，程序就会从第一条语句开始一直顺序地执行到第 n 条语句，如图 7-1 所示。

【例 7.1】 编写程序，利用海伦公式求三角形的面积，要求有输入/输出提醒，结果保留两位小数（源代码\ch07\7.1.txt）。

☆**大牛提醒**☆

海伦公式如下（s 为面积，a、b、c 为三角形三边的值，L 为周长的一半）：

$$L=(a+b+c)/2, \quad s=\sqrt{L*(L-a)*(L-b)*(L-c)}$$

```c
#include <stdio.h>
#include <math.h>                    /* 添加头文件 "math.h" */
void main()
{
    int a, b, c;                     /*定义整数变量 a, b, c */
    double l, s;                     /*定义变量 l, s */
    printf("请输入三角形边长 a、b、c 的值：\n");
    scanf_s("%d,%d,%d", &a, &b, &c); /*输入三角形的边长*/
    l = (a + b + c) / 2.0;           /*计算三角形的周长*/
```

图 7-1
顺序结构执行流程

（流程图：语句 1; → 语句 2; → … → 语句 n-1; → 语句 n;）

```
    s = sqrt(l * (l - a) * (l - b) * (l - c));    /* 使用函数 sqrt() 计算三角形面积 */
    printf("\n 三角形的面积为: %.2f\n", s);
    return 0;
}
```

　　程序运行结果如图 7-2 所示。本实例定义了整型变量 a、b、c，以及双精度变量 l 和 s，然后根据提示输入三角形的边长，最后根据海伦公式计算出三角形的面积，并输出三角形的面积。

```
Microsoft Visual Studio 调试控制台
请输入三角形边长a、b、c的值:
5,6,7

三角形的面积为: 14.70
```

图 7-2　例 7.1 的程序运行结果

7.2　选择判断结构

微视频

　　判断结构要求程序员指定一个或多个要评估或测试的条件，以及条件为真时要执行的语句（必需的）和条件为假时要执行的语句（可选的）。C 语言把任何非零和非空的值假定为 true，把零或 null 假定为 false。C 语言提供的判断语句如表 7-1 所示。

表 7-1　C 语言提供的判断语句

语　　句	描　　述
if 语句	一个 if 语句由一个布尔表达式后跟一个或多个语句组成
If…else 语句	一个 if 语句后可跟一个可选的 else 语句，else 语句在布尔表达式为假时执行
嵌套 if 语句	用户可以在一个 if 或 else if 语句内使用另一个 if 或 else if 语句
switch 语句	一个 switch 语句允许测试一个变量等于多个值时的情况
嵌套 switch 语句	用户可以在一个 switch 语句内使用另一个 switch 语句

　　大多数编程语言中典型的判断结构执行流程如图 7-3 所示。

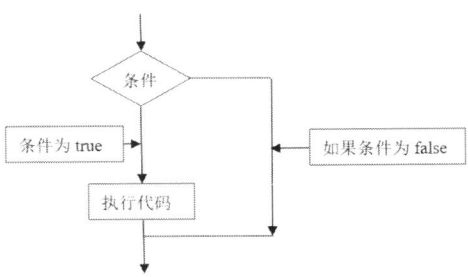

图 7-3　选择判断结构的执行流程

7.2.1　if 语句

　　仅有 if 语句用来判断所给定的条件是否满足，根据判定结果（真或假）决定所要执行的操作。if 语句的选择结构的一般形式如下：

```
if(条件表达式)
{
    语句块;
}
```

如果条件表达式为 true，则 if 语句内的代码块将被执行。如果条件表达式为 false，将跳过语句块，执行花括号后面的语句。使用 if 语句应注意以下几点：

（1）if 关键字后的一对小括号不能省略。小括号内的表达式要求结果为布尔型或可以隐式转换为布尔型的表达式、变量或常量，即表达式返回的一定是布尔值 true 或 false。

（2）if 表达式后的一对花括号是语句块的语法。程序中的多个语句使用一对花括号将其括住，就构成了语句块。if 语句中的语句块如果是一句，花括号可以省略。

（3）if 语句表达式后一定不要加分号，如果加上分号代表条件成立后执行空语句，在调试程序时不会报错，只会警告。if 语句的执行流程图如图 7-4 所示。

【例 7.2】编写程序，从键盘输入三个整数，把这三个数由小到大排序，并将结果输出。（源代码\ch07\7.2.txt）。

```c
#include <stdio.h>
void main()
{
  int x, y, z, t;
  printf("\n请输入三个数字:\n");
  scanf_s("%d%d%d", &x, &y, &z);
  if (x > y) { /*交换x,y的值*/
    t = x;x = y;y = t;
  }
  if (x > z) { /*交换x,z的值*/
    t = z;z = x;x = t;
  }
  if (y > z) { /*交换z,y的值*/
    t = y;y = z;z = t;
  }
  printf("从小到大排序: %d %d %d\n", x, y, z);
}
```

程序运行结果如图 7-5 所示。

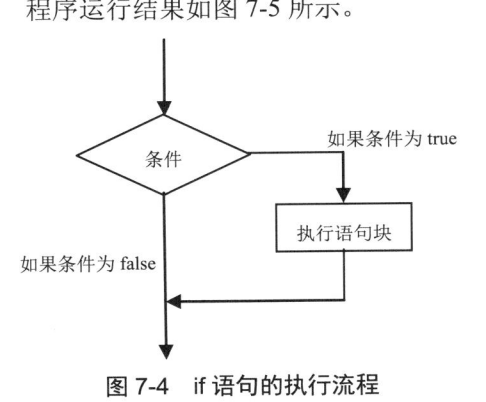

图 7-4 if 语句的执行流程

图 7-5 例 7.2 的程序运行结果

7.2.2 if…else 语句

if…else 语句是一种二分支选择结构，一般形式如下：

```
if(条件表达式)
{ 语句块 1; }
else
{ 语句块 2;}
```

if…else 的功能是先判断表达式的值，如果为真，执行语句块 1，否则执行语句块 2。其中，语句块 1 和语句块 2 只有一条语句时，可以省略花括号。if…else 语句的流程如图 7-6 所示。

【例 7.3】编写程序，从键盘输入一个整数，判断该整数的奇偶性，并输出判断结果（源代码\ch07\7.3.txt）。

```
#include <stdio.h>
void main()
{
  int n;
  printf("请输入一个正整数 n:\n");
  scanf_s("%d", &n);        /* 输入整数 n*/
  if(n%2==0)                /* 如果 n 能被 2 整除，n 为偶数*/
    printf("%d 是偶数\n",n);
  else                      /*否则，n 为奇数*/
    printf("%d 是奇数\n",n);
  return 0;
}
```

保存并运行程序，如果输入偶数，运行结果如图 7-7 所示；如果输入奇数，运行结果如图 7-8 所示。

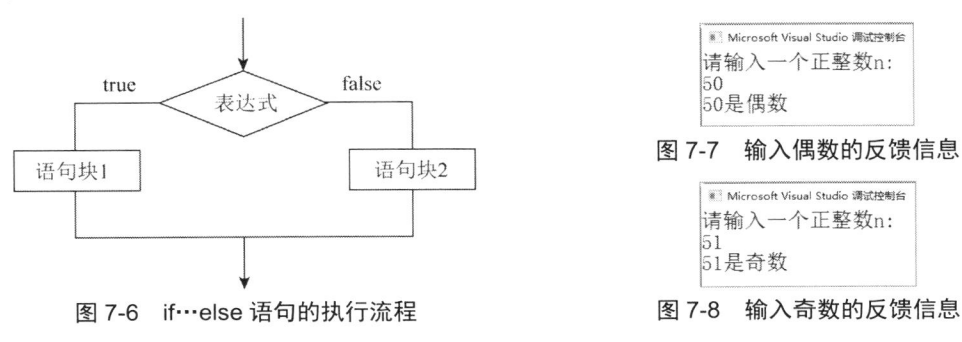

图 7-6　if…else 语句的执行流程

图 7-7　输入偶数的反馈信息

图 7-8　输入奇数的反馈信息

7.2.3　嵌套 if 语句

在 C 语言中，嵌套 if 语句是合法的，这意味着用户可以在一个 if 或 else if 语句内使用另一个 if 或 else if 语句。嵌套 if 语句的一般表示形式如下：

```
if(表达式 1)
{
    if(表达式 2)
    {语句块 1；}     /*表达式 2 为真时执行 */
    else
    {语句块 2；}     /*表达式 2 为假时执行 */
}
else
{
    if(表达式 3)
    {语句块 3；}     /*表达式 3 为真时执行 */
    else
    {语句块 4；}     /*表达式 3 为假时执行 */
}
```

嵌套 if 语句的功能首先执行表达式 1，如果返回值为 true，再判断表达式 2，如果表达式 2 返回值为 true，则执行语句块 1，否则执行语句块 2；表达式 1 返回值为 false，再判断表达式 3，如果表达式 3 返回值为 true，则执行语句块 3，否则执行语句块 4。嵌套 if 语句的判断流程如图 7-9 所示。

【例 7.4】根据录入的员工销售金额，输出相应的等级划分。8000 元以上为业绩优秀，8000～6000 元为业绩良好，6000～4000 元为业绩中等，4000～3000 元为业绩完成，3000 元以下为业绩未完成（源代码\ch07\7.4.txt）。

```
#include <stdio.h>
int main()
{
    /* 定义变量 */
    float sales;
    /* 录入销售金额 */
    printf("请输入销售金额：\n");
    scanf_s("%f", &sales);
    /* 判断流程 */
    if (sales < 3000)
    {
        printf("业绩未完成\n");
    }
    else
    {
        if (sales <= 4000)
        {
            printf("业绩完成\n");
        }
        else
        {
            if (sales <= 6000)
            {
                printf("业绩中等\n");
            }
            else
            {
                if (sales <= 8000)
                {
                    printf("业绩良好\n");
                }
                else
                {
                    printf("业绩优秀\n");
                }
            }
        }
    }
    return 0;
}
```

程序运行结果如图 7-10 所示，这里输入销售金额为 10000，则返回的结果为业绩优秀。

☆大牛提醒☆

在 if…else 语句中嵌套 if…else 语句的形式十分灵活，可在 else 的判断下继续使用嵌套 if…else 语句的方式。

在 C 语言中，还可以在 if…else 语句中的 else 后跟 if 语句的嵌套，从而形成 if…else if…else if 的结构，这种结构的一般表现形式为：

```
if(表达式 1)
    语句块 1;
else if(表达式 2)
    语句块 2;
else if(表达式 3)
```

```
    语句块 3;
  …
else
    语句块 n;
```

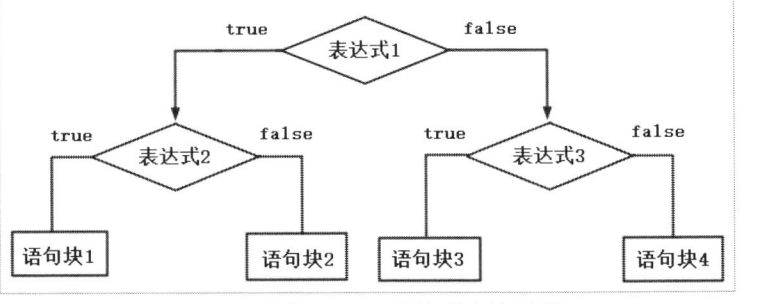

图 7-9　嵌套 if…else 语句的判断流程

图 7-10　例 7.4 的程序运
行结果

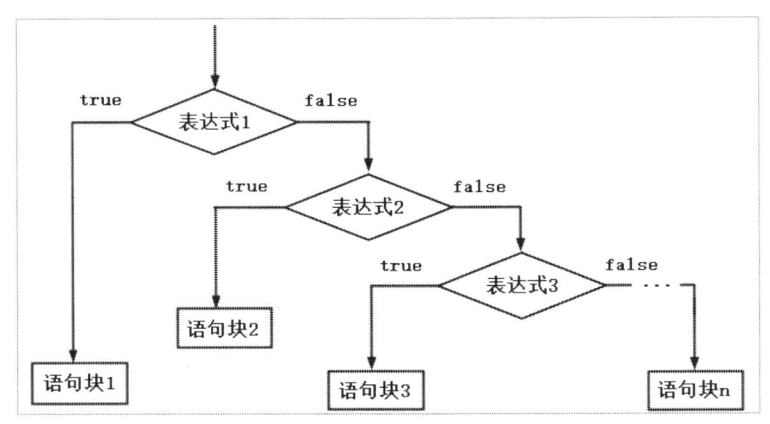

图 7-11　嵌套 else if 语句的判断流程

　　该流程控制语句的功能是首先执行表达式 1，如果返回值为 true，则执行语句块 1，再判断
表达式 2，如果返回值为 true，则执行语句块 2，再判断表达式 3，如果返回值为 true，则执行
语句块 3……否则执行语句块 n。它的判断流程如图 7-11 所示。

　　【例 7.5】编写程序，对例 7.4 的代码进行改造，使用嵌套 else if 语句的形式对销售金额进
行判断，并输出相应的业绩评比结果（源代码\ch07\7.5.txt）。

```
#include <stdio.h>
int main()
{
    /* 定义变量 */
    float sales;
      /* 录入销售金额 */
    printf("请输入销售金额: \n");
    scanf_s("%f", &sales);
    /* 判断流程 */
    if (sales < 3000)
    {
        printf("业绩未完成\n");
    }
    else if (sales <= 4000)
    {
```

```
    printf("业绩完成\n");
  }
  else if (sales <= 6000)
  {
    printf("业绩中等\n");
  }
  else if (sales <= 8000)
  {
    printf("业绩良好\n");
  }
  else
  {
    printf("业绩优秀\n");
  }
  return 0;
}
```

程序运行结果如图 7-12 所示，这里输入销售金额为 10000，则返回的结果为业绩优秀，这与例 7.4 返回的结果是一样的。

```
Microsoft Visual Studio 调试控制台
请输入销售金额：
10000
业绩优秀
```

图 7-12 例 7.5 的程序运行结果

☆**大牛提醒**☆

在编写程序时要注意书写规范，一个 if 语句块对应一个 else 语句块，这样在书写完成后既便于阅读又便于理解。

7.2.4 switch 语句

一个 switch 语句允许测试一个变量等于多个值时的情况。每个值称为一个 case，且被测试的变量会对每个 switch case 进行检查。一个 switch 语句相当于一个 if…else 嵌套语句，因此它们相似度很高，几乎所有的 switch 语句都能用 if…else 嵌套语句表示。

switch 语句与 if…else 嵌套语句最大的区别在于：if…else 嵌套语句中的条件表达式是一个逻辑表达的值，即结果为 true 或 false，而 switch 语句后的表达式值为整型、字符型或字符串型并与 case 标签里的值进行比较。

switch 语句的语句结构如下：

```
switch(表达式)
{
  case 常量表达式 1：
    语句块 1；
    break; /* 可选的 */
  case 常量表达式 2：
    语句块 2；
    break; /* 可选的 */
  case 常量表达式 3：
    语句块 3；
    break; /* 可选的 */
  …
  /* 可以有任意数量的 case 语句*/
  default : /*可选的*/
```

```
        语句块 n+1；
}
```

switch 语句的分支结构判断流程如图 7-13 所示。

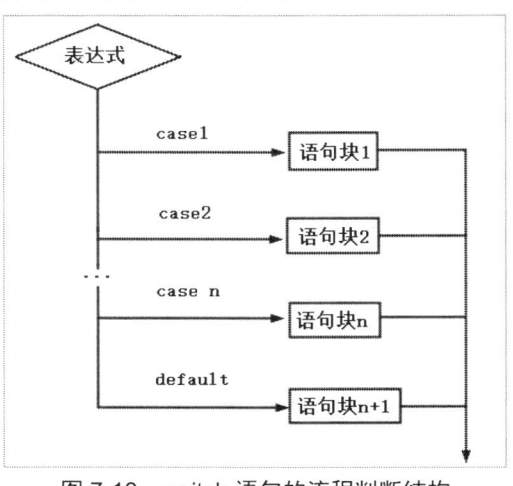

图 7-13　switch 语句的流程判断结构

首先计算表达式的值，当表达式的值等于常量表达式 1 的值时，执行语句块 1；当表达式的值等于常量表达式 2 的值时，执行语句块 2；……；当表达式的值等于常量表达式 n 的值时，执行语句块 n，否则执行 default 后面的语句块 n+1，当执行到 break 语句时跳出 switch 结构。

switch 语句必须遵循下面的规则：

（1）switch 语句中的表达式是一个常量表达式，必须是一个整型或枚举类型。

（2）在一个 switch 中可以有任意数量的 case 语句。每个 case 后跟一个要比较的值和一个冒号。

（3）case 标签后的表达式必须与 switch 中的变量具有相同的数据类型，且必须是一个常量或字面量。

（4）当被测试的变量等于 case 中的常量时，case 后跟的语句将被执行，直到遇到 break 语句为止。

（5）当遇到 break 语句时，switch 终止，控制流将跳转到 switch 语句后的下一行。

（6）不是每一个 case 都需要包含 break。如果 case 语句不包含 break，控制流将会继续后续的 case，直到遇到 break 为止。

（7）一个 switch 语句可以有一个可选的默认值，出现在 switch 的结尾。默认值可用于在上面所有 case 都不为真时执行一个任务。默认值中的 break 语句不是必须的。

【例 7.6】编写程序，使用 switch 语句根据成绩等级反馈成绩评论信息（源代码\ch07\7.6.txt）。

```
#include <stdio.h>
int main()
{
  /* 定义变量 */
  char grade;
  /* 提示信息 */
  printf("成绩等级选择： A  B  C  D\n");
  printf("您输入的成绩等级是：\n");
  /*输入选择*/
  scanf_s("%c", &grade);
  /* 根据用户输入反馈成绩评论*/
  switch (grade)
```

```
{
case 'A':
  printf("很棒! \n");
  break;
case 'B':
  printf("做得好\n");
  break;
case 'C':
  printf("您通过了\n");
  break;
case 'D':
  printf("最好再试一下\n");
  break;
default:
  printf("无效的成绩\n");
}
printf("您的成绩是 %c\n", grade);
return 0;
}
```

保存并运行程序，这里根据提示输入成绩等级，然后按下 Enter 键，即可返回该成绩的反馈信息，如这里输入 D，该成绩的反馈信息为"最好再试一下"，如图 7-14 所示。

这里通过输入端输入成绩等级，然后根据用户的选择进行判断，若为 A，则返回"很棒！"；若为 B，则返回"做得好"；若为 C，则返回"您通过了"；若为 D，则返回"最好再试一下"；若缺省或 A~D 以外的结果，则返回"无效的成绩"。

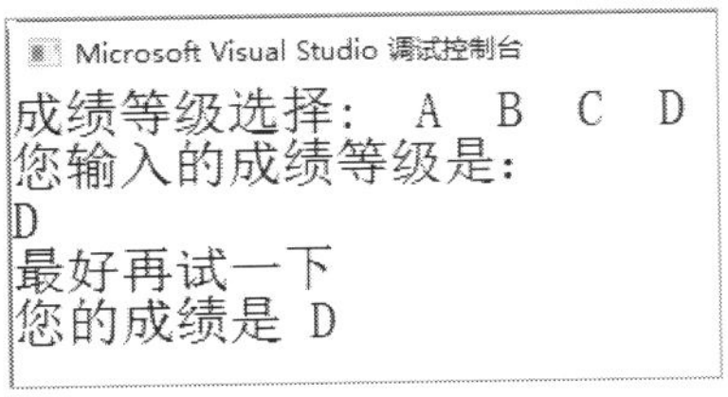

图 7-14　例 7.6 的程序运行结果

7.2.5　嵌套 switch 语句

除正常使用 switch 语句外，还可以把一个 switch 作为一个外部 switch 的语句序列的一部分，即可以在一个 switch 语句内使用另一个 switch 语句。即使内部和外部 switch 的 case 常量包含共同的值，也没有矛盾。

嵌套 switch 语句的语句结构如下：

```
switch(ch1) {
  case 'A':
    printf("这个 A 是外部 switch 的一部分");
    switch(ch2) {
      case 'A':
        printf("这个 A 是内部 switch 的一部分");
        break;
      case 'B': /*内部 B case 代码*/
    }
    break;
  case 'B': /*外部 B case 代码*/
}
```

【例 7.7】编写程序，定义变量 a 和 b，使用嵌套 switch 语句输出 a 和 b 的值（源代码\ch07\7.7.txt）。

```
#include <stdio.h>
int main ()
{
  /* 局部变量定义 */
  int a = 10;
```

```
    int b = 20;
    switch(a) {
      case 10:
        printf("这是外部 switch 的一部分\n");
        printf("a 值是 %d\n", a );
        switch(b) {
          case 20:
            printf("这是内部 switch 的一部分\n");
            printf("b 值是 %d\n", b );
        }
    }
    return 0;
}
```

这是外部switch的一部分
a值是 10
这是内部switch的一部分
b值是 20

图 7-15 例 7.7 的程序运行结果

程序运行结果如图 7-15 所示。

7.3 循环结构

在实际应用中，往往会遇到一行或几行代码需要执行多次的情况，这就是代码的循环。几乎所有的程序都包含循环，循环是重复执行的指令，重复次数由条件决定，这个条件称为循环条件，反复执行的程序段称为循环体。

一个正常的循环程序具有四个基本要素，分别是循环变量初始化、循环条件、循环体和改变循环变量的值。大多数编程语言中循环语句的流程结构图如图 7-16 所示。

在 C 语言中为用户提供了 4 种循环结构类型，分别为 while 循环、do…while 循环、for 循环和嵌套循环。具体介绍如表 7-2 所示。

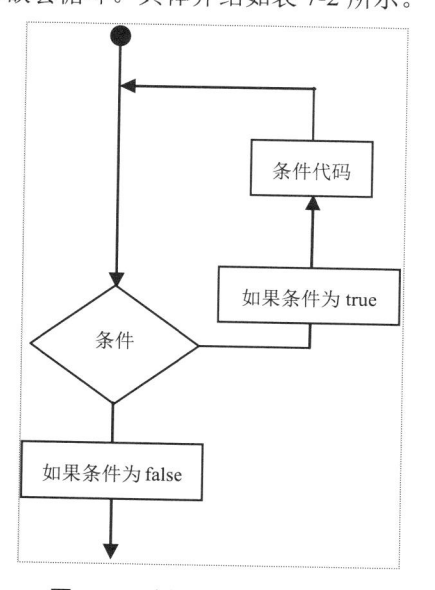

图 7-16 循环结构的执行流程

表 7-2 循环结构类型

循 环 类 型	描 述
while 循环	当给定条件为真时，重复语句或语句组。它会在执行循环主体之前测试条件
do…while 循环	除了它是在循环主体结尾测试条件外，其他与 while 语句类似
for 循环	多次执行一个语句序列，简化管理循环变量的代码
嵌套循环	用户可以在 while、for 或 do…while 循环内使用一个或多个循环

7.3.1 while 循环

while 循环根据循环条件的返回值来判断执行零次或多次循环体。当逻辑条件成立时，重复执行循环体，直到条件不成立时终止，while 循环的语法结构如下：

```
while(表达式)
{
    语句块；
}
```

在这里，语句块可以是一个单独的语句，也可以是几个语句组成的代码块。表达式可以是任意的表达式，表达式的值非零时为 true，当条件为 true 时执行循环；当条件为 false 时退出循环，程序流将继续执行紧接着循环的下一条语句。

while 循环的执行流程如图 7-17 所示。

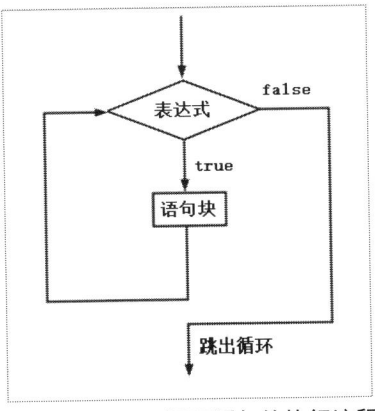

图 7-17　while 循环语句的执行流程

当遇到 while 循环时，首先计算表达式的返回值，当表达式的返回值为 true 时，执行一次循环体中的语句块，循环体中的语句块执行完毕时，将重新查看是否符合条件，若表达式的值还返回 true 将再次执行相同的代码，否则跳出循环。while 循环的特点：先判断条件，后执行语句。

【例 7.8】编写程序，实现 100 以内自然数的求和，即 1+2+3+…+100，最后输出计算结果（源代码\ch07\7.8.txt）。

```c
#include <stdio.h>
int main()
{
    /* 定义变量并初始化 */
    int i=1,sum=0;
    printf("100 以内自然数求和：\n");
    /* while 循环语句 */
    while(i<=100)
    {
        sum+=i;
        i++;    /* 自增运算 */
    }
    printf("1+2+3+…+100=%d\n",sum);
    return 0;
}
```

程序运行结果如图 7-18 所示。

Microsoft Visual Studio 调试控制台
100以内自然数求和：
1+2+3+····+100=5050

图 7-18　例 7.8 的程序运行结果

使用 while 语句时要注意以下几点：

（1）while 语句中的表达式一般是关系表达式或逻辑表达式，只要表达式的值为真（非 0）即可继续循环。

（2）循环体包含一条以上语句时，应用{}括起来，以复合语句的形式出现；否则，它只认为 while 后面的第 1 条语句是循环体。

（3）循环前，必须给循环控制变量赋初值，如上例中的（i=0;）。

（4）循环体中，必须有改变循环控制变量值的语句（使循环趋向结束的语句），如上例中的（i++;），否则循环永远不结束，形成所谓的死循环。例如如下代码：

```
int i=1;
while(i<10)
  printf("while语句注意事项");
```

因为 i 的值始终是 1，也就是说，永远满足循环条件 i<10，所以，程序将不断地输出"while 语句注意事项"，陷入死循环，因此必须要给出循环终止条件。

while 循环之所以被称为有条件循环，是因为语句部分的执行要依赖于判断表达式中的条件。之所以说其是使用入口条件的，是因为在进入循环体之前必须满足这个条件。如果在第一次进入循环体时条件就没有被满足，程序将永远不会进入循环体。例如如下代码：

```
int i=11;
while(i<10)
  printf("while语句注意事项");
```

因为 i 一开始就被赋值为 11，不符合循环条件 i<10，所以不会执行后面的输出语句。要使程序能够进入循环，必须给 i 赋比 10 小的初值。

【例 7.9】编写程序，求数列 1/2、2/3、3/4……前 20 项的和，最后输出计算结果（源代码\ch07\7.9.txt）。

```
#include <stdio.h>
void main()
{  int i;                        /*定义整型变量i用于存放整型数据*/
   double sum=0;                 /*定义浮点型变量sum用于存放累加和*/
   i=1;                          /*循环变量赋初值*/
   while(i<=20)                  /*循环的终止条件是i<=20*/
   {
     sum=sum+i/(i+1.0);         /*每次把新值加到sum中*/
     i++;                        /*循环变量增值，此语句一定要有*/
   }
   printf("该数列前20项的和为:%f\n",sum);
}
```

程序运行结果如图 7-19 所示，该值为 1/2、2/3、3/4……前 20 项的和，并在命令行中输出。本实例的数列可以写成通项式：n/(n+1)，n=1，2，…，20，n 从 1 循环到 20，计算每次得到当前项的值，然后加到 sum 中即可求出结果。

☆**大牛提醒**☆

while 后面不能直接加";"，如果直接在 while 语句后面加了";"，系统会认为循环体是空体，什么也不做。后面用{}括起来的部分将被认为是 while 语句后面的下一条语句。

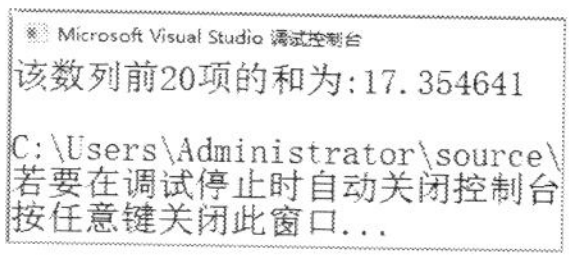

图 7-19 例 7.9 的程序运行结果

7.3.2 do…while 循环

在 C 语言中，do…while 循环是在循环的尾部检查它的条件。do…while 循环与 while 循环类似，但是也有区别。do…while 循环和 while 循环的最主要区别有以下两点：

（1）do…while 循环是先执行循环体后判断循环条件，while 循环是先判断循环条件后执行循环体。

（2）do…while 循环的最小执行次数为 1 次，while 语句的最小执行次数为 0 次。

do…while 循环的语法格式如下：

```
do
{
    语句块;
}
while(表达式);
```

这里的条件表达式出现在循环的尾部，所以循环中的语句块会在条件被测试之前至少执行一次。如果条件为真，控制流会跳转回上面的 do，然后重新执行循环中的语句块，这个过程会不断重复，直到给定条件变为假为止。do…while 循环语句的执行流程如图 7-20 所示。

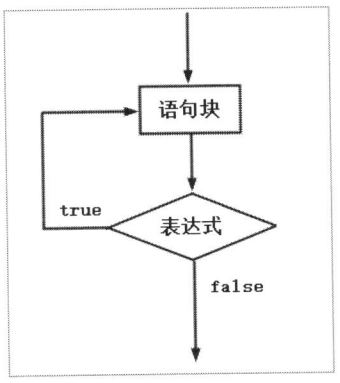

图 7-20　do…while 循环语句的执行流程

程序遇到关键字 do，执行花括号内的语句块，语句块执行完毕，执行 while 关键字后的布尔表达式，如果表达式的返回值为 true，则向上执行语句块，否则结束循环，执行 while 关键字后的程序代码。

使用 do…while 语句应注意以下几点：

（1）do…while 语句是先执行"循环体语句"，后判断循环终止条件，与 while 语句不同。二者的区别在于：当 while 后面的表达式开始的值为 0（假）时，while 语句的循环体一次也不执行，而 do…while 语句的循环体至少要执行一次。

（2）在书写格式上，循环体部分要用"{}"括起来，即使只有一条语句也如此；do…while 语句最后以分号结束。

（3）通常情况下，do…while 语句是从后面控制表达式退出循环。但它也可以构成无限循环，此时要利用 break 语句或 return 语句直接从循环体内跳出循环。

【例 7.10】编写程序，实现 100 以内自然数的求和，即 1+2+3+…+100，最后输出计算结果（源代码\ch07\7.10.txt）。

```
#include <stdio.h>
int main()
```

```
{
    /* 定义变量 */
    int i=1,sum=0;
    printf("100以内自然数求和: \n");
    /* do...while 循环语句 */
    do
    {
        sum+=i;
        i++;
    }
    while(i<=100);
    printf("1+2+3+…+100=%d\n",sum);
    return 0;
}
```

程序运行结果如图 7-21 所示。

【例 7.11】编写程序，根据输入的两个数，计算两个数的最大公约数（源代码\ch07\7.11.txt）。

```
#include <stdio.h>
void main( )
{
    int m,n,r,t;
    int m1,n1;
    printf("请输入第 1 个数:");
    scanf_s("%d",&m);                /*由用户输入第 1 个数*/
    printf("\n请输入第 2 个数:");
    scanf_s("%d",&n);                /*由用户输入第 2 个数*/
    m1=m;n1=n;                       /*保存原始数据供输出使用*/
    if(m<n)
    {t=m;m=n;n=t;}                   /*m 和 n 交换值，使 m 存放大值，n 存放小值*/
    do                              /*使用辗转相除法求得最大公约数*/
    {
        r=m%n;
        m=n;
        n=r;
    }while(r!=0);
    printf("%d 和%d 的最大公约数是%d\n",m1,n1,m);
}
```

保存并运行程序，从键盘上输入任意两个数，按 Enter 键，即可计算它们的最大公约数，结果如图 7-22 所示。

图 7-21　例 7.10 的程序运行结果

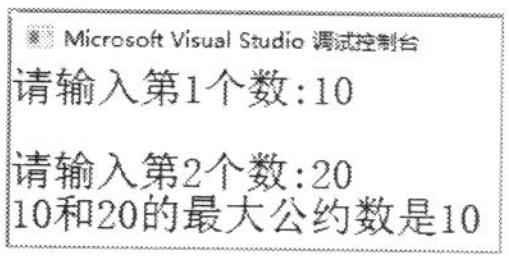

图 7-22　例 7.11 的程序运行结果

在例 7.11 中，求两个数的最大公约数的具体方法如下：

（1）比较两个数 m 和 n，并使 m 小于 n；

（2）将 m 作被除数，n 作除数，相除后余数为 r；

（3）将 m←n，n←r；

（4）若 r=0，则 m 为最大公约数，结束循环；若 r≠0，执行步骤（2）和（3）。

由于在求解过程中，m 和 n 已经发生了变化，所以要将它们保存在另外两个变量 m1 和 n1 中，以便输出时可以显示这两个原始数据。

如果要求两个数的最小公倍数，只需要将两个数相乘再除以最大公约数，即 m1*n1/m 即可。

7.3.3 for 循环

for 循环和 while 循环、do…while 循环一样，可以循环重复执行一个语句块，直到指定的循环条件返回值为假。for 循环的语法格式为：

```
for(表达式 1;表达式 2;表达式 3)
{
    语句块;
}
```

主要参数介绍如下：

（1）表达式 1 为赋值语句，如果有多个赋值语句可以用逗号隔开，形成逗号表达式，循环四要素中的循环变量初始化；

（2）表达式 2 返回一个布尔值，用于检测循环条件是否成立，循环四要素中的循环条件；

（3）表达式 3 为赋值表达式，用来更新循环控制变量，以保证循环能正常终止，循环四要素中的改变循环变量的值。

for 循环的执行过程如下：

（1）表达式 1 会首先被执行，且只会执行一次。这一步允许用户声明并初始化任何循环控制变量。用户也可以不在这里写任何语句，只要有一个分号出现即可。

（2）接下来会判断表达式 2。如果为真，则执行循环主体。如果为假，则不执行循环主体，且控制流会跳转到紧接着 for 循环的下一条语句。

（3）在执行完 for 循环主体后，控制流会跳回表达式 3。该语句允许用户更新循环控制变量。该语句可以为空，只要在条件后有一个分号出现即可。

（4）最后条件再次被判断。如果为真，则执行循环，这个过程会不断重复（循环主体，然后增加步值，再然后重新判断条件）。在条件变为假时，for 循环终止。

for 循环的执行流程如图 7-23 所示。

☆**大牛提醒**☆

C 语言不允许省略 for 语句中的 3 个表达式，否则 for 语句将出现死循环现象。

【例 7.12】编写程序，实现 100 以内自然数的求和，并输出结果（源代码\ch07\7.12.txt）。

```
#include <stdio.h>
int main()
{
    /* 定义变量 */
    int i,sum=0;
    printf("100 以内自然数求和：\n");
    /* for 循环语句 */
    for(i=1;i<=100;i++)
    {
        sum+=i;
    }
    printf("1+2+3+...+100=%d\n",sum);
    return 0;
}
```

程序运行结果如图 7-24 所示。

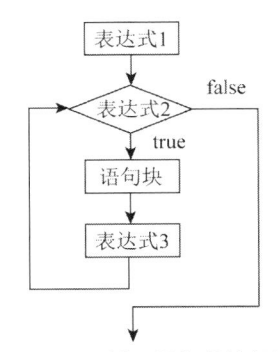

图 7-23　for 循环语句的执行流程

图 7-24　例 7.12 的程序运行结果

通过上述实例可以发现，while 循环、do…while 循环和 for 循环有很多相似之处，几乎在所有的循环语句中，这三种循环都可以互换。

7.3.4　循环语句的嵌套

在一个循环体内又包含另一个循环结构，称为循环嵌套。如果内嵌的循环中还包含有循环语句，这种称为多层循环。while 循环、do…while 循环和 for 循环语句之间可以相互嵌套。

1. 嵌套 for 循环

C 语言中，嵌套 for 循环的语法结构如下：

```
for (表达式 1;表达式 2;表达式 3)
{
    语句块;
    for(表达式 1;表达式 2;表达式 3)
    {
        语句块;
        ... ... ...
    }
    ... ... ...
}
```

嵌套 for 循环的流程图如图 7-25 所示。

【例 7.13】编写程序，在屏幕上输出九九乘法表（源代码\ch07\7.13.txt）。

```c
#include <stdio.h>
int main()
{
  int i,j;
  /* 外层循环 每循环 1 次 输出一行 */
  for(i = 1; i <= 9; i++)
  {
    /* 内层循环 循环次数取决于 i */
    for(j = 1; j <= i;j++)
    {
      printf("%d*%d =%d\t",j,i,i*j);
    }
    printf("\n");
  }
  return 0;
}
```

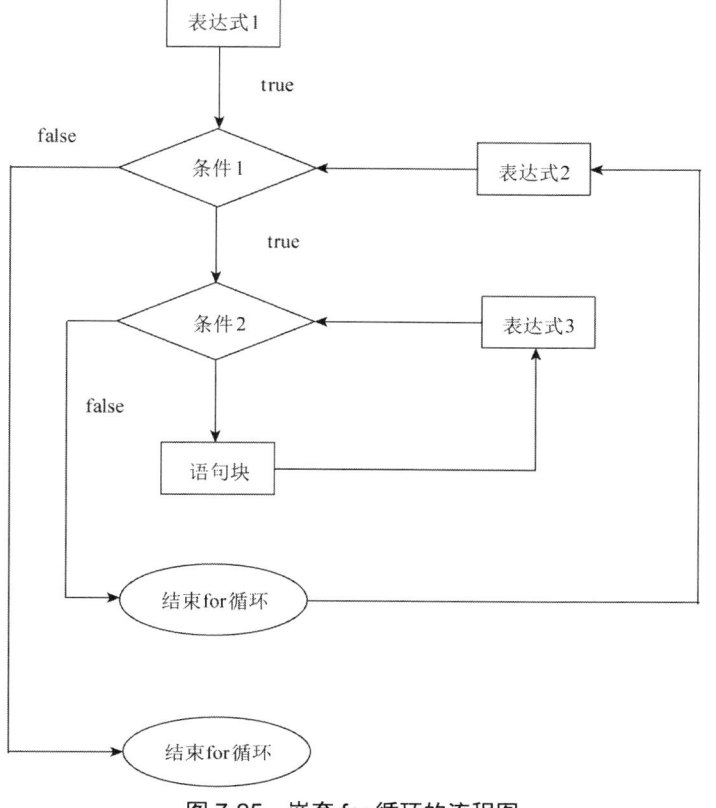

图 7-25　嵌套 for 循环的流程图

程序运行结果如图 7-26 所示。

```
■ Microsoft Visual Studio 调试控制台
1*1=1
1*2=2    2*2=4
1*3=3    2*3=6    3*3=9
1*4=4    2*4=8    3*4=12   4*4=16
1*5=5    2*5=10   3*5=15   4*5=20   5*5=25
1*6=6    2*6=12   3*6=18   4*6=24   5*6=30   6*6=36
1*7=7    2*7=14   3*7=21   4*7=28   5*7=35   6*7=42   7*7=49
1*8=8    2*8=16   3*8=24   4*8=32   5*8=40   6*8=48   7*8=56   8*8=64
1*9=9    2*9=18   3*9=27   4*9=36   5*9=45   6*9=54   7*9=63   8*9=72   9*9=81
```

图 7-26　例 7.13 的程序运行结果

2. 嵌套 while 循环

C 语言中，嵌套 while 循环的语法结构如下：

```
while (条件 1)
{
    语句块
    while (条件 2)
    {
        语句块;
        ... ... ...
    }
    ... ... ...
}
```

嵌套 while 循环的流程图如图 7-27 所示。

【例7.14】编写程序，在屏幕上输出由*组成的形状（源代码\ch07\7.14.txt）。

```c
#include <stdio.h>
int main()
{
    int i=1,j;
    while (i <= 5)
    {
        j=1;
        while (j <= i )
        {
            printf("*",j);
            j++;
        }
        printf("\n");
        i++;
    }
    return 0;
}
```

程序运行结果如图 7-28 所示。

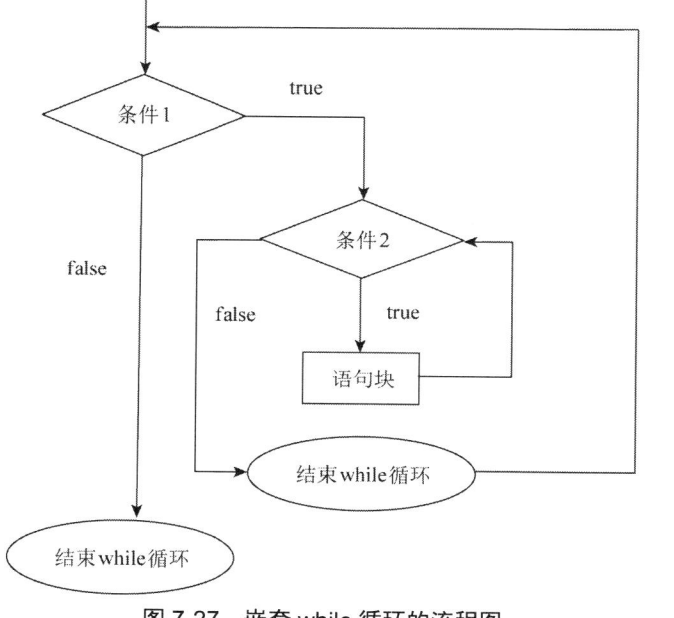

图 7-27　嵌套 while 循环的流程图

图 7-28　例 7.14 的程序运行结果

3. 嵌套 do…while 循环

C 语言中，嵌套 do…while 循环的语法结构如下：

```c
do
{
    语句块;
    do
    {
        语句块;
        … … …
    }while (条件2);
    … … …
}while (条件1);
```

嵌套 do…while 循环的流程图如图 7-29 所示。

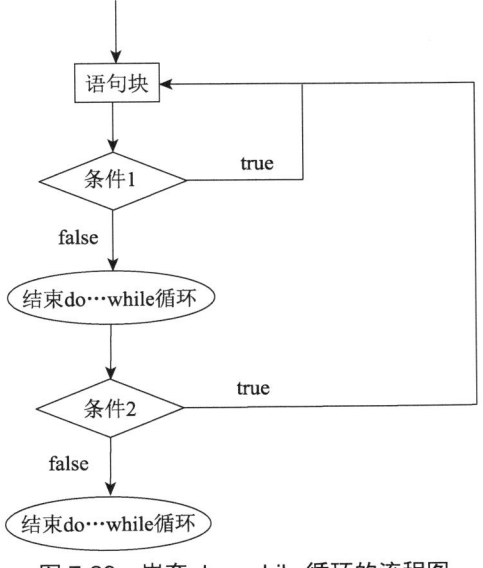

图 7-29　嵌套 do…while 循环的流程图

【例 7.15】编写程序，在屏幕上输出由*组成的形状（源代码\ch07\7.15.txt）。

```c
#include <stdio.h>
int main()
{
    int i=1,j;
    do
    {
        j=1;
        do
        {
            printf("*");
            j++;
        }while(j <= i);
        i++;
        printf("\n");
    }while(i <= 5);
    return 0;
}
```

程序运行结果如图 7-30 所示。

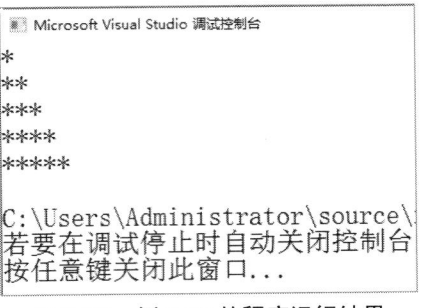

图 7-30　例 7.15 的程序运行结果

7.3.5　无限循环

如果条件永远不为假，则循环将变成无限循环。for 循环在传统意义上可用于实现无限循环。

由于构成循环的三个表达式中任何一个都不是必需的，用户可以将某些条件表达式留空来构成一个无限循环。例如下面一段代码：

```
#include <stdio.h>
int main ()
{
   for( ; ; )
   {
      printf("该循环会永远执行下去! \n");
   }
   return 0;
}
```

当条件表达式不存在时，它被假设为真。用户也可以设置一个初始值和增量表达式，但是一般情况下，C 语言程序员偏向于使用 for(;;)结构来表示一个无限循环。

☆大牛提醒☆

可以按快捷键 Ctrl+C 终止一个无限循环。

7.4　循环控制语句

微视频

循环控制语句可以改变代码的执行顺序，通过这些语句可以实现代码的跳转。C 语言提供的循环控制语句有 break 语句、continue 语句、goto 语句等，如表 7-3 所示。

表 7-3　C 语言中的循环控制语句

控　制　语　句	描　　　述
break 语句	终止循环或 switch 语句，程序流将继续执行紧接着循环或 switch 的下一条语句
continue 语句	告诉一个循环体立刻停止本次循环迭代，重新开始下次循环迭代
goto 语句	将控制转移到被标记的语句。但是不建议在程序中使用 goto 语句

7.4.1　break 语句

break 语句只能应用在选择结构 switch 语句和循环语句中，如果出现在其他位置会引起编译错误。C 语言中 break 语句有以下两种用法，分别如下：

（1）当 break 语句出现在一个循环内时，循环会立即终止，且程序流将继续执行紧接着循环的下一条语句。

（2）break 语句可用于终止 switch 语句中的一个 case。

☆大牛提醒☆

如果用户使用的是嵌套循环（即一个循环内嵌套另一个循环），break 语句会停止执行最内层的循环，然后开始执行该语句块之后的下一行代码。

C 语言中 break 语句的语法结构如下：

```
break;
```

break 语句在程序中的应用流程图如图 7-31 所示。

break 语句用在循环语句的循环体内的作用是终止当前的循环语句。

无 break 语句：

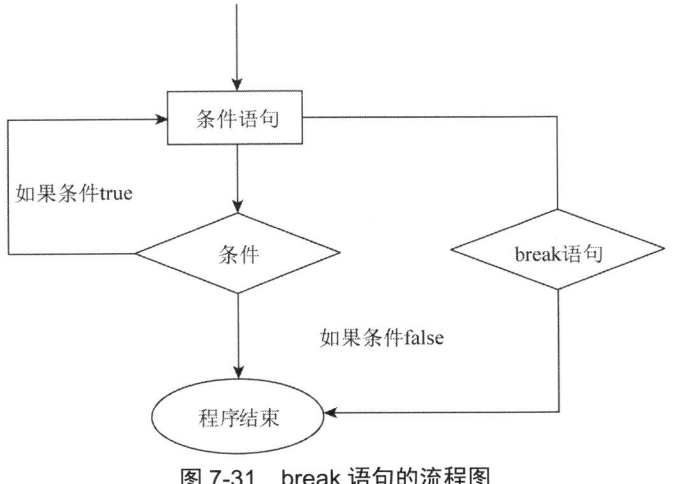

图 7-31　break 语句的流程图

```
int sum=0, number;
scanf_s("%d",&number);
while (number !=0) {
sum+=number;
scanf_s("%d",&number);
}
```

有 break 语句：

```
int sum=0, number;
while (1) {
   scanf_s("%d",&number);
   if (number==0)
      break;
   sum+=number;
}
```

这两段程序产生的效果是一样的。需要注意的是：break 语句只是跳出当前的循环语句，对于嵌套的循环语句，break 语句的功能是从内层循环跳到外层循环。例如：

```
int i=0, j, sum=0;
while (i<10) {
   for ( j=0; j<10; j++) {
      sum+=i + j;
      if (j==i) break;
   }
   i++;
}
```

本例中的 break 语句执行后，程序立即终止 for 循环语句，并转向 for 循环语句的下一个语句，即 while 循环体中的 i++语句，继续执行 while 循环语句。

【例 7.16】编写程序，使用 while 循环输出变量 a 为 10～20 的整数，在内循环中使用 break 语句，当输出到 15 时跳出循环（源代码\ch07\7.16.txt）。

```
#include <stdio.h>
int main ()
{
   /*局部变量定义*/
   int a =10;
   /* while 循环执行*/
   while(a<20)
   {
```

```
        printf("a 的值: %d\n",a);
        a++;
        if(a>15)
        {
            /*使用 break 语句终止循环*/
            break;
        }
    }
    return 0;
}
```

程序运行结果如图 7-32 所示。

☆**大牛提醒**☆

在嵌套循环中，break 语句只能跳出离自己最近的那一层
循环。

7.4.2　continue 语句

C 语言中的 continue 语句有点像 break 语句。但它不是强
制终止，continue 会跳过当前循环中的代码，强迫开始下一次
循环。对于 for 循环，continue 语句执行后自增语句仍然会执行。对于 while 和 do…while 循环，
continue 语句重新执行条件判断语句。

C 语言中 continue 语句的语法结构如下：

```
continue;
```

continue 语句在程序中的应用流程图如图 7-33 所示。

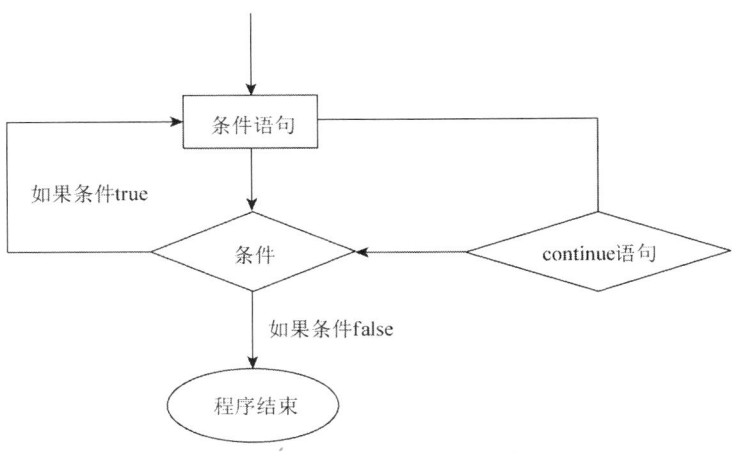

图 7-33　continue 语句应用流程图

通常情况下，continue 语句总是与 if 语句连在一起，用来加速循环。假设 continue 语句用
于 while 循环语句，要求在某个条件下跳出本次循环，一般形式如下：

```
while(表达式 1) {
  …
  if(表达式 2) {
    continue;
  }
  …
```

图 7-32　例 7.16 的程序运行结果

```
    }
```

这种形式和前面介绍的 break 语句用于终止循环的形式十分相似，其区别是：continue 只终止本次循环，继续执行下一次循环，而不是终止整个循环。而 break 语句则是终止整个循环过程，不会再去判断循环条件是否还满足。在循环体中，continue 语句被执行之后，其后面的语句均不再执行。

【例 7.17】编写程序，输出 100～120 所有不能被 3 和 7 同时整除的整数（源代码\ch07\7.17.txt）。

```
#include<stdio.h>
void main()
{  int i,n=0;                    /*n 计数*/
   for(i=100;i<=120;i++)
   {
      if(i%3==0&&i%7==0)         /*如果能同时被 3 和 7 整除，不打印*/
      {
         continue;              /*结束本次循环未执行的语句，继续下次判断*/
      }
      printf("%d\t",i);
      n++;
      if(n%5==0)                /*5 个数输出一行*/
         printf("\n");
   }
}
```

程序运行结果如图 7-34 所示，可以看出输出的这些数值不能同时被 3 和 7 整除，并且每 5 个数输出一行。

Microsoft Visual Studio 调试控制台				
100	101	102	103	104
106	107	108	109	110
111	112	113	114	115
116	117	118	119	120

图 7-34　例 7.17 的程序运行结果

在本例中，只有当 i 的值能同时被 3 和 7 整除时，才执行 continue 语句，执行后越过后面的语句（printf 语句及后面的部分不执行），直接判断循环条件 i<=120，再进行下一次循环。只有当 i 的值不能同时被 3 和 7 整除时，才执行后面的 printf 语句。

一般来说，它的功能可以用单个的 if 语句代替，如本例可改为：

```
if(i%3==0&&i%7==0) /*如果能同时被 3 和 7 整除，不打印*/
{
   printf("%d\t",i);
}
```

这样编写比用 continue 语句更清晰，又不用增加嵌套深度，因此如果能用 if 语句，就尽量不要用 continue 语句。

7.4.3　goto 语句

C 语言中的 goto 语句允许把控制无条件转移到同一函数内的被标记的语句。goto 是"跳转到"的意思，使用它可以跳转到另一个加上指定标签的语句，goto 语句的语法结构如下：

```
goto [标签];
...
[标签]:语句块;
```

在这里，标签可以是任何除 C 关键字以外的纯文本，它可以设置在 C 程序中 goto 语句的前面或者后面。例如，使用 goto 语句实现跳转到指定语句：

```
int i = 0;
goto a;
i = 1;
a : printf("%d",i);
```

这四句代码的意思是，第一句：定义变量 i，第二句：跳转到标签为 a 的语句，接下来就输出 i 的结果，可以看出，第三句是无意义的，因为没有被执行，跳过去了，所以输出的值是 0，而不是 1。

goto 语句在程序中的应用流程图如图 7-35 所示。

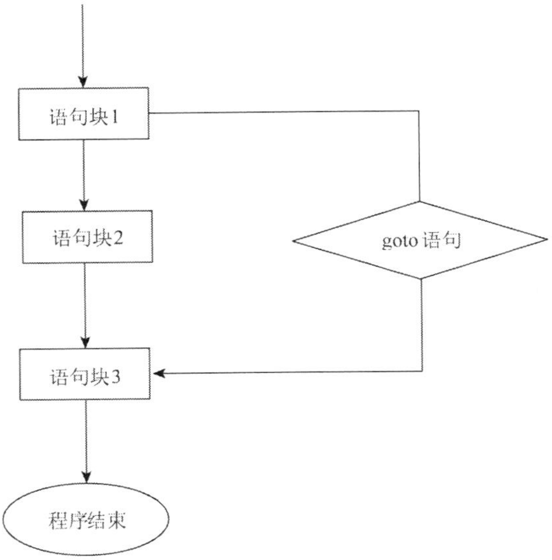
语句块1
语句块2
语句块3
goto语句
程序结束

图 7-35　goto 语句应用流程图

☆**大牛提醒**☆

goto 跳转的语句，并不是一定要跳转到之后的语句，也就是说，goto 还可以跳转到前面去执行。

【例 7.18】编写程序，实现 100 以内自然数的求和，即 1+2+3+…+100，最后输出计算结果（源代码\ch07\7.18.txt）。

```
#include <stdio.h>        /*标准库中输入/输出流的头文件*/
void main()
{
  int i,sum=0;
  i=1;
  loop:     if(i<=100)  /*标记 loop 标签*/
  {
    sum=sum+i;
    i++;
    goto loop;          /*如果 i 的值不大于 100，则转到 loop 标签处开始执行程序*/
  }
  printf("1+2+3+…+100=%d\n",sum);
}
```

程序运行结果如图 7-36 所示，即可显示 1～100 的整数之和。

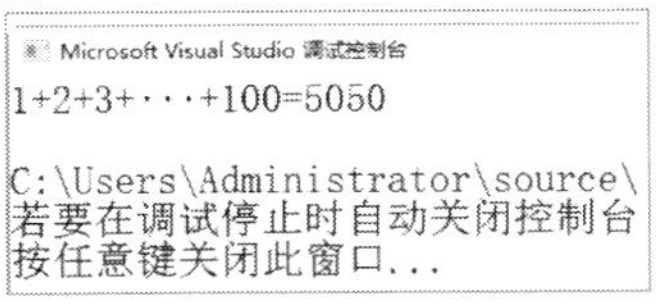
Microsoft Visual Studio 调试控制台
1+2+3+···+100=5050
C:\Users\Administrator\source\
若要在调试停止时自动关闭控制台
按任意键关闭此窗口...

图 7-36　例 7.18 的程序运行结果

☆**大牛提醒**☆

在任何编程语言中，都不建议使用 goto 语句。因为它使得程序的控制流难以跟踪，使程序难以理解和难以修改，因此，使用 goto 语句的程序进量改写成不需要使用 goto 语句的写法。

7.5　新手疑难问题解答

问题 1：continue 语句和 break 语句的区别：

解答：continue 语句只结束本次循环，而不是终止整个循环的执行。break 语句则是结束整个循环过程,不再判断执行循环的条件是否成立。break 语句可以用在循环语句和 switch 语句中。在循环语句中用来结束内部循环；在 switch 语句中用来跳出 switch 语句。

问题 2：C 语言中 while、do…while、for 几种循环语句有什么区别？

解答：同一个问题，往往既可以用 while 语句解决，也可以用 do…while 或者 for 语句来解决，但在实际应用中，应根据具体情况来选用不同的循环语句。选用的一般原则是：

（1）如果循环次数在执行循环体之前就已确定，一般用 for 语句。如果循环次数是由循环体的执行情况确定的，一般用 while 语句或者 do…while 语句。

（2）当循环体至少执行一次时，用 do…while 语句，反之，如果循环体可能一次也不执行，则选用 while 语句。

（3）循环语句中，for 语句使用频率最高，while 语句其次，do…while 语句很少用。

for、while、do…while 三种循环语句可以互相嵌套自由组合。但要注意的是，各循环必须完整，相互之间绝不允许交叉。

7.6　实战训练

解题思路

实战 1：制作一个简易计算器

编写程序，完成一个简易计算器小程序，要求实现加减乘除四种运算功能。程序运行结果如图 7-37 所示。

实战 2：输出指定月份的日历信息。

编写程序，通过输入年份和月份，输出该月的日历情况。程序运行结果如图 7-38 所示。

实战 3：输出 10 以内的质数信息。

编写程序，通过输入起始数与结尾数，输出除 1 以外指定整数范围内的质数。程序运行结果如图 7-39 所示。

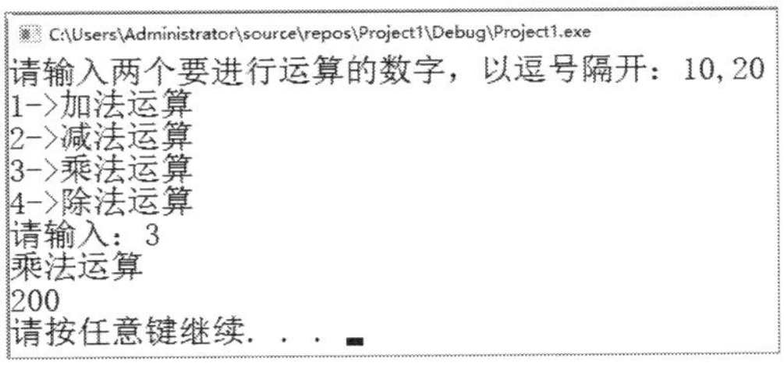

图 7-37　实战 1 的程序运行结果

图 7-38　实战 2 的程序运行结果

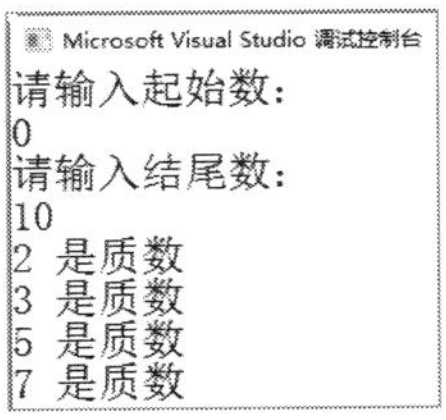

图 7-39　实战 3 的程序运行结果

第8章

数值数组与字符数组

本章内容提要

C 语言中的数据类型既包含基本数据类型，如整型、字符型等，也包含构造数据类型。构造数据类型是由基本数据类型按一定规则组合而成的一种复杂的数据类型，常见的有数组类型、结构体类型和共用体类型等。本章就来介绍构造数据类型中的数组类型，以及字符数组的应用。

8.1　数组概述

微视频

C 语言支持数组数据结构，使用它可以存储一个固定大小的相同类型元素的顺序集合。简单地讲，数组是有序数据的集合，在数组中的每一个元素都属于同一个数据类型。

8.1.1　认识数组

在现实中，经常会对批量数据进行处理。例如，输入一个班级 45 名学生的 "C 语言程序设计" 课程的成绩，将这 45 个学生的分数由大到小输出。这个问题首先是一个排序问题，因为要把这 45 个成绩从大到小排序，首先必须把这 45 个成绩都记录下来，然后在这 45 个数值中找到最大值、次大值……最小值，最后进行排序。这里先不讨论排序问题，初学者存储这 45 个数据就是问题，首先会想到先定义 45 个整型变量，代码如下：

```
…
int a1,a2,a3…a45;
```

然后再给这 45 个变量赋值，代码如下：

```
scanf_s("%d", &a1);
scanf_s("%d", &a2);
…
scanf_s("%d", &a45);
…
```

最后就是使用 if 语句对这 45 个成绩排序，可想而知对 45 个数值进行排序是很烦琐的。为此，C 语言提出了数组这一概念，使用数组可以把具有相同类型的若干变量按一定顺序组织起来，这些按照顺序排列的同类数据元素的集合就被称为 "数组"。

数组中的变量可以通过索引进行访问，数组中的变量也称为数组的元素，数组能够容纳元素的数量称为数组的长度。数组中的每个元素都具有唯一的索引（或称为下标）与其相对应，在 C 语言中数组的索引从 0 开始。

数组中的变量可以使用 numbers[0]、numbers[1]、…、numbers[n]的形式来表示，这里的数据代表一个个单独的变量。所有的数组都是由连续的内存位置组成，最低的地址对应第一个元素，最高的地址对应最后一个元素，具体的结构形式如图 8-1 所示。

第一个元素   最后一个元素

numbers[0]	numbers[1]	numbers[2]	numbers[3]	...	numbers[n]

图 8-1　数组结构形式示意图

8.1.2　数组的特点

数组中的成员称为数组元素，数组元素下标的个数称为数组的维数。根据数组的维数可以将数组分为一维数组、二维数组和多维数组。数组具有以下特点：

（1）数组中的元素具有相同类型，每个元素具有相同的名称和不同的下标。

（2）数组中的元素被存储在内存中一个连续的区域中。

（3）数组中的元素具有一定的顺序关系，每个元素都可以通过下标进行访问。

8.2　一维数组

一维数组通常是指只有一个下标的数组元素组成的数组，它是 C 语言程序设计中经常使用的一类数组。一维数组中的所有数组元素用一个相同的数组名来标识，用不同的下标来指示其在数据中的位置，系统默认下标从 0 开始。

8.2.1　定义一维数组

在 C 语言中，要使用数组必须先进行定义。一维数组的定义方式为：

```
类型说明符 数组名 [常量表达式];
```

主要参数介绍如下：

（1）类型说明符：是任一种基本数据类型或构造数据类型；

（2）数组名：是用户定义的数组标识符；

（3）常量表达式：中括号中的常量表达式表示数组元素的个数，也称为数组的长度，但是其下标是从 0 开始计算的。例如：

```
int a[10];              说明整型数组 a, 有 10 个元素
float b[10],c[20];      说明实型数组 b, 有 10 个元素, 实型数组 c, 有 20 个元素
char ch[10];            说明字符数组 ch, 有 10 个元素
```

定义数组时，应该注意以下几点：

（1）数组中的类型实际上是指数组元素的取值类型。对于同一个数组，其所有元素的数据类型都是相同的。

（2）数组名的命名规则和变量名相同，遵循标识符命名规则，但不能与其他变量重名，例如：

```
int a;
float a[10];
```

这种命名方式是错误的。

（3）常量表达式可以是整型常量或整型表达式，但不允许常量表达式为变量，例如，下面的定义方式是合法的：

```
#define N 5;
int a[N];
char b[5+6] ;
```

而下面的数组定义是不合法的：

```
int n=5;
int a[n];
```

（4）系统默认数组元素的下标从 0 开始，如 a[5]表示数组 a 有 5 个元素，依次为 a[0]、a[1]、a[2]、a[3]、a[4]。

（5）定义数组时，允许在同一个类型说明中说明多个数组和多个变量，数组和变量之间用逗号分隔。例如：

```
int a,b,c,d,n1[10],n2[20];
```

定义了数组 n1 和 n2，还定义了整型变量 a、b、c、d。

（6）数组使用的是中括号[ ]，不要误写成小括号( )，而且数组一旦定义，数组的长度是不能被改变的。

8.2.2　初始化一维数组

数组元素是一种变量，与单个变量的用法一样，除了可以使用赋值语句为数组元素逐个赋值外，还可以采用初始化赋值和动态赋值的方法。数组初始化赋值是指在定义数组时给数组元素赋予初值，一维数组的初始化通常可以采用以下三个方式。

1. 为数组的全部元素赋初值

将数组元素全部初始化就是按照定义的数组大小给各个元素赋初始值，这是初始化一维数组常用的方法，其一般形式为：

```
类型说明符  数组名[常量表达式]={初始值表};
```

初始值表中的数据与数组元素依次对应，初始值用一对花括号中的数据序列提供。数据之间用逗号"，"分隔，例如：

```
int a[5]={0,-3,4,8,7};
```

上述语句的意思是 a[0]=0；a[1]=-3；a[2]=4；a[3]=8；a[4]=7；而数组 a 的 5 个元素依次取得初始值。

☆**大牛提醒**☆

使用这种方法初始化一维数组时需要注意，即使数组中的每个元素值都相等，也必须逐个写出来。例如，整型数组 a[5]中的 5 个元素都是 3，初始化应该写成如下形式：

```
int a[5]={3,3,3,3,3};
```

而不能写成

```
int a[5]=3;
```

2. 为数组的部分元素赋初值

当初始值表中值的个数小于元素个数时，只给前面部分元素赋初值，其余元素自动赋 0。例如：

```
int a[5]={3,8,9};
```

上述语句的意思是 a[0]=3；a[1]=8；a[2]=9；而后面两个数组元素的值均为 0，即 a[3]=0；a[4]=0。

3. 为数组的全部元素赋初值时，可以不指定元素的长度

当为数组的全部元素赋初值，而又不指定元素的长度时，系统会根据初始值表中值的个数来自定义数组的长度。例如：

```
int a[ ]={3,8,9,-2,0};
```

等价于

```
int a[5]={3,8,9,-2,0};
```

【例 8.1】编写程序，实现从键盘输入 5 个整数，最后输出其中的最小值（源代码\ch08\8.1.txt）。

```
#include"stdio.h"
void main()
{int a[5],i,min;             /*定义一维整型数组a及整型变量i和min，数组a有5个元素*/
printf("请依次输入5个数据: ");
for(i=0;i<5;i++)
{                            /*循环输入数组a的5个元素*/
  scanf_s("%d",&a[i]);
min=a[0];}                   /*设a[0]元素为最小值min的初值*/
for(i=1;i<5;i++)
{                            /*逐个元素与min比较，找出最小值*/
if(min>a[i])
  min=a[i];}
printf("MIN=%d\n",min);      /*输出找到的最小值min*/
}
```

程序运行结果如图 8-2 所示。此例中 int a[5]定义了一个 5 个元素的整型数组 a，则数组的 5 个元素分别是 a[0]、a[1]、a[2]、a[3]、a[4]。

下面是用于输入数据的语句：

```
for(i=0;i<5;i++)
scanf_s("%d",&a[i]);
```

通过上面的语句完成数组元素赋值，即输入 5 个元素 a[0]～a[4]。

```
min=a[0];
```

此语句的功能是假设 a[0]元素为最小元素，将其值赋给记录最小值的变量 min。

```
for(i=1;i<5; i++)
if(min>a[i])
min=a[i];
```

又通过上面的语句完成从 a[1]～a[4]逐个元素与 min 比较，并将较小的元素值赋给 min。循环结束后，min 存储的是最小元素的值，最后加以输出。

【例 8.2】编写程序，应用一维数组，实现从键盘输入 5 个整数，计算这 5 个元素的和以及平均值（源代码\ch08\8.2.txt）。

```
#include <stdio.h>
#define MAX 5                /*数组元素总数*/
int main()
{
int code[MAX];               /*定义数组*/
int i,total=0;
for (i=0;i<MAX;i++)          /*输入数组元素*/
{
printf("输入一个数据: ");
scanf_s("%d", &code[i]);
}
for (i=0;i<MAX;i++)
```

```
{
printf("%d",code[i]);            /*输出数组元素*/
total+=code[i];                  /*累加数组元素*/
}
printf("\n和是%d\n平均值是%d\n", total,total/MAX);   /*输出和及平均值*/
return 0;
}
```

保存并运行程序，然后根据提示依次输入 5 个数，按 Enter 键，即可在命令行中输出结果，如图 8-3 所示。本实例定义的数组特点是使用同一个变量名，不同的下标。因此，可以使用循环控制数组的下标的值，进而访问不同的数组元素。

图 8-2 例 8.1 的程序运行结果　　　　　　图 8-3 例 8.2 的程序运行结果

8.2.3 一维数组的引用

数组元素是组成数组的基本单元，它也是一种变量，因此必须遵循变量的先定义，后赋值，然后再使用的规则。一个数组一旦定义之后，即可使用该数组及其数组元素。数组元素的一般表示形式如下：

数组名[下标]

其中，下标只能为整型常量或整型表达式，若为非整数，系统自动取整。例如：

a[10],a[i*j],a[i+j];

都是合法的数组元素。

数组元素通常也称为下标变量。必须先定义数组，才能使用下标变量。在 C 语言中只能逐个地使用下标变量，而不能一次引用整个数组。例如，输出有 10 个元素的数组必须使用循环语句逐个输出各下标变量：

```
for(i=0; i<10; i++)
      printf("%d",a[i]);
```

而不能用一个语句输出整个数组。如下面的写法就是错误的：

printf("%d",a);

☆大牛提醒☆

在一维数组引用过程中要防止下标越界问题。如 int a[10]; 定义的数组 a 中不包括 a[10]元素，下标为 10 已经越界。对于数组下标越界问题，C 语言编译系统不进行检测，即不进行错误报告，只是会造成程序运行结果的错误。

【例 8.3】编写程序，应用一维数组，依次输出 0～9 数值，并使数值按照降序方式显示（源代码\ch08\8.3.txt）。

```
#include <stdio.h>
void main()
{
  int i,a[10];
  for(i=0;i<10;)
     a[i++]=i;
  for(i=9;i>=0;i--)
    printf("%d ",a[i]);
```

```
    printf("\n");
}
```

程序运行结果如图 8-4 所示。本实例的程序执行过程使用了对数组元素的动态赋值方法，当执行程序中的 for 语句时，将逐个输出 10 个数值到数组 a 中，这 10 个数值就是 0~9。

【例 8.4】编写程序，实现从键盘输入 10 个整数，然后按照升序方式输出这 10 个整数（源代码\ch08\8.4.txt）。

```c
#include<stdio.h>
#define N 10
int main()
{
    int i,j,a[N],temp;
    printf("请输入 10 个数字: \n");
    for(i=0;i<N;i++)
        scanf_s("%d",&a[i]);
    for(i=0;i<N-1;i++)
    {
        int min=i;
        for(j=i+1;j<N;j++)
            if(a[min]>a[j]) min=j;
        if(min!=i)
        {
            temp=a[min];
            a[min]=a[i];
            a[i]=temp;
        }
    }
    printf("排序结果是:\n");
    for(i=0;i<N;i++)
        printf("%d ",a[i]);
    printf("\n");
    return 0;
}
```

程序运行结果如图 8-5 所示。本实例利用选择法，即从后 9 个数值比较过程中，选择一个最小的与第一个元素交换，以此类推，即用第二个元素与后 8 个进行比较，并进行交换。

图 8-4　例 8.3 的程序运行结果

```
※ Microsoft Visual Studio 调试控制台
请输入10个数字：
5 9 11 15 2 14 3 8 56 0
排序结果是：
0 2 3 5 8 9 11 14 15 56
```

图 8-5　例 8.4 的程序运行结果

微视频

8.3　二维数组

除了一维数组外，在实际处理问题时会遇到二维或多维的情况，二维数组有 2 个下标，多维数组有多个下标，多维数组可由二维数组类推而得到，本节就来重点介绍二维数组的应用。

8.3.1　定义二维数组

二维数组是最简单的多维数组，以一维数组为基类型，即它的每一个元素又都是一个一维数组，这些一维数组的类型和长度相同。多维数组元素有多个下标，以标识它在数组中的位置，所以也称为多下标变量。二维数组定义的一般形式是：

```
类型说明符 数组名[常量表达式 1][常量表达式 2];
```

主要参数介绍如下：

（1）类型说明符：是指数据的数据类型，即每个元素的类型。

（2）常量表达式 1：为第 1 维（也被称为行）下标的长度。

（3）常量表达式 2：为第 2 维（也被称为列）下标的长度。

二维数组中的第 1 个下标表示该数组具有的行数，二维数组中的第 2 个下标表示该数组具有的列数，两个下标的乘积为该数组具有的数组元素个数。例如：

```
int a[2][3];
```

说明了一个 2 行 3 列的数组，数组名为 a，其下标变量的类型为整型。实际上，我们还可以把二维数组看成一个特殊的一维数组：它的每个元素又是一个一维数组。例如，可以把 a 看作一个一维数组，它有 2 个元素，分别是 a[0] 和 a[1]，每个元素又是一个包含 3 个元素的一维数组，因此可以把 a[0]，a[1] 看作 2 个一维数组的名字。那么定义的二维数组 int a[2][3] 就可以理解为定义了 2 个一维数组，即相当于语句：

```
int a[0][3], a[1][3];
```

C 语句中，二维数组的下标和一维数组的下标一样，都是从 0 开始的。语句"int a[2][3]；"描述的就是一个 2 行 3 列的矩阵，二维数组中的两个下标自然地形成了矩阵中的对应关系。因此语句"int a[2][3]；"数组元素的个数共有 2×3 个。即：

```
a[0][0],a[0][1],a[0][2]
a[1][0],a[1][1],a[1][2]
```

二维数组被定义后，编译系统将为该数组在内存中分配一片连续的存储空间，按行的顺序连续存储数组中的各个元素。即先顺序存储第一行元素，从 a[0][0] 到 a[0][2]，再存储第二行元素，从 a[1][0] 到 a[1][2]。数组名 a 代表的是数组的起始地址。数组 a[2][3] 在内存中的存放顺序如图 8-6 所示。

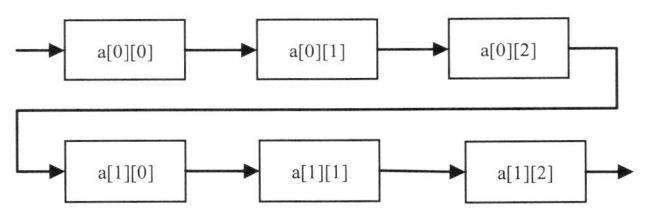

图 8-6　数组在内存中的存放顺序

二维数组是按照 Z 型存储的，把它展开，等效于图 8-7 所示的线状形式，从左至右地址逐渐递增，每个单元格占 4 字节（数组 a 是 int 类型）。

a[0][0]	a[0][1]	...	a[1][1]	a[1][2]

图 8-7　二维数组的存储方式

那么，已知 a[0][0] 在内存中的地址，a[1][2] 的地址是多少呢？计算方法如下：

```
a[1][2]的地址= a[0][0]地址+ 24 字节
24 字节=(1 行*4*列+2 列)*4 字节
```

注意：数组 a[2][3] 元素下标的变化范围，行号范围是 0～1，列号范围是 0～2。

8.3.2　初始化二维数组

二维数组的初始化与一维数组类似，一般有如下三种方式：

1. 按照行为二维数组初始化

例如：

```
int a[5][3]= { {1,2,3},{5,6,7},{8,9,1},{9,5,6},{7,0,2}};
```

这种赋值方法是将第 1 个花括号的数据赋给第 1 行的元素，第 2 个花括号的数据赋给第 2 行的元素……第 5 个花括号的数据赋给第 5 行的元素，即按行赋值。

另外，二维数组赋初值也可以省略第一维（行下标）的大小，例如：

```
int a[ ][3]= { {1,2,3},{5,6,7},{8,9,1},{9,5,6},{7,0,2}};
```

也是正确的书写方式。

根据初值的具体情况可以确定第一维的大小。但应该注意，定义二维数组不可以省略第二维（列下标）或者同时省略两个维的大小。例如，以下形式是错误的。

```
int a[ ][ ]= { {1,2,3},{5,6,7},{8,9,1},{9,5,6},{7,0,2}};
int a[5][ ]= { {1,2,3},{5,6,7},{8,9,1},{9,5,6},{7,0,2}};
```

2. 按照数据元素的顺序为各元素赋初值

例如：

```
int a[5][3]= { 1,2,3,5,6,7,8,9,1,9,5,6,7,0,2};
```

或者

```
int a[ ][3]= { 1,2,3,5,6,7,8,9,1,9,5,6,7,0,2};
```

这里提供的 15 个数据，按照行依次给各行各列元素赋初值。

3. 部分赋数值，其余元素自动取 0

例如：

```
int a[5][3]= { {1,2},{5,},{8,9,1},{9,5},{7,0,2}};
```

提供的 11 个数据，数组具有 5 行，各元素的取值如下：

```
1 2 0
5 0 0
8 9 1
9 5 0
7 0 2
```

【例 8.5】编写程序，应用二维数组，计算一个学习小组 5 个人，3 门课各科的总平均成绩，再定义一个一维数组，计算全组分科的平均成绩。每人各科成绩表如表 8-1 所示。

表 8-1 学生成绩表

姓　名	张林			王小明			李木子			赵艳			周方		
学　科	数学	英语	语文	数学	英语	语文	数学	英语	语文	数学	英语	语文	数学	英语	语文
分　数	98	75	92	65	69	95	79	80	87	85	87	92	76	97	85

根据要求这里可以设一个二维数组 a[5][3]存放 5 个人 3 门课程的成绩。再设一个一维数组 v[3]存放所求各分科平均成绩，设变量 average 为全组各科总平均成绩（源代码\ch08\8.5.txt）。

```
#include<stdio.h>
void main()
{
  int i,j,s=0, average,v[3];
  int a[5][3]={{98,75,92},{65,69,95},{79,80,87},{85,87,92},{76,97,85}};
  for(i=0;i<3;i++)
     { for(j=0;j<5;j++)
     s=s+a[j][i];
     v[i]=s/5;
```

```
        s=0;
    }
average=(v[0]+v[1]+v[2])/3;
    printf("数学:%d\n 英语:%d\nd 语文:%d\n",v[0],v[1],v[2]);
    printf("总平均成绩:%d\n", average);
}
```

Microsoft Visual Studio 调试控制台

数学平均分:80
英语平均分:81
语文平均分:90
总平均成绩:83

图 8-8　例 8.5 的程序运行结果

程序运行结果如图 8-8 所示。本实例定义了一个循环体，共循环 3 次，分别求出 3 门课各自的平均成绩并存放在 v 数组之中。最后把 v[0]、v[1]、v[2]相加除以 3 即得到各科总平均成绩，最后按题意输出各个成绩。

8.3.3　二维数组的引用

二维数组的引用与一维数组一样，遵循先定义，后赋值的规则，一般表示方法如下：

数组名[下标][下标]

其中，下标应为整型常量或整型表达式，当下标为小数时，计算机会自动取整。例如：

a[2][3]

表示 a 数组具有 2 行 3 列的数组元素。数组的下标变量和数组说明在形式中有些相似，但这两者具有完全不同的含义。数组说明的中括号中给出的是某一维的长度，即可取下标的最大值；而数组元素中的下标是该元素在数组中的位置标识，前者只能是常量，后者可以是常量、变量或表达式。

☆大牛提醒☆

如果定义一个二维数组 a[m][n]，则该二维数组元素行下标的取值范围为[0，m-1]，列下标的取值范围为[0，n-1]。

【例 8.6】编写程序，应用二维数组，计算一个学习小组 5 个人，3 门课各科的总平均成绩，再定义一个一维数组，计算全组分科的平均成绩。每人各科成绩表如表 8-2 所示。

表 8-2　学生成绩表

姓　　名	张林			王小明			李木子			赵艳			周方		
学　　科	数学	英语	语文	数学	英语	语文	数学	英语	语文	数学	英语	语文	数学	英语	语文
分　　数	98	75	92	65	69	95	79	80	87	85	87	92	76	97	85

这里需要先输入每个人的各科成绩，然后再计算各科的总平均成绩，以及全组总平均值（源代码\ch08\8.6.txt）。

```
#include <stdio.h>
void main()
{
int i,j,s=0,average,v[3],a[5][3];
printf("请输入 5 个人的各科成绩\n");
for(i=0;i<3;i++)
{
    for(j=0;j<5;j++)
```

```
    { scanf_s("%d",&a[j][i]);
       s=s+a[j][i];}
    v[i]=s/5;
    s=0;
  }
  average =(v[0]+v[1]+v[2])/3;
  printf("数学平均分:%d\n 英语平均分%d\n 语文平均分%d\n",v[0],v[1],v[2]);
  printf("总平均成绩:%d\n", average );
```

保存并运行程序，依次输入各科成绩，按下 Enter 键，即可在命令行中输出结果如图 8-9 所示。

【例 8.7】编写程序，定义一个二维数组，然后将该数组的行与列互换，再存放到另一个二维数组中（源代码\ch08\8.7.txt）。

```
#include <stdio.h>
int main( )
{
  int a[2][3]={{5,6,7},{8,9,7}};         /*数组 a*/
  int b[3][2],i,j;
  printf("数组 a:\n");
  for (i=0;i<=1;i++)
  {
    for (j=0;j<=2;j++)
    {
      printf("%5d",a[i][j]);             /*输出数组 a*/
      b[j][i]=a[i][j];                   /*行列互换存储到数组 b*/
    }
    printf("\n");
  }
  printf("数组 b:\n");
  for(i=0;i<=2;i++)                       /*输出数组 b*/
  {
    for(j=0;j<=1;j++)
      printf("%5d",b[i][j]);
    printf("\n");
  }
  return 0;
}
```

编译、连接、运行程序，即可在命令行中输出结果，如图 8-10 所示。从结果可以看出两个数组进行了行与列的转换。

图 8-9　例 8.6 的程序运行结果

图 8-10　例 8.7 的程序运行结果

本实例中行列互换的关键是对下标的控制，首先为了实现行列互换后数组元素装得下，装得恰好，定义数组 a 是 a[2][3]，是 2 行 3 列的，数组 b 是 b[3][2]，是 3 行 2 列的，这样行列互换刚刚好能装下。代码中实现行列互换是这么做的：

```
  b[j][i]=a[i][j];
```

巧妙地使用行号和列号的转换，就可以达到要求。

微视频

8.4　多维数组

通过二维数组的学习，可以很容易推广到多维数组的情况。多维数组的通用定义如下：

```
类型说明符 数组名[常量表达式1][常量表达式2]…;
```

C 语言中允许定义任意维数的数组，比较常见的多维数组是三维数组。可以形象地理解三维数组中的每一个对象就是三维空间中的一个点，它的坐标分别由 x、y 和 z 这三个数据构成，其中 x、y、z 分别表示一个维度。例如定义一个三维数组：

```
int point[2][3][4];
```

三维数组 point 由 2×3×4=24 个元素组成，其中多维数组靠左边维变化的速度最慢，靠右边维变化的速度最快，从左至右逐渐增加。point 数组在内存中仍然是按照线性结构占据连续的存储单元，地址从低到高的顺序如下所示：

```
→point[0][0][0]→point[0][0][1]→point[0][0][2]→point[0][0][3]→
point[0][1][0]→point[0][1][1]→point[0][1][2]→point[0][1][3]→
point[0][2][0]→point[0][2][1]→point[0][2][2]→point[0][2][3]→
point[1][0][0]→point[1][0][1]→point[1][0][2]→point[1][0][3]→
point[1][1][0]→point[1][1][1]→point[1][1][2]→point[1][1][3]→
point[1][2][0]→point[1][2][1]→point[1][2][2]→point[1][2][3]→
```

遍历三维数组，通常使用三重循环实现，这里就以 point[2][3][4]数组为例说明。

```
int i,j,k;              /*定义循环变量*/
int pointf[2][3][4];    /*定义数组*/
for (i=0;i<2;i++)       /*循环遍历数组*/
for(j=0;j<3;j++)
for(k=0;k<4;k++)
printf("%d",point[i][j][k]);
```

还有更多维数组的，如 4 维、5 维、6 维等。有兴趣的读者可以自己编写一些简单的程序来试用一下多维数组，这里就不再赘述了。

8.5　字符数组

微视频

C 语言中没有提供字符串变量，对字符串的处理常常采用字符数组来实现，因此也有将字符数组看成字符串变量。字符串（字符串常量）是用双引号括起来的若干有效字符序列，字符串可以包含字符、数字、符号、转义字符等。

8.5.1　字符数组的定义

字符数组是用来存放字符的数组，它是数组的一种特殊类型，字符数组的每个元素存放一个字符。字符数组的定义和引用方式与前面介绍的数组形式相同，只是定义的数据类型为字符型。字符数组既可以是一维数组，也可以是多维数组。

一维字符数组的定义形式如下：

```
char 数组名[常量表达式];
```

例如：

```
char a[5];    /*定义了一个 5 个元素的一维字符数组 a*/
```

二维字符数组的定义形式如下：

```
char 数组名[常量表达式1][常量表达式2];
```

例如：

```
char a[2][3]; /*定义了一个2行3列的二维字符数组a*/
```

8.5.2 初始化字符数组

字符数组可以以字符常量的形式来初始化，具体可以分为两种形式，分别是全部元素初始化和部分元素初始化。

1. 全部元素初始化

一维字符数组的初始化可以逐个地将字符赋给数组中的每个元素，例如：

```
char str[10]={'A','B','C','D','E','F','G','H','I','J'};
```

该语句执行后有：str[0]='A'，str[1]='B'，str[2]='C'，str[3]='D'，str[4]='E'，str[5]='F'，str[6]='G'，str[7]='H'，str[8]='I'，str[9]='J'。字符数组全部元素的初始化如图8-11所示。

str[0]	str[1]	str[2]	str[3]	str[4]	str[5]	str[6]	str[7]	str[8]	str[9]
A	B	C	D	E	F	G	H	I	J

图8-11 对全部元素初始化

当对全体元素赋初值时也可以省去长度说明，系统会自动根据初值个数确定数组长度。例如：

```
char str[ ]={'A','B','C','D','E','F','G','H','I','J'};
```

这时 str 数组的长度自动定为10。

二维字符数组初始化也可以逐个地将字符赋给数组中的每个元素，例如：

```
char c[2][3]={{ 'a','b','c'},{'d','e','f'}};
```

字符数组 c 各元素初值为：

```
'a''b''c'
'd''e''f'
```

2. 部分元素初始化

在为一维字符数组赋初值时，若初值的个数大于数组长度，则提示语法错误；若初值的个数小于数组长度，则只将这些字符赋给数组中位于前面的那些元素，其余的元素自动定位空字符（即"\0"），例如：

```
char str[10]={'A','B',' ','D','E','F',' ','H','I','J'};
```

该语句执行后有：str[0]='A'，str[1]='B'，str[2]=' '，str[3]='D'，str[4]='E'，str[5]='F'，str[6]=' '，str[7]='H'，str[8]='I'，str[9]='J'。字符数组部分元素的初始化如图8-12所示。

str[0]	str[1]	str[2]	str[3]	str[4]	str[5]	str[6]	str[7]	str[8]	str[9]
A	B		D	E	F		H	I	J

图8-12 对部分元素初始化

3. 以字符串常量初始化数组

C 语言是用字符数组来处理字符串的，字符串是由一对双引号括起来的一个或多个字符。把一个字符串存入一个数组时，也把结束符\0存入数组，并以此作为该字符串是否结束的标志。有了\0标志后，就不必再用字符数组的长度来判断字符串的长度了。

用字符串常量初始化一维字符数组，例如：

```
char str[12]={"How are you"};
```

也可写成：

```
char str[ ]="How are you";
```

相当于：

```
char str[ ]={'H','o','w',' ','a','r','e',' ','y','o','u','\0'}
```

对于用双引号括起来的字符串常量，C 语言编译系统会自动在后面加上一个字符串结束标志'\0'。因此，数组 str 在内存中的实际长度是 12，存储状态如图 8-13 所示。

str[0]	str[1]	str[2]	str[3]	str[4]	str[5]	str[6]	str[7]	str[8]	str[9]	str[10]	str[11]
H	o	w		a	r	e		y	o	u	\0

图 8-13　以字符串常量初始化数组

二维数组初始化时，也可以使用字符串进行初始化。例如：

```
char c[ ][ 8]={ "white","black"};
```

☆大牛提醒☆

字符数组并不要求它的最后一个字符为'\0'，但当字符数组赋字符串常量时，系统会自动加一个'\0'。

【例 8.8】应用字符数组，编写程序，在屏幕上输出整个字符数组（源代码\ch08\8.8.txt）。

```
#include <stdio.h>
void main()
{char c[ ]="How are you!";    /*定义一维数组 c 有 13 元素*/
int i;
for(i=0;i<13;i++)              /*通过循环控制输出数组的每个元素*/
 printf("%c",c[i]);
printf("\n");
 }
```

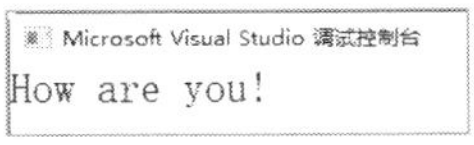

```
※ Microsoft Visual Studio 调试控制台
How are you!
```

图 8-14　例 8.8 的程序运行结果

程序运行结果如图 8-14 所示，这里输出的字符串为："How are you!"。

8.5.3　字符数组的引用

字符数组的引用，也是通过对数组逐个元素引用实现的，引用数组的元素可以得到一个字符。一维字符数组的引用形式如下：

```
数组名[下标]
```

例如：

```
str[2], str[2*2]
```

【例 8.9】引用字符数组，编译程序，在屏幕上输出定义的二维字符数组（源代码\ch08\8.9.txt）。

```
#include <stdio.h>
void main()
 {
  int i,j;
  char a[][5]={{'B','A','S','I','C',},{'W','O','R','L','D'}};
  for(i=0;i<=1;i++)
    {
     for(j=0;j<=4;j++)
        printf("%c",a[i][j]);
     printf("\n");
```

图 8-15　例 8.9 的程序运行结果

　　程序运行结果如图 8-15 所示，本例中二维字符数组由于在初始化时全部元素都赋以初值，因此一维下标的长度可以不加以说明。

8.5.4　字符数组的输出

　　字符数组实际上是由字符串构成的，所以输出字符数组也就是输出字符串。输出字符数组可以使用函数 puts() 与函数 printf()。

1. 函数 printf()

　　使用函数 printf() 可将字符串通过格式控制符%s 输出到屏幕，或将字符元素通过格式控制符%c 单个输出。

　　【例 8.10】使用函数 printf() 输出字符数组，编写程序，定义一个字符数组 a 并初始化，然后使用函数 printf() 的两种格式控制符将数组 a 输出（源代码\ch08\8.10.txt）。

```c
#include <stdio.h>
int main()
{
    /* 定义字符数组 a 并初始化 */
    char a[]="Hello World!";
    int i;
    /* 格式控制符%s */
    printf("使用格式控制符%%s 输出\n");
    printf("%s\n",a);
    /* 格式控制符%c */
    printf("使用格式控制符%%c 输出\n");
    for(i=0;i<13;i++)
    {
        printf("%c",a[i]);
    }
    printf("\n");
    return 0;
}
```

　　程序运行结果如图 8-16 所示。

图 8-16　例 8.10 的程序运行结果

☆大牛提醒☆

　　使用函数 printf() 的格式控制符%s 输出时，变量列表只需给出数组名即可，例如上例中的 a，而不用写成 a[]。并且在输出的时候将会遇见字符数组中第一个\0 结束输出。

2. 函数 puts()

　　使用函数 puts() 可以直接将字符数组中存储的字符串输出。并且该函数只能输出字符串的形式。

【例 8.11】使用函数 puts()输出字符数组，编写程序，定义一个字符数组 a 并初始化，然后使用函数 puts()直接将字符数组中存储的字符串输出（源代码\ch08\8.11.txt）。

```
#include <stdio.h>
void main()
{
  /* 定义字符数组 a 并初始化 */
  char a[]="Hello World!";
  /* 使用函数 puts()输出字符数组 */
  puts(a);
  puts("Hello World!");
  return 0;
}
```

程序运行结果如图 8-17 所示。

图 8-17　例 8.11 的程序运行结果

8.5.5　字符数组的输入

对字符数组进行输入操作实际上就是在对字符串进行操作。C 语言中输入字符串可以使用函数 scanf_s()以及函数 gets()。

1. 函数 scanf_s()

使用函数 scanf_s()可以将用户输入的字符串进行读取，直到遇见空格符或其他结束标志，并且在读取时需要给出字符数组的长度，用户在输入时不能大于该长度，需要留有 "\0" 结束标志的存储空间。

【例 8.12】使用函数 scanf_s()输入字符数组。编写程序，定义 3 个字符数组 a、b 以及 c，长度都为 15，然后使用 scanf_s()通过输入端输入字符串并存入数组中，最后输出它们（源代码\ch08\8.12.txt）。

```
#include <stdio.h>
void main()
{
/* 定义字符数组 */
char a[15], b[15], c[15];
/* 使用函数 scanf()输入字符串 */
printf("请输入数组 a 字符元素: \n");
scanf_s("%s", a,15);
fflush(stdin);
printf("请再次输入字符元素存于数组 b 以及数组 c: \n");
scanf_s("%s", b,15);
scanf_s("%s", c,15);
printf("字符数组 a 为: %s\n",a);
printf("完整字符串为: %s %s\n",b,c);
return 0;
}
```

程序运行结果如图 8-18 所示。在结果中可以发现，通过输入端存入的字符串到了空格符就结束了，这是由于函数 scanf_s()读取到空格时就会结束读取。

```
Microsoft Visual Studio 调试控制台
请输入数组a字符元素：
Hello World!
请再次输入字符元素存于数组b以及数组c：
Hello World!
字符数组a为：Hello
完整字符串为：Hello World!
```

图 8-18　例 8.12 的程序运行结果

为解决函数 scanf_s()的缺点，这里设置两个字符数组 b 和 c，而第二次输入的字符串，就是通过这两个字符数组分别保存，保存时也是省略了空格符，完整字符串的输出是因为在使用函数 printf()输出时人为添加了空格符。

那么，为什么空格符后续的字符串不经输入会自动保存到下一个字符数组中呢？这是因为第二次输入时，函数 scanf_s()读取到空格结束读取，后续的字符串被存于缓冲区中，而下一个函数 scanf_s()就直接从缓冲区中读取了后续字符串。所以将 Hello 读取到数组 b 中，而 World!被读取到数组 c 中。至于第一次输入后添加的 fflush(stdin)语句其作用是刷新读入流的缓冲区，将第一次输入的字符串因为结束标志而留于缓冲区的字符串清除掉，不会因此影响下一次输入。

☆**大牛提醒**☆

C 语言中，由于数组是一个连续的内存单元，数组名代表该数组的地址，所以在使用输入函数时不用在变量前加&符号。

2. 函数 gets()

使用函数 gets()可以将输入端输入的字符串存于字符数组中。

【例 8.13】使用函数 gets()输入字符数组。编写程序，定义 1 个字符数组 a，长度为 15，使用函数 gets()通过输入端输入一个字符串然后存于数组 a 中，最后输出数组 a（源代码\ch08\8.13.txt）。

```
#include <stdio.h>
int main()
{
    /* 定义字符数组 a */
    char a[15];
    /* 使用函数 gets() 输入字符串 */
    printf("输入一个字符串并存于数组 a 中: \n");
    gets(a);
    printf("该字符串为: %s\n",a);
    return 0;
}
```

程序运行结果如图 8-19 所示。在结果中可以发现，函数 gets()是将该字符串完整输出的，与函数 scanf_s()读入的字符串不同，函数 gets()可将空格符一并读入。

```
Microsoft Visual Studio 调试控制台
输入一个字符串并存于数组a中：
Hello World!
该字符串为：Hello World!
```

图 8-19　例 8.13 的程序运行结果

☆**大牛提醒**☆

若读入的字符串不包含空格，则使用函数 scanf_s()；若读入的字符串包含空格，则使用函数 gets()更为适合。

8.6 新手疑难问题解答

问题 1：C 语言的字符数组和字符串的区别是什么？

解答：字符数组是一个存储字符的数组，而字符串是一个用双括号括起来的以'\0'结束的字符序列，虽然字符串是存储在字符数组中的，但是一定要注意字符串的结束标志是'\0'。

问题 2：对数组进行初始化时，需要注意哪些事项？

解答：

（1）可以只给部分元素赋值，当{ }中值的个数少于元素个数时，只给前面部分元素赋值。例如：

```
int a[10]={12, 19, 22 , 993, 344};
```

表示只给 a[0]～a[4] 5 个元素赋值，而后面 5 个元素自动初始化为 0。

当赋值的元素少于数组总体元素的时候，不同类型剩余的元素自动初始化值说明如下：

- 对于短整型、整型、长整型，就是整数 0；
- 对于字符型，就是字符'\0';
- 对于浮点型、双精度浮点型，就是小数 0.0。

也可以通过下面的形式将数组的所有元素初始化为 0：

```
int nums[10] = {0};
char str[10] = {0};
float scores[10] = {0.0};
```

由于剩余的元素会自动初始化为 0，所以只需要给第 0 个元素赋值为 0 即可。

（2）只能给元素逐个赋值，不能给数组整体赋值。例如给 10 个元素全部赋值为 1，只能写作：

```
int a[10] = {1, 1, 1, 1, 1, 1, 1, 1, 1, 1};
```

而不能写作：

```
int a[10] = {1};
```

8.7 实战训练

解题思路

实战 1：将一个新的数值按照原始数组的排序方式插入原始数组中。

编写 C 语言程序，在程序中原始数组的元素个数为 5，再添加一个数值，新的数组元素个数为 6 个。程序运行结果如图 8-20 所示。

实战 2：编写程序，输入一个 3×3 矩阵的二维数组，并求该矩阵对角线元素之和。

编写 C 语言程序，保存并运行程序，输入 3×3 个数组元素，即 3 行 3 列，程序运行结果如图 8-21 所示。

图 8-20 实战 1 的程序运行结果

图 8-21 实战 2 的程序运行结果

实例 3：编写程序，在二维数组 a 中选出各行最大的元素组成一个一维数组 b。

编写 C 语言程序，在程序中定义二维数组 a，然后挑出各行最大的数值，组成一个一维数组，并输出到屏幕。程序运行结果如图 8-22 所示。

实例 4：输入 5 个英文人名，要求按字母顺序排列输出。

编译 C 语言程序，实例中的 5 个英文人名由一个二维字符数组来处理，然后用字符串比较函数比较英文名字的大小，并排序，最后输出结果。程序运行结果如图 8-23 所示。

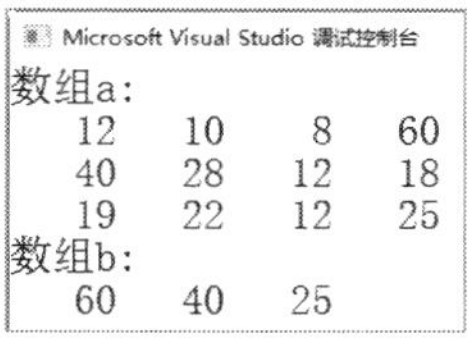

图 8-22　实战 3 的程序运行结果

图 8-23　实战 4 的程序运行结果

第9章

函数与函数中的变量

本章内容提要

函数是一组一起执行一个任务的语句，每个 C 语言程序都至少有一个函数，即主函数 main()，所有简单的程序都可以定义其他额外的函数，用户还可以根据每个函数执行的特定任务来把程序代码划分到不同的函数中。本章就来介绍函数与函数中的变量，主要内容包括函数概述、函数声明、函数定义等。

9.1 函数概述

微视频

C 语言不仅为用户提供了极为丰富的库函数，还允许用户自己定义函数，例如，用户可以把自定义算法编成一个相对独立的函数模块，然后用调用的方法来使用这个函数模块，进而实现特定的功能。

9.1.1 函数的概念

C 语言也被称为函数式语言，这是因为 C 语言程序的全部工作都是由各式各样的函数完成的。在 C 语言中，模块的功能是通过函数来实现，一个 C 语言程序可由一个主函数和若干个其他函数构成，由主函数调用其他函数，其他函数可以相互调用。同一个函数可以被一个或多个函数调用任意次。

在 C 语言程序设计中，要善于利用函数，这样可以减少程序员重复编写程序段的工作量，同时还可以方便实现模块化的程序设计。

9.1.2 函数的分类

在 C 语言中，可以从不同的角度对函数分类。从函数的来源来看，可以把函数分为库函数与用户自定义函数；从函数是否有返回值的角度看，可以把函数分为有返回值函数和无返回值函数；从是否需要参数的角度可以把函数分为无参函数和有参函数，下面进行详细介绍。

（1）库函数：C 语言中的内置函数，用户可以根据需要直接调用这些库函数。

（2）自定义函数：C 语言非常的自由和灵活，当需要的时候，可以由用户根据自己的需要自己定义函数。

（3）有返回值函数：当调用该函数时，会返回运行该函数的值。

（4）无返回值函数：当调用该函数时，该函数不会返回任何值。

（5）无参函数：函数定义、函数说明及函数调用中均不带参数。

（6）有参函数：也称为带参函数。在函数定义及函数说明时都有参数，称为形式参数（简称为形参），在函数调用时也必须给出参数，称为实际参数（简称实参）。进行函数调用时，主调函数将把实参的值传送给形参，供被调函数使用。

尽管 C 语言函数的种类众多，但是在 C 语言中所有的函数定义，包括主函数 main() 在内，都是平等的。也就是说，在一个函数的函数体内，不能再定义另一个函数，即不能嵌套定义。但是函数之间允许相互调用，也允许嵌套调用。习惯上把调用者称为主调函数，被调用者称为被调函数。函数还可以自己调用自己，称为递归调用。

9.1.3 函数的定义

如果一个程序段能够完成一定功能且需要反复被调用，就可以将其设计成一个自定义函数。这样既可以方便问题的解决，又能提高程序的可读性，从而提升程序的设计效率，可见，C 程序设计的核心正是函数设计。函数就是功能，每一个函数用来实现一个特定的功能。

在 C 语言程序设计中，用户所使用函数的主要来源有库函数和用户自定义函数。

1. 库函数

库函数由 C 系统提供，用户无须定义，也不必在程序中作类型说明，只需在程序前包含有该函数原型的头文件即可在程序中直接调用。例如，前面学习和使用的基本输入/输出函数 printf() 及函数 scanf_s() 都是 ANSI C 标准定义的库函数。

2. 自定义函数

自定义函数是用户根据需要解决的问题而编写的函数，使用自定义函数时，遵循"先定义，后使用"的基本原则。自定义函数的一般形式如图 9-1 所示。

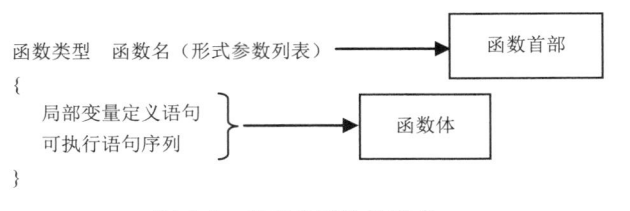

图 9-1　自定义函数的形式

（1）函数类型。

函数类型就是该函数最终返回值的数据类型，可以是 C 语言规定的任意合法数据类型，如基本数据类型（int、float、double、char）、指针类型等。

函数的返回值经常作为函数的最终结果由函数体的 return 语句给出。如果函数只是完成一定操作而没有具体的返回值，此时要使用关键字 void 作为函数的类型标识符，函数体内无须书写 return 语句或只写 "return;" 语句。

根据有无返回值，我们可以将自定义函数分为"类型函数"（或称"有返回值函数"）和"无类型函数"（或称"空类型函数"）。

（2）函数名。

函数名是一个有效、唯一的标识符，其命名规则与变量的命名规则相似，函数名不仅用来标识函数、调用函数，同时它本身还存储着该函数的内存首地址。

（3）形式参数列表。

参数列表是逗号分隔的一组变量说明，用于指明每一个形式参数的类型和名称，形式参数的类型可以是任意类型，如普通类型、指针类型、数组类型等。

形式参数可以包含任意多个，当某个函数没有形式参数时，则称此函数为"无参函数"，反之则称之为"有参函数"。

当函数被调用时，形式参数接受来自主调函数的数据，并进入该函数体完成相应的功能。

（4）函数体。

函数体是由一对花括号括起来的一组符合语句，一般包含两部分：声明部分和执行部分。其中，声明部分主要是完成函数功能时所需使用的变量的定义，执行部分则是实现函数功能的主要程序段。

【例 9.1】编写程序，使用键盘输入圆的半径，运用自定义函数计算圆的面积（源代码\ch09\9.1.txt）。

```
#include<stdio.h>
double circle(float r)          /*自定义函数 circle，形参函数 r 表示半径*/
{
    double s;
    s = 3.14 * r * r;
    return s;                   /*返回圆的面积*/
}
void main()
{
    float t;
    double area;
    printf("请输入圆的半径:r=");
    scanf_s("%f", &t);
    area = circle(t);           /*调用自定义函数 circle，传递实参 t*/
    printf("圆的面积=%f\n", area);
}
```

保存并运行程序，这里输入圆的半径值为 10，输出的结果为"圆的面积=314.000000"，如图 9-2 所示。

本实例定义函数 circle，其功能是计算一个圆的面积，并将计算结果返回给主调函数。由于圆的面积是一个浮点数，因而自定义函数 circle 的类型应该为 float 或 double。

```
Microsoft Visual Studio 调试控制台
请输入圆的半径:r=10
圆的面积=314.000000
```

图 9-2　例 9.1 的程序运行结果

9.2　函数的声明

在主调函数中调用某函数之前应对该被调函数进行声明，这与使用变量之前要先进行变量声明是一样的。在主调函数中对被调函数进行声明的目的是告知编译系统被调函数返回值的类型，以便在主调函数中按照该类型对返回值进行相应的处理。

微视频

9.2.1　函数的声明

在 C 语言中，除了需要对函数进行定义外，有时还需要对函数进行声明，即通过函数原型声明告知编译系统此函数的相关信息，如函数类型、形式参数类型及个数，最终保证程序能够正确运行。函数原型声明遵循如下基本原则：

（1）如果函数定义在先，调用在后，调用前可以不必进行原型声明；但如果函数定义在后，调用在先，调用前必须声明。

（2）在程序设计中，为使程序的逻辑结构清晰，一般应将主要的函数原型声明放在程序的起始位置，起到列函数目录的作用，而将函数的定义放在主调函数之后。

函数原型声明的一般语法格式如下：

```
函数类型 函数名(形式参数列表);
```

例如定义函数 max()，可以使用以下方式进行声明：

```
int max(int num1, int num2);
```

另外，在函数声明中，参数的名称并不重要，只有参数的类型是必需的，因此下面也是有效的声明：

```
int max(int, int);
```

不过，在遇到如下三种情况时，可以省去对被调用函数的说明。

（1）当被调用函数的函数定义出现在调用函数之前时，可以省去被调函数的说明。因为在调用之前，编译系统已经知道了被调用函数的函数类型、参数个数、类型和顺序。所以，在主调函数中可以不对被调函数再进行说明而直接调用。

（2）如果在所有函数定义之前，在函数外部（如文件开始处）预先对各个函数进行了说明，则在调用函数中可缺省对被调用函数的说明。例如：

```
char str(int a);
float f(float b);
main()
{
 ...
}
char str(int a)
{
 ...
}
float f(float b)
{
 ...
}
```

在这个例子中，最开始处的两行对 str 函数和 f 函数预先进行了说明。因此，在以后各函数中无须对函数 str()和函数 f()再作说明就可直接调用。

（3）对库函数的调用不需要再进行说明，但必须把该函数的头文件用#include 命令包含在源文件前部。

注意：如果一个函数没有声明就被调用，编译程序并不认为出错，而将此函数默认为整型函数。因此，当一个函数返回其他类型，又没有事先说明，编译时将会出错。

【例 9.2】编写程序，使用键盘输入球体的半径，运用函数声明计算球体的体积（源代码\ch09\9.2.txt）。

```
#include<stdio.h>
double volume(double);             /*函数的声明*/
void main()
{
  double r,v;
  printf("请输入半径: ");
  scanf_s("%lf",&r);
```

```
    v=volume(r);
    printf("体积为: %lf\n\n",v);
}
double volume(double x)
{
    double y;
    y=4.0/3*3.14*x*x*x;
    return y;
}
```

保存并运行程序，这里输入球体的半径值为 10，输出的结果为“球体的体积=4186.666667”，如图 9-3 所示。

```
Microsoft Visual Studio 调试控制台
请输入半径: 10
球体的体积=4186.666667
```

图 9-3　例 9.2 的程序运行结果

本实例中被调函数 volume()的定义在调用之后，需要在调用该函数之前给出函数的声明，声明的格式只需要在函数定义的首部加上分号，且声明中的形参列表只需给出参数的类型即可，参数名称可写可不写，如果有多个参数则用逗号隔开。

☆**大牛提醒**☆

当用户在一个源文件中定义函数且在另一个文件中调用函数时，函数声明是必需的。在这种情况下，用户应该在调用函数的文件顶部声明函数。

9.2.2　声明返回值类型

在定义函数时，必须指明函数的返回值类型，而且 return 语句中表达式的类型应该与函数定义时首部的函数类型是一致的，如果二者不一致，则以函数定义时函数首部的函数类型为准。

【例 9.3】编写程序，使用键盘输入一个数，然后计算该数值的立方值（源代码\ch09\9.3.txt）。

```
#include<stdio.h>
int cube(float x)           /*定义函数 cube()，返回类型为 int*/
{
    float z;                /*定义返回值为 z，类型为 float*/
    z=x*x*x;
    return z;               /*通过 return 返回所求结果*/
}
void main()
{
    float a;
    int b;
    printf("请输入一个数:");
    scanf_s("%f",&a);
    b=cube(a);
    printf("%f 的立方值为: %d\n",a,b);
}
```

保存并运行程序，这里输入的数值为 10，输出的结果为 1000，省略了小数部分，如图 9-4 所示。

```
Microsoft Visual Studio 调试控制台
请输入一个数:10
10.000000的立方值为: 1000
```

图 9-4　例 9.3 的程序运行结果

在例 9.3 中，函数 cube 定义为整型，而 return 语句中的 z 为实型，二者不一致。按照规定，若用户输入的数为小数，则先将 z 的值转换为整型（即去掉小数部分），然后 cube(x)带回一个整型值回到主调函数 main。如果将 main 函数中的 b 定义成实型，用%f 格式符输出，则会输出 1000.000000。这里输出的是整型数值，因此最终的结果为 1000，所以初学者应该做到函数类型与 return 语句返回值的类型一致。

　　另外，如果一个函数不需要返回值，则将该函数指定为空类型，此时函数体内不必使用 return 语句，在调用该函数时，执行到函数末尾就会自动返回主调函数中。

　　【例 9.4】编写程序，这里定义一个函数 printdiamond()，输出如图 9-5 所示的图形（源代码\ch09\9.4.txt）。

```c
#include<stdio.h>
void  printdiamond ()              /*定义一个无返回值的函数，返回类型应为 void*/
{
  printf("***********\n");
  printf(" **********\n");
  printf("  **********\n");
}
void main()
{
  printdiamond();                  /*调用 printdiamond 函数*/
}
```

　　程序运行结果如图 9-6 所示。本实例中的函数 printdiamond()完成的功能只是输出一个图形，因此不需要返回任何的结果，所以不需要写 return 语句。此时函数的类型使用关键字 void，如果省略不写，系统将认为返回值类型是整型。

****

****

****

图 9-5　需要输出的图形　　　　图 9-6　例 9.4 的程序运行结果

☆**大牛提醒**☆

　　无返回值的函数通常用于完成某项特定的处理任务，如打印图形或输入输出、排序等。

　　一个函数中可以有一个以上的 return 语句，但不论执行到哪个 return，都将结束函数的调用返回主调函数，即带返回值的函数只能返回一个值。

　　【例 9.5】编写程序，在键盘上输入两个数值，求出两个数的最大值，然后输出最大值（源代码\ch09\9.5.txt）。

```c
#include<stdio.h>
int max(int a,int b)      /*定义函数 max()*/
{
  if(a>b)                 /*如果 a>b，返回 a*/
    return a;
    return b;             /*否则返回 b*/
}
void main()
{
  int x,y;
  printf("请输入两个整数: ");
  scanf_s("%d%d",&x,&y);
  printf("%d 和%d 的最大值为: %d\n",x,y,max(x,y));
}
```

　　保存并运行程序，这里输入的数值为 8 和 9，输出的结果为"8 和 9 的最大值为：9"，如图 9-7 所示。

图 9-7　例 9.5 的程序运行结果

本实例使用了两个 return 语句，同样可以求出最大值。在调用 max 函数时，把主调函数中的实参分别传递给形参 x 和 y 后，就执行这个子函数。在子函数中，定义了一个局部变量 z，然后执行语句 "if（x>y）return x; return y;" 其功能是当条件 "x>y" 成立时执行语句 "return x;" 返回 x 的值，条件不满足就执行语句 "return y;" 也就是返回 y。

☆**大牛提醒**☆

这里尽管有两个 return，但不管执行到哪个 return，都将返回，因此它只会返回一个值。如果要将多个值返回主调函数中，使用 return 语句是无法实现的。

9.2.3　函数的返回值

函数的返回值是通过函数中的 return 语句实现的。return 语句将被调用函数中的一个确定值带回主调函数中去。return 语句的形式如下：

```
return 表达式;
```

或：

```
return (表达式);
```

例如：函数 s 不向主函数返回函数值，因此可定义为：

```
void s(int n)
{ …
}
```

一旦函数被定义为空类型，就不能在主调函数中使用被调函数的函数值了。

例如，在定义 s 为空类型后，在主函数中写如下语句：

```
sum=s(n);
```

这是错误的。为了使程序有良好的可读性并减少出错，凡不要求返回值的函数都应定义为空类型。

☆**大牛提醒**☆

return 语句中表达式的值是函数的返回值，当表达式值的类型与函数类型不一致时，以函数类型为准，由系统自动转换。

程序执行完 return 语句后，退出该函数，返回到主调函数的相应位置并返回函数值。一个自定义函数内可以由一个或多个 return 语句，但只能有一个 return 语句被执行，若 return 语句后没有表达式，return 语句可以省略不写。

【**例 9.6**】编写程序，在键盘上输入一个数值，编写函数 cube()，来计算该数值的平方值（源代码\ch09\9.6.txt）。

```
#include<stdio.h>
long cube(long x)                    /*定义函数 cube()，返回类型为 long*/
{
    long z;
    z=x*x;
    return z;                        /*通过 return 返回所求结果，结果也应为 long*/
}
void main()
{
```

```
    long a,b;
    printf("请输入一个整数:");
    scanf_s("%ld",&a);
    b=cube(a);
    printf("%ld 的平方值为: %ld\n",a,b);
}
```

保存并运行程序，这里输入的数值为 5，输出的结果为"5的平方值为：25"，如图 9-8 所示。

return 语句后面的值也可以是表达式，如示例中的函数 cube()可以改写为：

请输入一个整数:5
5的平方值为: 25

图 9-8　例 9.6 的程序运行结果

```
long cube(long x)
{
    return x*x;
}
```

该示例中只有一条 return 语句，后面的表达式已经实现了求 x^2 的功能，先求解后面表达式（x*x）的值，然后返回。

根据 return 语句的两种格式可知，示例中的 return 语句还可以写成：

```
return (z);
```

它的执行过程是首先计算表达式的值，然后将计算结果返回给主调函数。

【例 9.7】编写程序，分析当 return 语句中表达式的类型与函数定义时首部的函数类型不一致，会出现什么结果（源代码\ch09\9.7.txt）。

```
#include<stdio.h>
int cube(float x)                /*定义函数 cube()，返回类型为 int*/
{
    float z;                     /*定义返回值为 z，类型为 float*/
    z=x*x;
    return z;                    /*通过 return 返回所求结果*/
}
void main()
{
    float a;
    int b;
    printf("请输入一个数:");
    scanf("%f",&a);
    b=cube(a);
    printf("%f 的平方值为: %d\n",a,b);
}
```

保存并运行程序，这里输入的数值为 5.4，输出的结果为"5.400000 的平方值为：29"，如图 9-9 所示。不过在程序的下方会给出警告信息，原因是在函数 cube()中 return 语句后的表达式"z"的数据类型和函数 cube()的类型不一致。

请输入一个数:5.4
5.400000的平方值为: 29

图 9-9　例 9.7 的程序运行结果

在这个改写过的程序里，函数 cube()被定义为整型，而 return 语句中的 z 为浮点型，二者不一致。按上述规定，若用户输入的数为 5.4，则先将 z 的值转换为整型 29（即去掉小数部分），然后 cube(x)带回一个整型值 29 回到主函数 main()。

9.3　函数的调用

函数定义后，可以被其他函数调用，即可以在主函数 main()中调用，也可以在其他自定义函数中调用，而且可以被多次调用。

9.3.1　函数调用的形式

在 C 语言中，除了主函数 main() 由系统自动调用外，其他函数都由主函数直接或间接调用。调用自定义函数的方法同调用库函数一样，语法格式如下：

```
函数名([实际参数表])
```

其中，[] 中的内容可以省略，说明是对无参函数的调用。实际参数表中的参数可以是常数、变量或其他构造类型数据及表达式，各实参之间用逗号分隔。

函数调用时的说明：

（1）实际参数（简称"实参"）应该与函数定义的形式参数一一对应，即个数相等、次序一致，且对应参数的数据类型相同或相容。

（2）当有多个实际参数时，相互之间通过逗号间隔。

（3）实际参数可以是常量，有确定值的变量或表达式。

函数调用的执行过程可以分为三步，即参数传递、执行函数体和返回，具体过程如下：

（1）计算每一个实际参数表达式的值，并把此值传给所对应的形式参数。

（2）执行函数体中的语句。

（3）函数体执行结束后，返回到主调函数，继续执行主调函数的后续语句。

9.3.2　函数调用的方式

在 C 语言中，可以用以下几种方式调用函数。

1. 以表达式的一个运算对象形式调用

函数作为表达式中的一项出现在表达式中，以函数返回值参与表达式的运算。这种方式要求函数是有返回值的。例如：

```
z=max(x,y)
```

就是一个赋值表达式，把函数 max 的返回值赋予变量 z。

2. 以函数调用语句形式调用

C 语言中的函数可以只进行某些操作而不返回函数值，这时的函数调用可作为一条独立的语句。即函数调用的一般形式加上分号构成的函数语句。

函数调用作为一个独立的语句，适用于返回值类型为 void 的函数。例如：

```
printf ("%d",a);
scanf_s("%d",&b);
```

都是以函数语句的方式调用函数的。

【例 9.8】编写程序，在屏幕上输出"Welcome you!"（源代码\ch09\9.8.txt）。

```
#include<stdio.h>
void fun(void)
{
   printf("Welcome you!");
}
void main()
{
   fun( );   /*调用函数 fun( )*/
}
```

程序运行结果如图 9-10 所示。

程序运行结果如图 9-10 所示。

图 9-10　例 9.8 的程序运行结果

3. 函数调用作为另一个函数的实参

函数作为另一个函数调用的实参出现，这种情况是把该函数的返回值作为实参进行传送，因此要求该函数必须是有返回值的。例如：

```
s=max(a, max(x,y));
```

上述语句中，max(x, y)作为下一次调用函数 max()的实参。

总的来说，void 类型的函数使用函数语句的形式，因为 void 类型没有返回值；对于其他类型的函数，在调用时一般采用函数表达式的形式。

【例 9.9】编写程序，在键盘上输入两个整数，求这两个整数的最小公倍数（源代码\ch09\9.9.txt）。

```
#include<stdio.h>
int sct(int m,int n)                    /*定义函数 sct 求最小公倍数*/
{
  int temp,a,b;
  if (m<n)                              /*如果 m<n，交换 m、n 的值，使 m 中存放较大的值*/
  {
    temp=m;
    m=n;
    n=temp;
  }
  a=m;  b=n;                            /*保存 m、n 原来的数值*/
  while(b!=0)                           /*使用"辗转相除"法求两个数的最大公约数*/
  {
    temp=a%b;
    a=b;
    b=temp;
  }
  return(m*n/a);                        /*返回两个数的最小公倍数，即两数相乘的积除以最大公约数*/
}
void main()
{
  int x,y,g;
  printf("请输入两个整数: ");
  scanf("%d%d",&x,&y);
  g=sct(x,y);                           /*调用 sct 函数*/
  printf("最小公倍数为: %d\n",g);       /*输出最小公倍数*/
}
```

程序运行结果如图 9-11 所示。

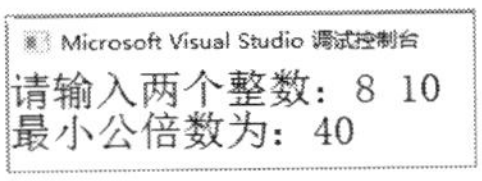

本实例调用了函数 sct()，该函数有两个参数，因此在调用时实参列表也有两个参数，且这两个参数的个数、类型、位置是一一对应的。函数 sct()有返回值，因此在主调函数中，函数的调用是参与一定的运算，这里参与了赋值运算，将函数的返回值赋给了变量 g。

图 9-11　例 9.9 的程序
运行结果

☆大牛提醒☆

实参的个数、类型和顺序都应该与被调用函数所要求的参数个数、类型和顺序一致，才能正确地进行数据传递。

9.3.3　函数的嵌套调用

在 C 语言中，函数之间的关系是平行的、独立的，也就是在函数定义时不能嵌套定义，即一个函数定义的函数体内不能包含另外一个函数的完整定义。但是，C 语言允许在一个函数的定义中出现对另一个函数的调用。这样就出现了函数的嵌套调用，也就是说，在调用一个函数的过程中可以调用另外一个函数。

【例 9.10】利用函数的嵌套调用，编写程序，计算 s=22!+32!的值（源代码\ch09\9.10.txt）。

```c
#include<stdio.h>
  long f1(int p)
  {
    int k;
    long r;
    long f2(int);
    k=p*p;
    r=f2(k);                        /*在 f1()内调用函数 f2()*/
    return r;
  }
  long f2(int q)
  {
    long c=1;
    int i;
    for(i=1;i<=q;i++)
      c=c*i;
    return c;
  }
  main()
  {
    int i;
    long s=0;
    for (i=2;i<=3;i++)
      s=s+f1(i);                    /*调用函数 f1()*/
    printf("\ns=%ld\n",s);
  }
```

程序运行结果如图 9-12 所示。本实例编写了两个函数，一个是用来计算平方值的函数 f1，另一个是用来计算阶乘值的函数 f2。主函数先调用 f1 计算出平方值，再在 f1 中以平方值为实参，调用 f2 计算其阶乘值，然后返回 f1，再返回主函数，在循环程序中计算累加和。

另外，由于函数 f1 和 f2 均为长整型，都在主函数之前定义，所以不必再在主函数中对 f1 和 f2 加以说明。在主函数 main()中，执行循环程序依次把 i 值作为实参调用函数 f1 求 i2 值。在 f1 中又发生对函数 f2 的调用，这时是把 i2 的值作为实参去调 f2，在 f2 中完成求 i2!的计算。f2 执行完毕把 c 值（即 i2!）返回给 f1，再由 f1 返回主函数实现累加。至此，由函数的嵌套调用实现了题目的要求。由于数值很大，所以函数和一些变量的类型都声明为长整型，否则会造成溢出而导致计算错误。

上面这个例子是两层嵌套的情形，其程序的执行顺序可以用图 9-13 描述。

程序的执行过程如下：

（1）执行主函数的函数体部分；

（2）遇到函数调用语句，程序转去执行函数 f1；

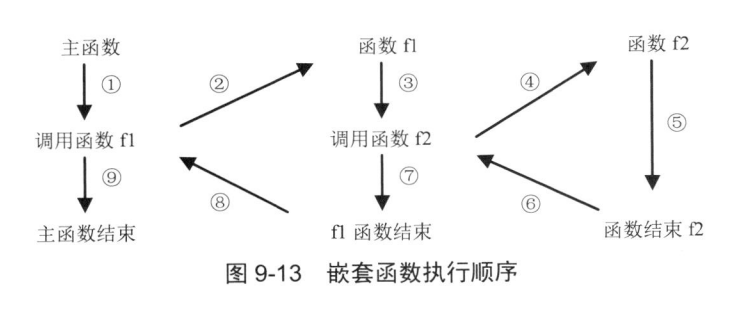

图 9-12 例 9.10 的程序运
　　　　行结果

图 9-13 嵌套函数执行顺序

（3）执行函数 f1 的函数体部分；

（4）遇到调用函数 f2，转去执行函数 f2 的函数体；

（5）执行函数 f2 的函数体部分，直到结束；

（6）返回函数 f1 调用 f2 处；

（7）继续执行函数 f1 的尚未执行的部分，直到函数 f1 结束；

（8）返回主函数调用 f1 处；

（9）继续执行主函数的剩余部分，直到结束。

9.3.4 函数的递归调用

如果在调用一个函数的过程中，又直接或间接地调用了该函数本身，这种形式称为函数的递归调用，而这个函数就称为递归函数。递归函数分为直接递归和间接递归两种。C 语言的特点之一就在于允许函数的递归调用。在递归调用中，主调函数又是被调函数。执行递归函数将反复调用其自身，每调用一次就进入新的一层。

直接递归就是函数在处理过程中又直接调用了自己。例如：

```c
int func(int a)
{
   int b,c;
   …
   c=func(b);
   …
}
```

其执行过程如图 9-14 所示。

如果函数 p 调用函数 q，而函数 q 反过来又调用函数 p，就称为间接递归。例如：

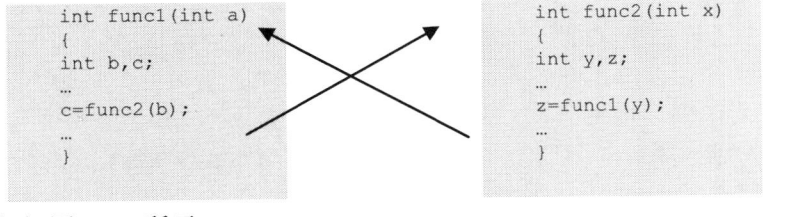

其执行过程如图 9-15 所示。

以上函数都是递归函数。但是运行这些函数都将无休止地调用其自身，这当然是不正确的。为了防止递归调用无终止地进行，必须在函数内有终止递归调用的手段。常用的办法是加条件判断，满足某种条件后就不再进行递归调用，然后逐层返回。例如可以用 if 语句来控制只有在某一条件成立时才继续执行递归调用，否则不再继续。下面举例来说明递归调用的执行过程。

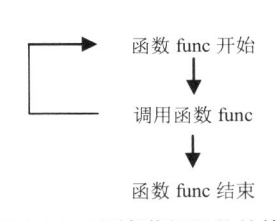

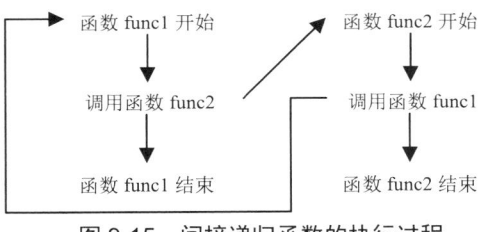

图 9-14 直接递归函数的执行过程   图 9-15 间接递归函数的执行过程

【例 9.11】利用函数的递归调用，编写程序，计算 n!（n>0）的值（源代码\ch09\9.11.txt）。

```
#include<stdio.h>
long fac(int n)                      /*定义求阶乘的函数 fac()*/
{
    long m;
    if(n==1)
        m=1;
    else
        m=fac(n-1)* n;               /*在函数的定义中又调用了自己*/
    return m;
}
main()
{   int n; float y;
    printf("请输入一个整数:\n");
    scanf("%d",&n);
    printf("%d!=%ld\n",n,fac(n));    /*输出 n!*/
}
```

本例采用递归法求解阶乘，就是 5!=4!*5，4!=3!*4，…，1!=1。可以用下面的递归公式表示：

```
n!=1           (n=0,1)
n!=n×(n-1)!    (n>1)
```

可以看出，当 n>1 时，求 n 的阶乘公式是一样的，因此可以用一个函数来表示上述关系，即 fac 函数。

程序运行结果如图 9-16 所示。

```
※ Microsoft Visual Studio 调试控制台
请输入一个整数:
8
8!=40320
```

图 9-16 例 9.11 的程序运行结果

主函数中只调用了一次函数 fac，整个问题全靠一个函数 fac(n)调用来解决。如果 n 的值为 5，整个函数的调用过程如图 9-17 所示。

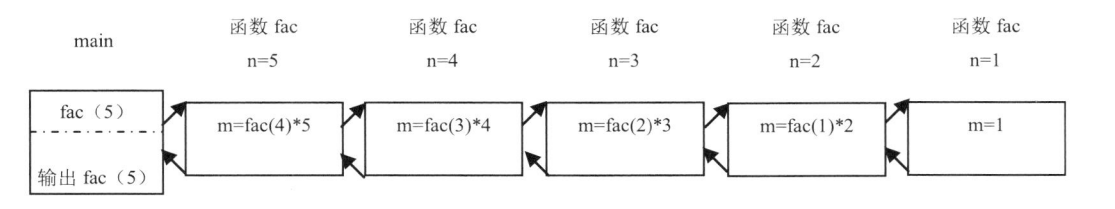

图 9-17 函数的调用过程

从图 9-17 可以看出，函数 fac 共被调用了 5 次，即 fac(5)、fac(4)、fac(3)、fac(2)、fac(1)。其中，fac(5)是主函数调用的，其余 4 次是在 fac 函数中进行的递归调用。在某一次的函数 fac

调用中，并不会立刻得到 fac(n)的值，而是一次次地进行递归调用，直到 fac(1)时才得到一个确定的值，然后再递推出 fac(2)、fac(3)、fac(4)、fac(5)。

在许多情况下，采用递归调用形式可以使程序变得简洁，增加可读性。但很多问题既可以用递归算法解决，也可以用迭代算法或其他算法解决，而后者往往计算的效率更高，更容易理解。

【例 9.12】利用递推法，编写程序，计算 n!（n>0）的值，即从 1 开始乘以 2，再乘以 3···直到 n 来实现（源代码\ch09\9.12.txt）。

```c
#include<stdio.h>
long fac(int n)
{   int i;long m=1;
for(i=1;i<=n;i++)
{
   m=m*i;
}
    return m;
}
main()
{   int n;
    float y;
    printf("请输入一个整数:\n");
    scanf("%d",&n);
    printf("%d!=%ld\n",n,fac(n));
}
```

程序运行结果如图 9-18 所示。

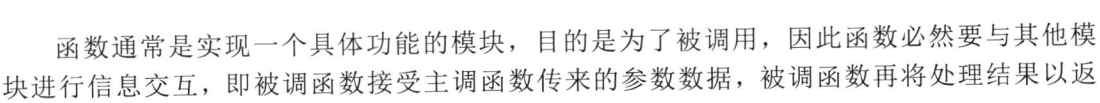

```
※ Microsoft Visual Studio 调试控制台
请输入一个整数：
8
8!=40320
```

图 9-18　例 9.12 的程序运行结果

递归作为一种算法，在程序设计语言中被广泛应用，它通常把一个大型复杂的问题层层转化为一个与原问题相似的规模较小的问题来求解，递归策略只需少量的程序就可以描述出解题过程所需要的多次重复计算，大大地减少了程序的代码量。用递归思想写出来的程序往往十分简洁。

☆大牛提醒☆

递归也有缺点。递归算法解题的运行效率较低。在递归调用的过程中，系统为每一层的返回点、局部量等开辟了栈来存储，系统开销较大。递归次数过多，容易造成栈溢出等问题。总之在程序中递归能不用就不用，能少用就少用。

9.4　函数的参数传递

函数通常是实现一个具体功能的模块，目的是为了被调用，因此函数必然要与其他模块进行信息交互，即被调函数接受主调函数传来的参数数据，被调函数再将处理结果以返回值的形式传给主调函数，最终实现数据信息的传递。

9.4.1　函数参数的传递

函数的参数有两类：形式参数（简称形参）和实际参数（简称实参）。函数定义时的参数称为形参，形参在函数未被调用时是没有确定值的，只是形式上的参数。函数调用时使用的参数称为实参。在 C 语言中，函数的参数传递方式分为值传递和地址传递。

1. 值传递

实参和形参的值传递是单向的数据传递，调用时系统将实参的值的"复制品"赋给形参，因此在被调用函数中，对形参值的任何修改都不会影响实参的值。

【例 9.13】值传递的应用实例，编写程序，求解圆的周长和面积（源代码\ch09\9.13.txt）。

```
#include<stdio.h>
#define PI 3.1416
void circle_f(float r,double len,double area);
void main()
{
  float r;
  double s=0,l=0;
  printf("请输入半径 r=");
  scanf_s("%f",&r);
  circle_f(r,l,s);
  printf("主调用函数计算结果:\n");
  printf("r=%f,l=%lf,s=%lf\n",r,l,s);
}
void circle_f(float r,double len,double area)
{
  area=PI*r*r;
  len=2*PI*r;
  printf("调用函数内部计算结果:\n");
  printf("周长是%lf,面积是%lf\n",len,area);
}
```

保存并运行程序，这里输入圆的半径为 10，输出的结果如图 9-19 所示。从本实例可以看出，运行结果中被调用函数和主调用函数的结果不同，由此可以看出值传递是从实参到形参的单向传递，形参的变化并不影响实参。

```
Microsoft Visual Studio 调试控制台
请输入半径 r=10
调用函数内部计算结果:
周长是 62.832000,面积是 314.160000
主调用函数计算结果:
r=10.000000, l=0.000000, s=0.000000
```

图 9-19　例 9.13 的程序运行结果

☆**大牛提醒**☆

函数被调用前，系统并不为调用函数的形式参数分配内存；只有当函数被调用后，系统才为其形式参数分配相应的内存区域，同时存储由主调用函数实际参数传来的数据。

2. 地址传递

地址传递实质上也是一种"特殊"的值传递，特殊之处在于传递的是地址，形参与实参指向内存的同一个区域，因此，当形参所指向内存空间的值发生变化时，也就是实参所指向的值发生了变化。

【例 9.14】地址传递的应用实例，编写程序，求解圆的周长和面积（源代码\ch09\9.14.txt）。

```
#include<stdio.h>
#define PI 3.1416
void circle_f(float radius,double *len,double *area);
void main()
{
  float r;
  double s=0,l=0;
```

```
    printf("请输入半径r=");
    scanf_s("%f",&r);
    circle_f(r,&l,&s);
    printf("主调用函数计算结果:\n");
    printf("r=%f,l=%lf,s=%lf\n",r,l,s);
}
void circle_f(float radius,double *len,double *area);
{
    *area=PI*radius*radius;
    *len=2*PI*radius;
    printf("调用函数内部计算结果:\n");
    printf("周长是%lf,面积是%lf\n",*len,*area);
}
```

保存并运行程序，这里输入圆的半径为10，输出的结果如图9-20所示。本实例正是因为地址传递（也称"址传递"）是实参将数据的"位置信息"告知了形参，即形参和实参指向同一个内存区域，因此形参的变化就是实参的变化，所以被调用函数内部和主调用函数的结果是一样的。

```
※ Microsoft Visual Studio 调试控制台
请输入半径r=10
调用函数内部计算结果:
周长是62.832000,面积是314.160000
主调用函数计算结果:
r=10.000000,l=62.832000,s=314.160000
```

图 9-20　例 9.14 的程序运行结果

☆**大牛提醒**☆

地址传递时，实参可以是变量的地址，也可以是数组的名称；形参可以是指针变量，也可以是数组。

9.4.2　数组元素作为函数参数

数组可以作为函数的参数使用，进行数据传送。数组用作函数参数有两种形式，一种是把数组元素（下标变量）作为实参使用；另一种是把数组名作为函数的形参和实参使用。

数组元素是下标变量，它与普通变量并无区别。因此它作为函数实参使用与普通变量是完全相同的，在发生函数调用时，把作为实参的数组元素的值传送给形参，实现单向的值传送。

【**例 9.15**】数组元素作为函数参数，编写程序，判别一个整数数组中各元素的值，若大于 0 则输出该值，若小于等于 0 则输出 0 值（源代码\ch09\9.15.txt）。

```
#include<stdio.h>
void nzp(int v)
{
    if(v>0)
        printf("%d ",v);
    else
        printf("%d ",0);
}
void main()
{
    int a[5],i;
    printf("请输入 5 个数值: \n");
    for(i=0;i<5;i++)
        {scanf_s("%d",&a[i]);
        nzp(a[i]);}
}
```

程序运行结果如图 9-21 所示。

本程序中首先定义一个无返回值函数 nzp，并说明其形参 v 为整型变量。在函数体中根据 v 值输出相应的结果。在主函数中用一个 for 语句输入数组各元素，每输入一个就以该元素作实参调用一次 nzp 函数，即把 a[i]的值传送给形参 v，供 nzp 函数使用。

图 9-21　例 9.15 的
程序运行结果

9.4.3　数组名作为函数参数

用数组名作函数参数时，则要求形参和相对应的实参都必须是类型相同的数组，都必须有明确的数组说明，当形参和实参二者不一致时，即会发生错误。

在用数组名作函数参数时，不是进行值的传送，即不是把实参数组的每一个元素的值都赋予形参数组的各个元素。因为实际上形参数组并不存在，编译系统不为形参数组分配内存。那么，数据的传送是如何实现的呢？数组名就是数组的首地址。因此在数组名作函数参数时所进行的传送只是地址的传送，也就是说把实参数组的首地址赋予形参数组名。形参数组名取得该首地址之后，也就等于有了实在的数组。

【例 9.16】数组名作为函数参数，编写程序，在数组 a 中存放一个学生 5 门课程的成绩，然后求平均值并输出（源代码\ch09\9.16.txt）。

```c
#include<stdio.h>
float aver(float a[5])
{
    int i;
    float av,s=a[0];
    for(i=1;i<5;i++)
      s=s+a[i];
    av=s/5;
    return av;
}
void main()
{
    float sco[5],av;
    int i;
    printf("请输入课程成绩:\n");
    for(i=0;i<5;i++)
      scanf_s("%f",&sco[i]);
    av=aver(sco);
    printf("成绩的平均值 %5.2f\n",av);
}
```

程序运行结果如图 9-22 所示。

图 9-22　例 9.16 的程序运行结果

本程序首先定义了一个实型函数 aver，有一个形参为实型数组 a，长度为 5。在函数 aver 中，把各元素值相加求出平均值，返回给主函数。主函数 main()中首先完成数组 sco 的输入，然后以数组 sco 作为实参调用函数 aver，并把函数返回的值赋给变量 av，最后输出 av 值。从运行情况可以看出，程序实现了所要求的功能。

9.5　内部函数和外部函数

　　函数一旦定义完成，就可以被其他函数调用。但是实际的开发项目功能模块的划分是相当复杂的。不同的模块将会被写入到不同的源文件中，并由不同的程序员来分别完成。当一个源程序由多个源文件组成时，C 语言根据函数能否被其他源文件中的函数调用，将函数分为内部函数和外部函数。

9.5.1　内部函数

　　如果在一个源文件中定义的函数只能被本文件中的函数调用，而不能被同一源程序其他文件中的函数调用，这种函数称为内部函数。在定义内部函数时需要在函数名和函数类型前面加static 关键字。

　　内部函数定义的一般形式如下：

```
static 类型说明符 函数名([形参表])
{
      函数体
}
```

　　其中，“[ ]”中的部分是可选项，即该函数可以是有参函数，也可以是无参函数。如果为无参函数，形参表为空，但括号必须要有。例如：

```
static int f(int a,int b)      /*内部函数前面加 static 关键字*/
{
    …
}
```

　　此处，函数 f()只能被本文件中的函数调用，在其他文件中不能调用此函数。

　　内部函数又称静态函数。但此处静态（static）的含义并不是指存储方式，而是指对函数的作用域仅局限于本文件，因此在不同的源文件中定义同名的内部函数不会引起混淆。通常把只由同一个文件使用的函数和外部变量放在一个文件中，前面加上 static 使之局部化，其他文件不能引用。

　　【例 9.17】内部函数的应用实例，编写程序，定义一个内部函数，用于完成对两数的乘积操作，输出计算结果（源代码\ch09\9.17.txt）。

```c
#include <stdio.h>
/* 定义内部函数 */
static cj(int x,int y)
{
  int z;
  z=x*y;
  return z;
}
int main()
{
  int a,b,c;
  printf("请输入两个数: \n");
  scanf_s("%d%d",&a,&b);
  /* 调用内部函数 */
  c=cj(a,b);
  printf("a*b=%d\n",c);
  return 0;
}
```

程序运行结果如图 9-23 所示。本案例代码中，首先对内部函数 cj() 进行定义，定义时在函数的类型前加上 static 关键字，该函数用于对两数进行相乘运算，返回运算结果,在主函数 main() 中定义整型变量 a、b、c。并通过输入端输入 a 和 b 的值，然后调用内部函数，完成对两数乘积的运算，再将结果赋予 c，最后输出 c。

图 9-23　例 9.17 的程序运行结果

☆**大牛提醒**☆

内部函数的使用会增加函数的访问限制，这增强了程序的健壮性和安全性。特别是在一个具有一定规模的实际项目中，不同的人编写不同的函数时，大家都不必担心自己定义的函数是否会与其他文件中的函数同名。这时，添加一定的限制是非常有必要的。

9.5.2　外部函数

如果在一个源文件中定义的函数可以被同一源程序其他文件中的其他函数调用，这种函数称为外部函数。外部函数在整个源程序中都有效，在定义外部函数时需要在函数名和函数类型前面加关字 extern。

外部函数定义的一般形式为：

```
extern 类型说明符 函数名(<形参表>)
{
        函数体
}
```

例如：

```
extern int f(int a,int b)              /*外部函数前面加 extern 关键字*/
{
    …
}
```

因为函数与函数之间都是并列的，函数不能嵌套定义，所以函数在本质上都具有外部性质。因此，在定义函数时可以省去 extern 关键字，此时则隐含为外部函数。可以说，前面示例中使用的函数都是外部函数。

如果定义为外部函数，不仅可被定义它的源文件调用，而且可以被其他的文件中的函数调用，即其作用范围不只局限于本文件，而是整个程序的所有文件。在一个源文件的函数中调用其他源文件中定义的外部函数时，通常使用 extern 说明被调函数为外部函数。下面就来看一个示例。

【例 9.18】编写程序，使用外部函数对输入的字符串进行反转输出（源代码\ch09\9.18.txt）。

```
/*以下程序调用 mainfile.c 文件*/
#include "stdio.h"
#include "string.h"
int main()
{
  extern void getString(char str[]);
  extern void output(char str[]);
  extern void reverse(char str[], int low, int high);
  char text[50];
  printf("请输入字符串，不要超过 50 个字符:\n");
```

```
     getString(text);
     reverse(text, 0, strlen(text)-1);
     printf("反转后的字符串为:\n");
     output(text);
     return 1;
}
/*以下程序调用 input.c 文件*/
#include "stdio.h"
/*获取字符串*/
void getString(char str[])
{
     gets(str);
}
/*以下程序调用 output.c 文件*/
#include "stdio.h"
/*输出字符串*/
void output(char str[])
{
     printf("%s\n", str);
}
/*以下程序调用 process.c 文件*/
#include "stdio.h"
/*字符串反转处理函数*/
void reverse(char s[], int l, int h)
{
     if(l > h)return;
     else
     {
        char t;
        reverse(s, l+1, h-1);
        t = s[l], s[l] = s[h], s[h] = t;
     }
}
```

此程序包含 4 个源文件：

```
mainfile.c。
output.c。
input.c。
process.c。
```

程序运行结果如图 9-24 所示。该程序的主函数位于文件 mainfile.c 中，且主函数调用了函数 getString、output 和 reverse，而这三个函数又分别位于文件 input.c、output.c 和 process.c。为了能够让主函数成功地调用它们，我们使用了关键字 extern。

```
※ Microsoft Visual Studio 调试控制台
请输入字符串，不要超过50个字符:
Hello World!
反转后的字符串为:
! dlroW olleH
```

图 9-24　例 9.18 的程序运行结果

9.6　新手疑难问题解答

问题 1： 用数组名作函数参数与用数组元素作实参有什么区别？

解答： 用数组元素作实参时，只要数组类型和函数的形参变量的类型一致，那么作为下标变量的数组元素的类型也和函数形参变量的类型是一致的。因此，并不要求函数的形参也是下标变量。换句话说，对数组元素的处理是按普通变量对待的。用数组名作函数参数时，则要求形参和相对应的实参都必须是类型相同的数组，都必须有明确的数组说明。当形参和实参二者不一致时，即会发生错误。

　　问题 2：怎样把数组作为参数传递给函数呢？

　　解答：在把数组作为参数传递给函数时，有值传递和地址传递两种方式。在值传递方式中，在说明和定义函数时，要在数组参数的尾部加上一对中括号([])，调用函数时只需将数组的地址(即数组名)传递给函数。

9.7　实战训练

解题思路

　　实战 1：利用自定义函数计算 s=1!+2!+3!+…+n!的值。

　　编写 C 语言程序，自定义两个函数 fact( )和 sum_fact( )，其中，函数 fact( )的功能是完成一个整数的阶乘的计算，函数 sum_fact( )的功能是将 1 到 n 之间每一个整数的阶乘值累加求和，最后输出求和的结果。程序运行结果如图 9-25 所示。

```
※ Microsoft Visual Studio 调试控制台
请输入：n=10
1!+2!+3!+…+10!=4037913
```

图 9-25　实战 1 的程序运行结果

　　实战 2：设计一个计分程序，输入选题答案，计算每个考生的成绩并输出。

　　编写程序，设计一个计分程序，通过程序，首先输入所有题目的参考答案，然后输入考生的单选题以及多选题答案，来自动计算考生答题对错，并算出每个考生的成绩并输出。程序运行结果如图 9-26 所示。

　　实例 3：使用静态局部变量，实现两数求乘积的运算。

　　编写程序，定义一个函数 f()，在该函数中使用静态局部变量，实现两数求乘积的运算，返回运算结果。在主函数 main()中使用 for 循环，调用函数 f()计算 1～10 的阶乘，并将每次计算的结果输出。程序运行结果如图 9-27 所示。

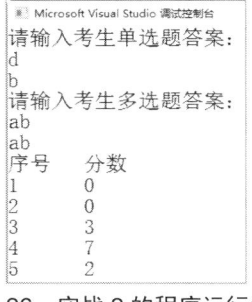

图 9-26　实战 2 的程序运行结果

```
※ Microsoft Visual Studio 调试控制台
计算1～10的阶乘:
1!=1
2!=2
3!=6
4!=24
5!=120
6!=720
7!=5040
8!=40320
9!=362880
```

图 9-27　实战 3 的程序运行结果

第10章

常用库函数的应用

本章内容提要

  C 语言标准库中为用户提供了功能强大而且丰富的内置函数，使用这些函数可以在很大程度上减少代码的开发量，降低代码开发的难度。如使用的函数 printf()和函数 scanf_s()，就是由标准输入输出库提供的。本章就来介绍常用库函数的应用，包括主函数 main()的应用、数学函数的应用、字符串函数的应用、时间和日期函数的应用等。

微视频

10.1　认识 C 语言标准库函数

  C 语言标准库函数中包含有 15 种功能强大的函数，通过使用这些库函数能够减少开发人员编写程序的难度以及开发程序的工作量，15 种标准库函数的头文件名称以及说明，如表 10-1所示。

表 10-1　C 语言 15 种标准库函数的头文件名称以及说明

头文件名称	说　　明
<assert.h>	包含断言宏，被用来在程序的调试版本中帮助检测逻辑错误以及其他类型的 bug
<ctype.h>	定义了一组函数，用来根据类型来给字符分类，或者进行大小写转换，而不关心所使用的字符集
<errno.h>	错误检测
<float.h>	系统定义的浮点型界限
<limits.h>	系统定义的整数界限
<locale.h>	定义 C 语言本地化函数
<math.h>	定义 C 语言数学函数
<stjump.h>	定义了宏 setjmp 和 longjmp，在非局部跳转的时候使用
<signal.h>	定义 C 语言信号处理函数
<stdarg.h>	可变长度参数处理
<stddef.h>	系统常量
<stdio.h>	输入输出
<stdlib.h>	多种公用
<string.h>	定义 C 语言字符串处理函数
<time.h>	时间和日期

10.2　主函数的应用

微视频

C 语言提供了一个很特殊的函数，这个函数就是主函数，之所以说它特殊，是因为它的作用是"统领"其他自定义函数的，其他函数都必须在它的控制下才能使用。

10.2.1　主函数的作用

当需要用 C 语言完成一个复杂的功能时，先将这个复杂的功能划分成许多小的功能，然后使用函数声明定义实现这些小的功能，最后使用函数调用，将这些函数"串"起来，来完成复杂的功能。在"串"函数时，就会出现两个问题，首先谁来调用第一个函数，也就是将这一串函数的头交给谁？其次，谁来接函数的尾，也就是这一串函数的尾交给谁。

这就用到主函数了，主函数会抓起这一串函数的头，拉起这一串函数的尾，然后将其交给计算机，这样我们书写的程序就会被计算机识别。主函数就是你写的函数与计算机融合的一个函数，只要将你的函数调用放到主函数的定义中，就可以实现这一融合。当然其中肯定还是会穿插非函数调用的语句用来实现一些简单的补充功能的。

10.2.2　主函数的声明

主函数是 C 语言规定的函数，对于它的形式是有要求的，主要体现在主函数的样子上，也就是主函数的函数名、参数和返回值类型上。

C 语言中主函数的声明可以有好几种形式，分别满足不同的 C 语言标准要求，最常使用的主要有以下 4 种。

（1）无返回值无参数：

```
void main()
```

（2）无返回值有参数：

```
void main(int argc,char *argv[])
```

（3）有返回值无参数：

```
int main()
```

（4）有返回值有参数：

```
int main(int argc,char *argv[])
```

这 4 种形式的区别主要在于是不是有返回值和参数上。如果有返回值，返回值类型必须是 int。如果无返回值，返回值类型是 void。如果有参数，参数必须是一个 int 类型的变量和一个一维数组，其中保护的是字符指针，变量名要求一个是 argc，另一个是 argv。当然，也可以使用其他变量名，不过最好按照规定来，使用 argc 和 argv 这两个变量名，以免特殊情况。如果没有参数，就什么都不用写。

对于这 4 种形式，最新的标准要求为最后 2 个，即可以没有参数，但必须有返回值。现在所有的编译器基本上都支持最后两种函数 main()声明形式，以免出现问题。所以在此建议大家最好使用有返回值的函数 main()形式。

10.2.3　主函数的参数

在使用主函数时，一般是没有参数的，但是这不代表主函数是没有参数设置的，主函数有两个参数，一个是 int argc，另一个是 char *argv[]。

1. argc 参数

argc 参数是主函数的第一个参数，它是一个整型变量，这个变量是系统在运行程序时使用的。它代表的是在用命令行运行程序时，输入的命令中包含的字符串的个数。当什么参数也没有时，它的值是 1。

2. argv 参数

系统在运行程序的时候，光传入命令中有几个字符串是不够的，还需要告诉程序，命令中的字符串都是什么，不然程序就没法使用用户输入的命令，计算机系统就是使用 argv 这个一维数组来告诉程序，用户输入的命令中的字符串都是什么。

argv 是一个一维数组，其中保存的是命令中的每个字符串在内存中的地址，通过这个地址就可以知道用户输入命令中的字符串。对数组进行遍历，就可以一次访问到第二个、第三个、…、第 argc 个字符串了。例如我们运行一个控制台程序 test.exe，参数是 aaa、bbb、ccc，这里写成 ./test aaa bbb ccc，那么 argc 的值就是 4，argv[1] 的值就是 aaa，argv[2] 的值就是 bbb，argv[3] 的值就是 ccc。

10.2.4　主函数的返回值

按照 C 语言中主函数的 4 种形式，主函数的返回值类型要么为空，要么为整型。对于返回值为空的主函数，一般不推荐，如果非要使用这种形式，可以不用管主函数的返回值，否则返回其他值。

主函数的完整使用形式有如下两种。

（1）不带参数形式（其中参数 void 可以省略不写）。

```
int main(void)
{
…
return 0;
}
```

（2）带参数形式。

```
int main(int argc,char *argv[])
{
…
return 0;
}
```

写程序的时候，就按照这两种方式来写主函数，如果在程序运行的时候传入数据，就使用第一种形式，否则使用第二种形式。主函数的函数体中实现对其他函数的调用，通过函数调用及其他语句来完成我们想要计算机完成的功能。

10.3　数学函数的应用

微视频

数学计算是计算机最擅长的运算方式，计算机大部分运算方法都是基于数学运算执行的。

C 语言提供了很多用于数学计算的库函数，要使用这些函数，在程序文件头中必须加入#include
<math.h>语句。下面就介绍一些最常用的数学函数。

10.3.1　三角函数

三角函数常用的正弦、余弦和正切函数形式如表 10-2 所示。

表 10.2　三角函数

原　　　型	功　　　能
double sin(double x)	计算双精度实数 x 的正弦值
double cos(double x)	计算双精度实数 x 的余弦值
double tan(double x)	计算双精度实数 x 的正切值
double asin(double x)	计算双精度实数 x 的反正弦值
double acos(double x)	计算双精度实数 x 的反余弦值
double atan(double x)	计算双精度实数 x 的反正切值
double sinh(double x)	计算双精度实数 x 的双曲正弦值
double cosh(double x)	计算双精度实数 x 的双曲余弦值
double tanh(double x)	计算双精度实数 x 的双曲正切值

要正确使用三角函数，需要注意参数范围：

对于 sin 和 cos 函数，其参数 x 的范围是[-1,1]；

对于 asin 的 x 的定义域为[-1.0，1.0]，值域为[$-\pi/2$，$+\pi/2$]；

对于 acos 的 x 的定义域为[-1.0，1.0]，值域为[0，π]；

对于 atan 的值域为($-\pi/2$，$+\pi/2$)。

【例 10.1】编写程序，使用数学函数中的三角函数（源代码\ch10\10.1.txt）。

```
#include <stdio.h>
/* 数学函数头文件 */
#include <math.h>
#define PI 3.14
int main()
{
    double x;
    x=PI/2;
    /* 三角函数 */
    printf("sin(PI/2)=%.2f\n",sin(x));
    x=PI/4;
    printf("cos(%.4f)=%.4f\n",x,cos(x));
    printf("tan(PI/4)=%f\n",tan(x));
    printf("sinh(%.4f)=%.4f\n",x,sinh(x));
    printf("cosh(%.4f)=%.4f\n",x,cosh(x));
    printf("tanh(%.4f)=%.4f\n",x,tanh(x));
    x=0.45;
    printf("asin(%.2f)=%.4f\n",x,asin(x));
    printf("acos(%.2f)=%.4f\n",x,acos(x));
    printf("atan(%.2f)=%.4f\n",x,atan(x));
    return 0;
}
```

程序运行结果如图 10-1 所示。

图 10-1　例 10.1 的程序运行结果

10.3.2　绝对值函数

绝对值函数 abs()用于计算整数的绝对值，使用语法如下：

```
int abs(int x);
```

表示求解整数 x 的绝对值。

绝对值函数 fabs()用于计算浮点数的绝对值，使用语法如下：

```
float fabs(float x);
```

表示求解浮点数 x 的绝对值。

【例 10.2】编写程序，求不同类型数值的绝对值（源代码\ch10\10.2.txt）。

```c
#include <stdio.h> /*包含标准输入输出头文件*/
#include <math.h>  /*包含数学头文件*/
int main()
{
int x;
double y;
x=-5;
printf("|%d|=%d\n",x,abs(x));        /*调用绝对值函数*/
x=0;
printf("|%d|=%d\n",x,abs(x));        /*调用绝对值函数*/
x=+5;
printf("|%d|=%d\n",x,abs(x));        /*调用绝对值函数*/
y=2.15;
printf("|%.2f|=%.2f\n",y,fabs(y));
y=-3.34;
printf("|%.2f|=%.2f\n",y,fabs(y));
return 0;
}
```

程序运行结果如图 10-2 所示。本程序的主要功能是使用函数 abs()计算正整数、零和负整数的绝对值，使用函数 fabs()计算浮点数的绝对值。

图 10-2　例 10.2 的程序运行结果

10.3.3　幂函数和平方根函数

求幂函数 pow()用于求实数的 N 次幂，使用语法如下：

```
double pow(double x, double y);
```

表示求解双精度实数 x 的 y 次幂。

开平方函数 sqrt() 用于求解实数的平方根，使用语法如下：

```
double sqrt(double x);
```

表示计算双精度实数 x 的平方根。

【例 10.3】编写程序，使用数学函数中的求幂函数与开平方跟函数（源代码\ch10\10.3.txt）。

```
#include <stdio.h>
/* 数学函数头文件 */
#include <math.h>
int main()
{
  double x,y,z;
  printf("请输入一个实数：\n");
  scanf_s("%lf",&x);
  /* 求幂函数 */
  y=pow(x,2);
  /* 开平方函数 */
  z=sqrt(x);
  printf("%.2f 的 2 次幂为 %.2f\n",x,y);
  printf("对 %.2f 开 2 次平方根为 %.2f\n",x,z);
  return 0;
}
```

保存并运行程序，这里输入实数 9，然后显示输出结果如图 10-3 所示。

```
※ Microsoft Visual Studio 调试控制台
请输入一个实数：
9
9.00 的2次幂为 81.00
对 9.00 开2次平方根为 3.00
```

图 10-3 例 10.3 的程序运行结果

10.3.4 指数函数和对数函数

指数函数和对数函数互为逆函数，e 是自然对数的底，值是无理数 2.718281828……。形式如表 10-3 所示。

表 10-3 指数函数和对数函数

原 型	功 能
double exp(double x)	计算 e 的双精度实数 x 次幂
double log(double x)	计算以 e 为底的双精度实数 x 的对数 ln(x)
double log10(double x)	计算以 10 为底的双精度实数 x 的对数 log10(x)

指数函数 exp() 用于求 e 的 N 次幂，使用语法如下：

```
double exp(double x);
```

表示计算 e 的双精度实数的 x 次幂。

对数函数 log() 与 log10() 分别用于计算以 e 为底和以 10 为底的实数的对数，使用语法如下：

```
double log(double x);
double log10(double x);
```

表示计算以 e 为底的实数 x 的对数 ln(x) 和计算以 10 为底的实数 x 的对数 log10(x)。

【例 10.4】编写程序，使用数学函数中的指数函数与对数函数（源代码\ch10\10.4.txt）。

```
#include <stdio.h>
/* 数学函数头文件 */
#include <math.h>
```

```
#define E 2.718281828
int main()
{
    /* 指数函数 */
    printf("e=%f\n",exp(1.0));
    /* 对数函数 */
    printf("ln(e)=%f\n", log(E));
    printf("lg(5)=%f\n", log10(5.0));
    return 0;
}
```

程序运行结果如图 10-4 所示。

```
Microsoft Visual Studio 调试控制台
e=2.718282
ln(e)=1.000000
lg(5)=0.698970
```

图 10-4　例 10.4 的程序运行结果

10.3.5　取整函数和取余函数

取整函数用于获取实数的整数部分，取余函数用于获取实数的余数部分，形式如表 10-4 所示。

表 10-4　取整函数和取余函数

原　　型	功　　能
double ceil(double x)	计算不小于双精度实数 x 的最小整数
double floor(doulbe x)	计算不大于双精度实数 x 的最大整数
double fmod(double x,double y)	计算双精度实数 x/y 的余数，余数使用 x 的符号
double modf(double x,double *ip)	把 x 分解成整数部分和小数部分，x 是双精度浮点数，ip 是整数部分指针，返回结果是小数部分

假设 x 的值是 74.12，则 ceil(x)的值是 75，如果 x 的值是-74.12，则 ceil(x)的值是-74。

假设 x 的值是 74.12，则 floor(x)的值是 74，如果 x 的值是-74.12，则 floor(x)的值是-75。

【例 10.5】编写程序，使用数学函数中的取整函数与取余函数（源代码\ch10\10.5.txt）。

```
#include <stdio.h>
#include <stdio.h>
/* 数学函数头文件 */
#include <math.h>
int main()
{
    float a,b;
    double x,y;
    a=3.14;
    /* 取整函数 */
    printf("ceil(%.2f)=%.0f\n",a,ceil(a));
    printf("floor(%.2f)=%.0f\n",a,floor(a));
    a=-3.14;
    printf("ceil(%.2f)=%.0f\n",a,ceil(a));
    printf("floor(%.2f)=%.0f\n",a,floor(a));
    /* 取余函数 */
    a=3.14;
    b=1.5;
    printf("3.14/1.5 的余数为 %.4f\n",fmod(a,b));
    b=-1.5;
```

```
    printf("3.14/(-1.5) 的余数为 %.4f\n",fmod(a,b));
    /*函数 modf()*/
    y=modf(-3.14,&x);
    printf("-3.14=%.0lf+(%.2f)\n",x,y);
    return 0;
}
```

程序运行结果如图 10-5 所示。

※ Microsoft Visual Studio 调试控制台
```
ceil(3.14)=4
floor(3.14)=3
ceil(-3.14)=-3
floor(-3.14)=-4
3.14/1.5 的余数为 0.1400
3.14/(-1.5) 的余数为 0.1400
-3.14=-3+(-0.14)
```

图 10-5 例 10.5 的程序运行结果

10.4 字符串处理函数的应用

微视频

C 语言中，字符串处理异常频繁，经常需要对字符串进行输入、输出、合并、修改、比较、转换等操作。为了高效统一地进行字符串处理，C 语言提供了丰富的字符串处理函数，要使用这些函数，在程序文件头中必须加入#include < string.h>语句。下面就介绍一些最常用的字符串处理函数。

10.4.1 字符串长度函数

字符串长度函数 strlen()用于返回字符串的长度，不包含结束符 NULL，它的使用语法如下：
```
int strlen(char *s);
```
其中，s 为指向字符串的指针。

【例 10.6】编写程序，使用字符串长度函数获取字符串的长度（源代码\ch10\10.6.txt）。
```
#include <stdio.h>
/* 字符串函数头文件 */
#include <string.h>
int main()
{
    char *s="Hello World";
    printf("字符串 %s 包含 %d 个字符\n",s,strlen(s));
    return 0;
}
```
程序运行结果如图 10-6 所示。

※ Microsoft Visual Studio 调试控制台
```
字符串 Hello World 包含 11 个字符
```

图 10-6 例 10.6 的程序运行结果

10.4.2 字符串连接函数

字符串连接函数 strcat_s()可将两个字符串连接在一起，它的使用语法如下：
```
char *strcat(char *s1,sizeof(string),char *s2);
```

表示将 s2 所指字符串添加到 s1 的结尾处（覆盖 s1 结尾处的'\0'）并添加'\0'，返回指针 s1。

另外，字符串连接函数 strncat_s() 也可以将两个字符串连接在一起，它的使用语法如下：

```
char *strncat_s(char *s1,sizeof(string),char *s2,int n);
```

表示将 s2 所指字符串的前 n 个字符添加到 s1 结尾处（覆盖 s1 结尾处的'\0'）并添加'\0'，返回指针 s1。

☆**大牛提醒**☆

s1 和 s2 所指内存区域不可以重叠，并且 s1 必须有足够的空间来容纳 s2 的字符串。

【例 10.7】编写程序，使用字符串连接函数连接不同的字符串（源代码\ch10\10.7.txt）。

```c
#include <stdio.h>
/* 字符串函数头文件 */
#include <string.h>
int main()
{
  char s1[15] = "Hello";
  char* s2 = "World!";
  char* s3 = "~!~";
  /* 字符串连接函数 */
  strcat_s(s1, sizeof(s1), s2);
  printf("%s\n", s1);
  strncat_s(s1, sizeof(s1), s3, 1);
  printf("%s\n", s1);
  return 0;
}
```

程序运行结果如图 10-7 所示。

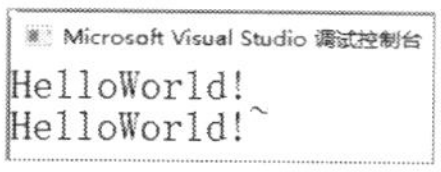

图 10-7　例 10.7 的程序运行结果

10.4.3　字符串复制函数

字符串复制函数可以将一个字符串复制到另一个字符串中，它的使用语法以及说明，如表 10-5 所示。

表 10-5　字符串复制函数使用语法以及说明

字符串复制函数的使用语法	说　　明
char *strcpy(char *s1, sizeof(string), char *s2)	将 s2 所指由 NULL 结束的字符串复制到 s1 所指的数组中，返回 s1
char *strncpy(char *s1, sizeof(string), char *s2,int n)	将 s2 所指由 NULL 结束的字符串的前 n 个字符复制到 s1 所指的数组中，返回 s1
void *memcpy(void *s1, void *s2, int n)	由 s2 所指内存区域复制 n 字节到 s1 所指内存区域，返回 s1
void *memmove (void *s1, void *s2, int n)	由 s2 所指内存区域复制 n 字节到 s1 所指内存区域，返回 s1

注意：

（1）使用函数 strcpy()、函数 strncpy()以及函数 memcpy()时，s1 和 s2 所指内存区域不可以重叠，并且 s1 必须有足够的空间来容纳 s2 的字符串。

（2）函数 memmove()并不关心被复制的数据类型，只是逐字节地进行复制，这给函数的使用带来了很大的灵活性，可以面向任何数据类型进行复制。

【例 10.8】编写程序，使用字符串复制函数复制字符串（源代码\ch10\10.8.txt）。

```
#include <stdio.h>
/* 字符串函数头文件 */
#include <string.h>
int main()
{
    char *s1="apple";
    char a[20];
    char b[]="abcdef";
    char c[20];
    char d[20];
    /* 字符串复制函数 */
    strcpy_s(a, sizeof(a),s1);
    strncpy_s(b, sizeof(b),s1,strlen(s1));
    /* 需在结尾添加结束标志 */
    b[3]='\0';
    memcpy(c,s1,sizeof(c));
    memmove(d,s1+3,sizeof(s1)+1);
    printf("字符串 a 为 %s\n",a);
    printf("字符串 b 为 %s\n",b);
    printf("字符串 c 为 %s\n",c);
    printf("字符串 d 为 %s\n",d);
    return 0;
}
```

程序运行结果如图 10-8 所示。

```
※ Microsoft Visual Studio 调试控制台
字符串a为 apple
字符串b为 app
字符串c为 apple
字符串d为 le
```

图 10-8　例 10.8 的程序运行结果

10.4.4　字符串比较函数

字符串比较函数可以对两个字符串中字符的 ASCII 码值进行比较，它的使用语法以及说明，如表 10-6 所示。

表 10-6　字符串比较函数使用语法以及说明

字符串比较函数的使用语法	说　　明
int strcmp(char *s1, char *s2)	比较字符串 s1 和 s2。若 s1<s2，返回负数；若 s1==s2，返回 0；若 s1>s2，返回非负数
int strncmp(char *s1, char *s2, int n)	比较字符串 s1 和 s2 的前 n 个字符。若 s1<s2，返回负数；若 s1==s2，返回 0；若 s1>s2，返回非负数
int memcmp(void *s1, void *s2, int n)	比较内存区域 s1 和 s2 的前 n 字节。若 s1<s2，返回负数；若 s1==s2，返回 0；若 s1>s2，返回非负数

【例 10.9】编写程序，以函数 memcmp() 为例演示字符串的比较（源代码\ch10\10.9.txt）。

```
#include <stdio.h>
/* 字符串函数头文件 */
#include <string.h>
int main()
{
    char *s1="I love C!";
    char *s2="I love c!";
    int s;
```

```
    printf("字符串 s1=%s\n 字符串 s2=%s\n",s1,s2);
    /* 字符串比较函数 */
    s=memcmp(s1,s2,strlen(s1));
    if(!s)
    {
      printf("两个字符串相等\n");
    }
    else if(s<0)
    {
      printf("字符串 s1 小于 s2\n");
    }
    else if(s>0)
    {
      printf("字符串 s1 大于 s2\n");
    }
    return 0;
}
```

程序运行结果如图 10-9 所示。

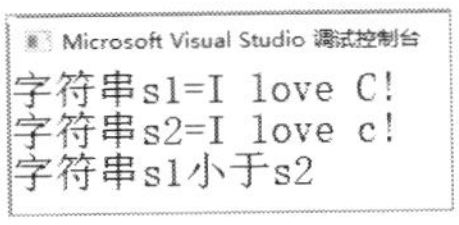

图 10-9　例 10.9 的程序运行结果

10.4.5　字符串查找函数

字符串查找函数能够在字符串中查找某个字符出现的位置，它的使用语法以及说明，如表 10-7 所示。

表 10-7　字符串查找函数使用语法以及说明

字符串查找函数的使用语法	说　　明
char *strchr (char *s, char c)	表示返回一个指向字符串 s 中 c 第 1 次出现的指针；或者如果没有找到 c，则返回指向 NULL 的指针
char *strstr(char *s1, char *s2)	表示返回一个指向字符串 s1 中字符 s2 第 1 次出现的指针；或者如果没有找到 s2，则返回指向 NULL 的指针
void *memchr(void *s, char c, int n)	表示返回一个指向被 s 所指向的 n 个字符中 c 第 1 次出现的指针；或者如果没有找到 c，则返回指向 NULL 的指针

【例 10.10】编写程序，使用字符串查找函数查找字符串（源代码\ch10\10.10.txt）。

```
#include <stdio.h>
/* 字符串函数头文件 */
#include <string.h>
int main()
{
    char *s1="I love C!";
    char *s2="love";
    char *p;
    /* 字符串查找函数 */
    p=strchr(s1,s2);
    if(p)
    {
      printf("%s\n",p);
    }
    else
```

```
    {
        printf("未找到! \n");
    }
    p=strstr(s1,s2);
    if(p)
    {
        printf("%s\n",p);
    }
    else
    {
        printf("未找到! \n");
    }
    p=memchr(s1,'l',strlen(s1));
    if(p)
    {
        printf("%s\n",p);
    }
    else
    {
        printf("未找到! \n");
    }
    return 0;
}
```

程序运行结果如图 10-10 所示。

图 10-10　例 10.10 的程序运行结果

10.4.6　字符串填充函数

字符串填充函数用于快速赋值一个字符到一个字符串，它的使用语法以及说明，如表 10-8 所示。

表 10-8　字符串填充函数

字符串填充函数的使用语法	说　　明
void *memset(void *d; char c, int n)	使用 n 个字符 c 填充 void*类型变量 d

【例 10.11】编写程序，使用字符串填充函数填充字符串（源代码\ch10\10.11.txt）。

```
#include <stdio.h>          /*包含标准输入输出头文件*/
#include <string.h>         /*包含字符串处理头文件*/
int main()
{
    char array[]="Hello World";
    char *s=array;
    memset(s,'W',5);         /*调用字符串填充函数*/
    printf("%s",s);
    return 0;
}
```

程序运行结果如图 10-11 所示。本实例是把指针所指内存存储空间的前 5 个字符使用字符"W"填充。

图 10-11　例 10.11 的程序运行结果

10.4.7　字符串大小写转换函数

字符串大写转换函数_strupr_s()用于将字符串中出现的小写字母转换为大写字母，返回指向该字符串的指针，使用语法如下：

```
char *_strupr_s(char *s, size);
```

字符串小写转换函数_strlwr_s()用于将字符串中出现的大写字母转换为小写字母，返回指向该字符串的指针，使用语法如下：

```
char *_strlwr_s(char *s,size);
```

【例 10.12】编写程序，将字符串的大小写进行转换（源代码\ch10\10.12.txt）。

```
#include <stdio.h>
/* 字符串函数头文件 */
#include <string.h>
int main()
{
  char s[] = "I love C!";
  printf("原字符串为 %s \n", s);
  /* 大小写转换函数 */
  _strupr_s(s,10);
  printf("转换为大写 %s\n", s);
  _strlwr_s(s,10);
  printf("转换为小写 %s\n", s);
  return 0;
}
```

程序运行结果如图 10-12 所示。

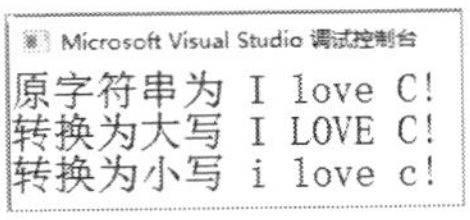

图 10-12　例 10.12 的程序运行结果

☆大牛提醒☆

使用大小写转换函数时，不能使用指向常量字符串的指针进行传递，否则会出现异常。

10.5　字符处理函数的应用

微视频

在 C 语言中，除了字符串处理函数外，还有标准 C 语言字符处理函数，如字符的大小写转换函数、字符的类型判断函数等。使用字符处理函数需要添加字符处理函数的头文件#include <ctype.h>。

10.5.1　字符类型判断函数

字符的类型判断函数能够对指定的字符进行判断，这些字符可以是字母、数字、空格等。字符的判断函数使用语法以及说明，如表 10-9 所示。

表 10-9　字符的判断函数使用语法以及说明

字符判断函数的使用语法	说　　明
int isalnum(int c)	当字符 c 是文字或数字时返回非零，否则返回零
int isalpha(int c)	当字符 c 是一个字母时返回非零，否则返回零
int iscntrl(int c)	当字符 c 是一个控制符时返回非零，否则返回零
int isdigit(int c)	当字符 c 是一个数字时返回非零，否则返回零
int isgraph(int c)	当字符 c 是可打印的（除空格外）返回非零，否则返回零
int islower(int c)	当字符 c 是小写字母时返回非零，否则返回零
int isprint(int c)	当字符 c 是可打印的（含空格）返回非零，否则返回零
int ispunct(int c)	当字符 c 是可打印的（除空格、字母或数字外）返回非零，否则返回零
int isspace(int c)	当字符 c 是一个空格时返回非零，否则返回零
int isupper(int c)	当字符 c 是大写字母时返回非零，否则返回零
int isxdigit(int c)	当字符 c 是十六进制数字时返回非零，否则返回零

【例 10.13】编写程序，使用字符判断函数对输入的字符进行判断（源代码\ch10\10.13.txt）。

```
#include <stdio.h>
/* 字符函数头文件 */
#include <ctype.h>
int main()
{
  int ch;
  printf("请输入一个字符: \n");
  ch=getchar();
  if(islower(ch))
  {
    printf("该字符是小写字母");
  }
  else if(isupper(ch))
  {
    printf("该字符是大写字母");
  }
  else if(isdigit(ch))
  {
    printf("该字符是数字");
  }
  else
  {
    printf("该字符是其他字符") ;
  }
  printf("\n") ;
  return 0;
}
```

程序运行结果如图 10-13 所示。

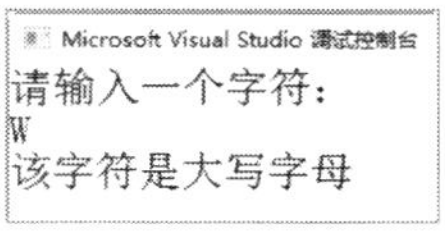

图 10-13　例 10.13 的程序运行结果

10.5.2 字符大小写转换函数

字符大写转换函数 toupper()用于将字符转换为大写英文字母，使用语法如下：

```
int toupper(int c);
```

字符小写转换函数 tolower()用于将字符转换为小写英文字母，使用语法如下：

```
int tolower(int c);
```

☆**大牛提醒**☆

若是字符本身为大写/小写，使用字符大写/小写转换函数时，该字符不会发生变化。

【例 10.14】编写程序，通过输入端输入一个英文字母，将这个字母转换为它的大/小写形式（源代码\ch10\10.14.txt）。

```
#include <stdio.h>
/* 字符函数头文件 */
#include <ctype.h>
int main()
{
  char ch;
  printf("请输入一个英文字母：\n");
  ch=getchar();
  if(islower(ch))
  {
    printf("该字符是小写字母，转换为大写字母为：%c\n",toupper(ch));
  }
  else if(isupper(ch))
  {
    printf("该字符是大写字母，转换为小写字母为：%c\n",tolower(ch));
  }
  else
  {
    printf("无法转换，该字符不为英文字母\n") ;
  }
  return 0;
}
```

图 10-14 例 10.14 的程序运行结果

程序运行结果如图 10-14 所示。

10.6 动态分配内存函数

为了实现内存的动态分配，C 语言提供了一些程序执行后才开辟和释放某些内存区的函数，包括函数 malloc()、函数 calloc()、函数 realloc()和函数 free()，通过这些函数可以实现根据程序的需要来动态分配存储空间。

10.6.1 函数 malloc()

函数 malloc()定义在头文件"stdlib.h"中，使用时需要添加此头文件，该函数的原型为：

```
void *malloc(unsigned int size);
```

它的作用是向系统申请一个确定大小（size 字节）的内存空间。若函数调用成功，则返回值为一个指向 void 类型的分配域起始地址的指针值；若函数调用失败，则返回值为空。

函数 malloc()的使用语法如下：

```
指针变量=(基类型*)malloc(内存空间字节数);
```

例如：

```
int *p;
p=(int*)malloc(sizeof(int));
```

注意：上述函数 malloc()分配的是一个整型空间，需要使用强制类型转换保证返回相对应的整型指针。

【例 10.15】编写程序，使用函数 malloc()进行动态内存分配，通过输入端输入一个数据并输出结果（源代码\ch10\10.15.txt）。

```
#include <stdio.h>
/* 添加头文件 */
#include <stdlib.h>
int main()
{
  int *p;
  int a;
  /* 调用函数动态分配内存 */
  p=(int*)malloc(sizeof(int));
  if(!p)
  {
    exit(0);
  }
  p=&a;
  scanf_s("%d",p);
  printf("a=%d\n",a);
  return 0;
}
```

程序运行结果如图 10-15 所示。本实例代码中，首先添加头文件"stdlib.h"，接着在主函数中定义一个指针变量 p，使用函数 malloc()进行动态内存的分配，并将分配的整型空间内存起始地址赋予指针变量 p，若分配成功，则通过输入端输入一个数据存储到该空间中，然后输出验证。

图 10-15　例 10.15 的程序运行结果

10.6.2　函数 calloc()

函数 calloc()定义在头文件"stdlib.h"中，使用时需要添加此头文件，该函数的原型为：

```
void *calloc(unsigned int n, unsigned int size);
```

它的作用是向系统申请 n 个 size 字节大小的连续内存空间，若是函数调用成功，则返回值为一个指向 void 类型的分配域起始地址的指针值；若是函数调用失败，则返回值为空。使用该函数能够为一维数组开辟一片连续的动态存储空间。

函数 calloc()的使用语法如下：

```
指针变量=(数组元素类型*)calloc(n, 每一个数组元素内存空间字节数);
```

例如：

```
int *p;
p=(int*)calloc(5, sizeof(int));
```

表示使用函数 calloc()动态分配 5 个大小为整型字节的连续内存空间，最后将返回的指针赋予指针变量 p，可以理解为该指针变量指向的是一个有 5 个元素的一维数组的首地址。

【例 10.16】编写程序，使用函数 calloc()动态分配一个包含有 5 个元素的一维数组的连续存储空间，并分别为它们进行赋值，输出结果（源代码\ch10\10.16.txt）。

```c
#include <stdio.h>
/* 添加头文件 */
#include <stdlib.h>
#define S 5
int main()
{
    int *p;
    int a,i;
    /* 调用函数动态分配一组内存 */
    p=(int*)calloc(S,sizeof(int));
    if(!p)
    {
        exit(0);
    }
    printf("请为%d个整型数据赋值: \n",S);
    for(i=0;i<S;i++)
    {
        scanf_s("%d",&a);
        *(p+i)=a;
    }
    printf("\n");
    for(i=0;i<S;i++)
    {
        printf("%d\t",*(p+i));
    }
    printf("\n");
    return 0;
}
```

程序运行结果如图 10-16 所示。例 10.16 代码中，首先添加头文件"stdlib.h"并定义一个符号常量 S，用于表示开辟元素的个数。接着在主函数中定义一个指针变量 p，然后调用函数 calloc()动态的分配一组拥有 5 个元素大小为整型字节的连续存储空间，并将首地址赋予指针变量 p，若是函数调用成功，则通过输入端为这 5 个元素进行赋值，最后输出赋值结果。

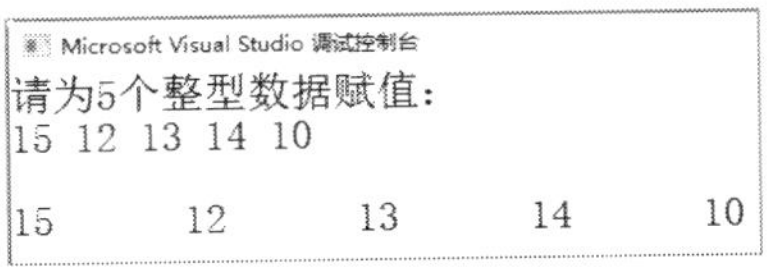

图 10-16　例 10.16 的程序运行结果

10.6.3　函数 realloc()

函数 realloc()定义在头文件"stdlib.h"中，使用时需要添加此头文件，该函数的原型为：

```c
void *realloc(void *p, unsigned int size);
```

它的作用是向系统申请一个大小为 size 的内存空间，并将指针变量 p 指向的空间大小改为 size，同时将原存储空间中存放的数据传递到新的地址空间的低端，原存储空间的数据将会丢失。若是函数调用成功，则返回一个指向空类型的分配域起始地址的指针值；若是函数调用失败，则返回值为空。

函数 realloc()的使用语法如下：

```
指针变量=(基类型*)realloc(原存储空间首地址, 新的存储空间字节数);
```

例如：

```c
int *p1,*p2;
p1=(int*)malloc(sizeof(int)*2);
p2=(int*)realloc(p1,sizeof(int)*4);
```

表示通过函数 realloc()对 p1 所指向的空间大小进行扩充，并将改变之后的内存空间首地址赋予指针变量 p2。

☆**大牛提醒**☆

　　使用函数 realloc()设定的 size 大小为任意值，也就是说可以比原存储空间大，也可以比原存储空间小。

　　【例 10.17】编写程序，先使用函数 malloc()分配动态内存空间，然后使用函数 realloc()将该内存空间进行扩充，分别输出扩充前以及扩充后的动态内存的首地址（源代码\ch10\10.17.txt）。

```
#include <stdio.h>
/* 添加头文件 */
#include <stdlib.h>
int main()
{
  int *p1,*p2;
  int a;
  /* 调用函数 malloc()动态分配内存并将首地址赋予 p1 */
  p1=(int*)malloc(sizeof(int)*2);
  if(p1)
  {
    printf("内存分配在: %p1\n",p1);
  }
  else
  {
    printf("内存不足! \n");
    exit(0);
  }
  /* 调用函数 realloc()将 p1 中数据大小进行改变，并将改变后的内存首地址赋予 p2 */
  p2=(int*)realloc(p1,sizeof(int)*4);
  if(p2)
  {
    printf("内存重新分配在: %p2\n",p2);
  }
  else
  {
    printf("没有足够内存! \n");
    exit(0);
  }
  return 0;
}
```

　　程序运行结果如图 10-17 所示。例 10.17 代码中，首先添加头文件 stdlib.h，接着在主函数中定义两个指针变量 p1 和 p2，调用函数 malloc()动态分配内存并将首地址赋予指针变量 p1，若是调用成功则输出该内存的首地址，然后调用函数 realloc()将 p1 中内存大小进行改变，并将改变后的内存首地址赋予指针变量 p2，若是调用成功则输出该内存的首地址。

```
※ Microsoft Visual Studio 调试控制台
内存分配在: 01567CA81
内存重新分配在: 01567CA82
```

图 10-17　例 10.17 的程序运行结果

10.6.4　函数 free()

　　函数 free()定义在头文件 stdlib.h 中，使用时需要添加此头文件，该函数的原型为：

```
void free(void *p);
```

它的作用是释放指针变量 p 所指的内存区，将该存储空间返还给系统，使得其他变量能够使用此存储空间。该函数没有任何返回值。

函数 free()的使用语法如下：

```
free(指针变量);
```

例如：

```
int *p;
p=(int*)malloc(sizeof(p));
free(p);
```

表示使用函数 free()将函数 malloc()分配的动态内存空间释放。

【例 10.18】编写程序，使用函数 free()将事先分配好的动态内存空间进行释放，输出释放前后该内存中存放的数据（源代码\ch10\10.18.txt）。

```
#include <stdio.h>
/* 添加头文件 */
#include <stdlib.h>
#include <string.h>
int main()
{
    /* 定义字符指针 */
    char *str;
    /* 调用函数 malloc()分配动态内存 */
    str=(char*)malloc(10);
    /* 调用函数 strcpy_s()将字符串赋给 str */
    strcpy_s(str,10,"Apple");
    printf("字符串为： %s\n", str);
    /* 调用函数 free()释放内存空间 */
    free(str);
    printf("释放后字符串为： %s\n", str);
    return 0;
}
```

程序运行结果如图 10-18 所示。本实例代码中，首先添加头文件"stdlib.h"以及"string.h"，接着在主函数中定义字符指针 str，调用函数 malloc()分配动态 10 字节大小的内存空间并将首地址赋予 str，然后调用函数 strcpy_s()将字符串存放到该内存空间内，并输出该字符串，接着使用函数 free()将此内存空间释放，再次输出该字符串为乱码，原因是内存已经被释放，其中存放的数据就不存在了。

图 10-18　例 10.18 的程序运行结果

10.7　其他常用函数的应用

微视频

除了以上介绍的数学函数、字符串函数以及字符函数之外，还有一些比较常用的函数，如随机函数、结束程序函数、快速排序函数等，本节将对这些函数进行详细讲解。

10.7.1　随机函数

随机函数 rand()用于产生从 0～32767 的随机数，它的使用语法如下：

```
int r;
r=rand();
```

表示生成一个随机数并赋予变量 r。

【例 10.19】编写程序，使用随机函数 rand()输出一个随机数（源代码\ch10\10.19.txt）。

```
#include <stdio.h>
/* 使用随机数函数添加头文件 */
#include <stdlib.h>
int main()
{
  int r;
  /* 随机函数 */
  r=rand();
  printf("%d\n", r);
  return 0;
}
```

程序运行结果如图 10-19 所示。本实例代码中，首先添加头文件"stdlib.h"，然后定义一个整型变量 r，使用随机函数 rand()产生一个随机数赋予 r，最后输出。

图 10-19　例 10.19 的程序运行结果

☆**大牛提醒**☆

通过使用随机函数 rand()，可以发现每次运行程序所产生的随机数都是一样的，这是因为随机数在 C 语言中采用的是固定序列，每次运行程序取的是同一个数。

为了每次产生不同的随机数，可以使用函数 srand()，该函数能够产生随机数的起始发生数据。

【例 10.20】编写程序，使用随机函数 srand()与 rand()相结合的形式产生不同随机数（源代码\ch10\10.20.txt）。

```
#include <stdio.h>
/* 添加相应头文件 */
#include <stdlib.h>
#include <time.h>
int main(void)
{
  int i;
  time_t t;
  /* 使用随机函数与时间函数相结合 */
  srand((unsigned) time(&t));
  printf("随机产生 0-99 的随机数: \n");
  for (i=0; i<5; i++)
  {
    printf("%d\n", rand()%100);
  }
  return 0;
}
```

程序运行结果如图 10-20 所示。

图 10-20　例 10.20 的程序运行结果

10.7.2 结束程序函数

结束程序函数 exit()可将当前运行程序结束，返回值将被忽略，其中 exit(0)表示正常退出，括号内数字不为 0 则表示异常退出。如果使用结束程序函数 exit()，需要包含<stdlib.h>头文件，语法格式如下：

```
void exit(int retval);
```

【例 10.21】编写程序，使用结束程序函数 exit()结束程序运行（源代码\ch10\10.21.txt）。

```
#include <stdio.h>        /*包含标准输入输出头文件*/
#include <stdlib.h>       /*包含转换和存储头文件*/
int main()
{
  int i;
  for(i=0;i<10;i++)
  {
    if(i==5) exit(0);
    else
    {
      printf("%d",i);
      getchar();           /*等待键入字符*/
    }
  }
  return 0;
}
```

当 i 值为 5 时，执行结束程序函数 exit()，终止程序，结束程序函数 exit()的返回值将被忽略。经过编译、连接、运行程序，输出结果如图 10-21 所示。

图 10-21 例 10.21 的程序运行结果

10.7.3 快速排序函数

快速排序函数 qsort()包含在<stdlib.h>头文件中，此函数根据给出的比较条件进行快速排序，通过指针移动实现排序。排序之后的结果仍然放在原数组中。使用快速排序函数必须自己写一个比较函数。语法格式如下：

```
void qsort ( void * base,int n, int size, int ( * fcmp ) ( const void *, const void * ) );
```

【例 10.22】编写程序，使用快速排序函数对数组进行排序（源代码\ch10\10.22.txt）。

```
#include <stdio.h>                        /*包含标准输入输出头文件*/
#include <stdlib.h>                       /*包含转换和存储头文件*/
#include <string.h>                       /*包含字符串处理头文件*/
char stringlist[5][6] = { "boy", "girl", "man", "woman", "human" };
int intlist[5]= { 3, 2,5,1,4 };
int sort_stringfun( const void *a, const void *b);
int sort_intfun( const void *a, const void *b);
int main(void)
{
  int x;
  printf("字符串排序: \n");
  qsort((void *)stringlist, 5, sizeof(stringlist[0]), sort_stringfun); /*调用快速排序函数*/
    for (x = 0; x < 5; x++)
```

```
    printf("%s\n", stringlist[x]);
  printf("整数排序: \n");
  qsort((void *)intlist, 5, sizeof(intlist[0]), sort_intfun);
  for (x = 0; x < 5; x++)
    printf("%d\n", intlist[x]);
  return 0;
}
int sort_stringfun( const void *a, const void *b)
{
  return( strcmp((const char *)a,(const char *)b) );
}
int sort_intfun( const void *a, const void *b)
{
  return *(int *)a - *(int *)b;
}
```

程序运行结果如图 10-22 所示。

图 10-22　例 10.22 的程序运行结果

10.8　新手疑难问题解答

问题 1：主函数是否有参数，有没有参数会不会有什么影响？

解答：主函数也会有自己的参数。语法格式如下：

```
int main( int argc, char *argv[] )
```

其中，argc 和 argv 是主函数的形式参数。这两个形式参数的类型是系统规定的。如果主函数要带参数，就是这两个类型的参数；否则主函数就没有参数。

变量名称 argc 和 argv 是常规的名称，也可以换成其他名称。主函数收到参数后就会做自己的事。那么，实际参数是如何传递给主函数的 argc 和 argv 的呢？我们知道，C 程序在编译和链接后，都生成一个 exe 文件，执行该 exe 文件时，可以直接执行；也可以在命令行下带参数执行，命令行执行的形式为：可执行文件名称　参数 1　参数 2……参数 n。可执行文件名称和参数、参数之间均使用空格隔开。

如果按照这种方法执行，命令行字符串将作为实际参数传递给主函数。具体为：

（1）可执行文件名称和所有参数的个数之和传递给 argc；

（2）可执行文件名称（包括路径名称）作为一个字符串，首地址被赋给 argv[0]，参数 1 也作为一个字符串，首地址被赋给 argv[1]……以此类推。

问题 2：结束程序函数和 return 有什么区别？

解答：在最初调用的主函数中使用 return 和 exit() 的效果相同。但要注意这里所说的是 "最初调用"。如果主函数在一个递归程序中，exit() 仍然会终止程序；但 return 将控制权移交给递归的前一级，直到最初的那一级，此时 return 才会终止程序。return 和 exit()的另一个区别在于，即使在除主函数之外的函数中调用 exit()，它也将终止程序。

10.9　实战训练

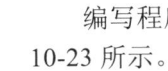

实战 1：使用函数输出字符所对应的进制数。

编写程序，要求输出字符 a 的十进制数、八进制数以及十六进制数，程序运行结果如图 10-23 所示。

```
※ Microsoft Visual Studio 调试控制台
a的十进制=97
a的八进制=141
a的十六进制=61
```

图 10-23　实战 1 的程序运行结果

实战 2：输出三个数字组成的无重复数字三位数。

编写程序，有 1、2、3 三个数字，使用这三个数字组成无重复数字的三位数。程序运行结果如图 10-24 所示。

```
※ Microsoft Visual Studio 调试控制台
1, 2, 3
1, 3, 2
2, 1, 3
2, 3, 1
3, 1, 2
3, 2, 1
有 6 组三位数不相同
```

图 10-24　实战 2 的程序运行结果

实战 3：实现数字猜谜游戏。

编写程序，使用随机函数完成一个报数游戏：通过输入端输入一个 100 以内整数，并与产生的随机数进行比较，输出比较结果，直到猜中为止。程序运行结果如图 10-25 所示。

```
※ Microsoft Visual Studio 调试控制台
请输入一个1-100间的数：
20
对不起，数字大了，请重新尝试！
请输入一个1-100间的数：
10
对不起，数字小了，请重新尝试！
请输入一个1-100间的数：
15
对不起，数字小了，请重新尝试！
请输入一个1-100间的数：
16
太棒了！你猜中了！
```

图 10-25　实战 3 的程序运行结果

第11章

指针的应用

本章内容提要

指针是 C 语言中的一个重要概念，也是 C 语言的一个重要特色，它极大地丰富了 C 语言的功能。正确而灵活地运用它，可以有效地表示复杂的数据结构，方便地使用字符串，直接处理内存地址等，从而编写出精练而高效的程序。本章就来介绍 C 语言中指针的应用，主要内容包括指针概述、指针与数组、指针的运算等。

11.1　指针概述

微视频

计算机程序和数据都是在内存中存储和运行的，计算机的内存是以字节为基本单位的连续的存储空间。为了能正确地访问数据，C 语言引入了指针的概念。指针是 C 语言的精华，能否熟练运用指针能反映出对 C 语言的理解和掌握程度。

11.1.1　指针变量的定义

指针变量是指用来存放地址的变量，语法格式如下：

```
数据类型 *指针变量名;
```

主要参数介绍如下：

（1）数据类型是指针所指对象的类型，如 int、float、double、char 等。

（2）指针变量名必须遵循标识符的命名规则。

（3）*表示该变量为指针变量，以区别简单变量。

例如：

```
int *p;
float *q;
char *name;
```

定义 p、q 和 name 为指针变量，这时必须带*。而给 p、q 和 name 赋值时，因为已经知道了其为指针变量，就没必要多此一举再带上*，后边可以像使用普通变量一样来使用指针变量。

另外，指针变量也可以连续定义，例如：

```
int *a, *b, *c;  // a、b、c 的类型都是 int*
```

如果写成下面的形式：

```
int *a, b, c;
```

该语句中定义的变量只有 a 是指针变量，b、c 都是类型为 int 的普通变量。

☆**大牛提醒**☆

（1）指针变量名是 p1，p2，不是*p1，*p2。

（2）指针变量只能指向定义时所规定类型的变量。

（3）指针变量定义后，变量值不确定，应用前必须先赋值。

例如：

```
int a,*p;
a=100;
p=&a;
```

注意：定义指针变量时必须带*，给指针变量赋值时不能带*。

11.1.2　指针变量的初始化

和其他变量一样，指针变量在定义的同时可以进行初始化，以保证指针变量中的指针有明确的指向。基本形式如下：

```
类型标识符 *指针变量名 1=地址值 1,*指针变量名 2=地址值 2,…;
```

或者先声明，再初始化，基本形式如下：

```
类型标识符 *指针变量名;
指针变量名=地址值;
```

地址值的表示形式有多种，如&变量名、数组名，另外的指针变量等。

例如：

```
int a=15;
int *p=&a;
int *p;p=&a;
```

将变量 a 的地址存放到指针变量 p 中，a 现在就是 p 所指向的对象，一般可用取地址运算符（&）获取该变量的地址（如&a）。值得注意的是，p 需要的一个地址，a 前面必须要加取地址符&，否则是不对的，如图 11-1 所示。

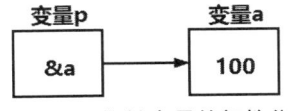

图 11-1　指针变量的初始化

在对指针变量进行赋值时，需要注意以下几点：

（1）和普通变量一样，指针变量也可以被多次写入，并且随时都能够改变指针变量的值。

例如：

```
// 定义普通变量
float a =10.5,b =5.7;
char c ='@',d ='#';
// 定义指针变量
float *p1 = &a;
char *p2 = &c;
// 修改指针变量的值
p1 = &b;
p2 = &d;
```

（2）在定义指针变量时必须指定其数据类型。

通过指针来访问指针所指向的内存区时，指针所指向的类型决定了编译器把那片内存区里的内容当作什么类型来看。例如：

```
int *a;          // 指针所指向的类型是 int
char *b;         // 指针所指向的类型是 char
float *c;        // 指针所指向的类型是 float
```

例如，下面为错误的赋值：

```
float a;
int *p;
p=&a;
```

其中变量 a 为 float 类型，而指针变量 p 为 int 类型，所以不能进行赋值操作。

（3）指针变量存放的是变量的地址(指针)，不能将整数等赋值给一个指针变量。例如，下面为错误的赋值：

```
*p=5;
```

其中 p 为指针，而 5 为一个整数，这样赋值不合法。

（4）指针变量必须先赋值，再使用。

例如，指针变量没有进行赋值操作就会指向不明。例如，下面为错误的用法：

```
int main()
{
    int i=10;
    int *p;
    *p=i;
    printf("%d",*p);
    return 0;
}
```

正确的用法为：

```
int main()
{
    int i=10,k;
    int *p;
    p=&k;
    *p=i;
    printf("%d\n",*p);
    return 0;
}
```

（5）赋值操作时指针变量的地址不能是任意类型，而只能是与指针变量的数据类型相同的变量地址。

【例 11.1】编写程序，定义一个 int 型变量 a，指针变量 p，把 a 的地址放到指针变量 p 里面，再给整型变量 a 赋值，输出相应的结果（源代码\ch11\11.1.txt）。

```
#include <stdio.h>
int main()
{
    int a,*p;                // 定义一个整型变量a和指针变量p
    p=&a;                    // 把a的地址放到指针变量p里面
    a=20;                    // 给整型变量a赋值
    printf("a:%d\n",a);      // 输出变量a的值
    printf("*p:%d\n",*p);    // 指针变量里存放的是a的地址，*p表示取出地址里的值
    printf("&a:%x\n",&a);    // 输出a的地址
    printf("p:%x\n",p);      // 输出指针变量
    printf("&p:%x\n",&p);    // 输出指针
    return 0;
}
```

程序运行结果如图 11-2 所示。

```
Microsoft Visual Studio 调试控制台
a:20
*p:20
&a:4ff94c
p:4ff94c
&p:4ff940
```

图 11-2　例 11.1 的程序运行结果

11.1.3　指针变量的引用

定义指针变量之后，必须与某个变量的地址建立关联才能引用，对指针变量进行引用属于对变量的一种间接访问形式。对指针变量的引用有两种方式，下面分别进行介绍。

1. 指针运算符*

在定义指针变量时，符号*为指针运算符，也可以称为间接访问运算符。该运算符属于单目运算符，作用是返回指定地址内所存储的变量值。引用指针变量的语法格式如下：

```
*指针表达式
```

表示引用指针变量所指向的值。例如：

```
int *p = &a;
*p = 100;
```

第 1 行代码中*用来指明 p 是一个指针变量；第 2 行代码中*用来获取指针指向的数据。需要注意的是，给指针变量本身赋值时不能加*。修改上面的语句：

```
int *p;
p = &a;        // 指针变量赋值时前面不能带*
*p = 100;      // *是用来获取指针所指向的变量值
```

在使用指针运算符*时需要注意以下几点：

（1）如上例中的 p 与*p，它们的含义是不同的，其中 p 是指针变量，p 的值为指向变量 a 的地址；而*p 表示 p 所指向的变量 a 的存储数据。

（2）在对指针变量进行引用时的*与定义指针变量时的*不同。定义变量时的*仅仅表示其后所跟的变量为指针变量。

☆**大牛提醒**☆

指针变量中只能存放地址，也就是指针，指针变量在定义时必须进行初始化，否则就赋值为 0，表示空指针。

指针变量也可以出现在普通变量能出现的任何表达式中，例如：

```
int a, b, *pa = &a, *pb = &b;
b = *pa + 5;   // 表示把 a 的内容加 5 并赋给 b，*pa+5 相当于(*pa)+5
b = ++*pa;     // pa 的内容加上 1 之后赋给 b，++*pa 相当于++(*pa)
b = *pa++;     // 相当于 b=(*pa)++
pb = pa;       // 把一个指针的值赋给另一个指针
```

【例 11.2】编写程序，使用指针获取内存上的数据，并且对内存上的数据进行修改（源代码\ch11\11.2.txt）。

```
#include <stdio.h>
int main()
{
  int a = 10, b = 20, c = 30;
  int *p = &a;      // 定义指针变量
  *p = b;           // 通过指针变量修改内存上的数据
  c = *p;           // 通过指针变量获取内存上的数据
```

```
    printf("输出修改后的值: \n");
    printf("a=%d,b=%d,c=%d,*p=%d\n", a, b, c, *p);
    return 0;
}
```

程序运行结果如图 11-3 所示。

图 11-3 例 11.2 的程序运行结果

2. 指针运算符&

指针运算符&用来获取存储单元的首地址，&是取地址运算符，该运算符属于单目运算符。
例如：

```
int a=5;
int *p;
p = &a;
```

代码中&a 的结果是一个指针。类型为整型，指向的类型为整型。指向的地址是 a 的地址。

【例 11.3】编写程序，使用指针运算符实现两个数据的交换（源代码\ch11\11.3.txt）。

```
#include <stdio.h>
int main()
{
    int a =8, b =9,temp;
    int *pa = &a, *pb = &b;
    printf("a=%d, b=%d\n", a, b);
    temp = *pa;          // 将 a 的值先保存起来
    *pa = *pb;           // 将 b 的值交给 a
    *pb = temp;          // 再将保存起来的 a 的值交给 b
    printf("a=%d, b=%d\n", a, b);
    return 0;
}
```

程序运行结果如图 11-4 所示。

图 11-4 例 11.3 的程序运行结果

☆**大牛提醒**☆

运算符&和*互为逆运算。例如：

```
int a=2,*p;
p=&a;
```

其中可以衍生出&a 等价于 p 等价于&*p。&*p 运算可以自右向左进行结合，首先*p 表示变量 a
的值，而&a 就等价于变量 a 的地址。

接着又有*&a 等价于*p 等价于 a。*&a 同样为自右向左进行结合，首先&a 表示变量 a 的地
址，而*p 就等价于变量 a。

11.1.4 指针变量的运算

指针变量可以进行某些运算，指针的运算本身就是地址的运算，其运算的种类是有限的，
除了可以对指针赋值外，指针的运算还包括移动指针、两个指针相减、指针与指针或指针与地

址之间进行比较等。

1. 指针变量的加减算术运算

对于指向数组的指针变量，可以加上或减去一个整数 n。如果 pa 是指向数组 a 的指针变量，则 pa+n、pa-n、pa++、++pa、pa--、--pa 运算都是合法的。指针变量加上或减去一个整数 n 的意义是把指针指向的当前位置（指向某数组元素）向前或向后移动 n 个位置。

☆**大牛提醒**☆

数组指针变量向前或向后移动一个位置和地址加 1 或减 1 在概念上是不同的。因为数组可以有不同的类型，各种类型的数组元素所占的字节长度是不同的。如指针变量加 1，即向后移动 1 个位置，表示指针变量指向下一个数据元素的首地址，而不是在原地址基础上加 1，例如：

```
int a[5],*pa;
pa=a;       /*pa 指向数组 a，也是指向 a[0]*/
pa=pa+2;    /*pa 指向 a[2]，即 pa 的值为&pa[2]*/
```

要特别注意，指针变量的加减运算只能对数组指针变量进行，对指向其他类型变量的指针变量做加减运算是毫无意义的。

【**例 11.4**】编写程序，定义指针变量，并对指针变量自身进行运算（源代码\ch11\11.4.txt）。

```
#include <stdio.h>
  int main(void)
  {
     int a=2,b=8;
     int *p1,*p2;
     p1=&a;                                          /*指针赋值*/
     p2=&b;
     printf("p1 地址是%d,p1 存储的值是%d\n",p1,*p1);    /*输出*/
     printf("p2 地址是%d,p2 存储的值是%d\n",p2,*p2);    /*输出*/
     printf("p1-1 地址存储的值是%d\n",*(p1-1));        /*地址-1 后存储的值*/
     printf("p1 地址中的值-1 后的值是%d\n",*p1-1);      /*值-1 后的值*/
     printf("*(p1-1)的值和*p1-1 的值不同\n");
     return 0;
  }
```

程序运行结果如图 11-5 所示。

```
🔲 Microsoft Visual Studio 调试控制台
p1地址是16776836,p1存储的值是2
p2地址是16776824,p2存储的值是8
p1-1地址存储的值是-858993460
p1地址中的值-1后的值是1
*(p1-1)的值和*p1-1值不同
```

图 11-5　例 11.4 的程序运行结果

2. 两指针变量之间的运算

只有指向同一数组的两个指针变量之间才能进行运算，否则运算毫无意义。例如：两指针变量相减所得之差是两个指针所指数组元素之间相差的元素个数。

【**例 11.5**】编写程序，定义指针变量，计算两个数的和与乘积（源代码\ch11\11.5.txt）。

```
#include <stdio.h>
main(){
    int a=10,b=20,s,t,*pa,*pb;    /*说明 pa、pb 为整型指针变量*/
    pa=&a;                        /*给指针变量 pa 赋值，pa 指向变量 a*/
    pb=&b;                        /*给指针变量 pb 赋值，pb 指向变量 b*/
    s=*pa+*pb;                    /*求 a+b 之和(*pa 就是 a, *pb 就是 b)*/
```

```
    t=*pa**pb;                           /*本行是求 a*b 之积*/
    printf("a=%d\nb=%d\na+b=%d\na*b=%d\n",a,b,a+b,a*b);
    printf("s=%d\nt=%d\n",s,t);
}
```

程序运行结果如图 11-6 所示。

※ Microsoft Visual Studio 调试控制台
```
a=10
b=20
a+b=30
a*b=200
s=30
t=200
```

图 11-6　例 11.5 的程序运行结果

3. 两指针变量进行关系运算

指向同一数组的两指针变量进行关系运算可表示它们所指数组元素之间的关系。例如：
pf1==pf2 表示 pf1 和 pf2 指向同一数组元素；pf1>pf2 表示 pf1 处于高地址位置；pf1<pf2 表示
pf1 处于低地址位置。

另外，指针变量还可以与 0 比较。设 p 为指针变量，则 p==0 表明 p 是空指针，它不指向
任何变量；p!=0 表示 p 不是空指针。

```
#define NULL 0
int *p=NULL;
```

对指针变量赋 0 值和不赋值是不同的。指针变量未赋值时，可以是任意值，是不能使用的。
否则，将造成意外错误。而指针变量赋 0 值后，则可以使用，只是它不指向具体的变量而已。

【例 11.6】编写程序，定义指针变量，输入三个不同的整数，找出最大的和最小的数并输出
（源代码\ch11\11.6.txt）。

```
    #include <stdio.h>
main(){
    int a,b,c,*pmax,*pmin;                /*pmax、pmin 为整型指针变量*/
    printf("请输入三个数值:\n");            /*输入提示*/
    scanf_s("%d%d%d",&a,&b,&c);           /*输入 3 个数字*/
    if(a>b){                              /*如果第一个数字大于第二个数字*/
    pmax=&a;                              /*指针变量赋值*/
    pmin=&b;}                             /*指针变量赋值*/
    else{
    pmax=&b;                              /*指针变量赋值*/
    pmin=&a;}                             /*指针变量赋值*/
    if(c>*pmax) pmax=&c;                  /*判断并赋值*/
    if(c<*pmin) pmin=&c;                  /*判断并赋值*/
    printf("max=%d\nmin=%d\n",*pmax,*pmin); /*输出结果*/
}
```

程序运行结果如图 11-7 所示。

※ Microsoft Visual Studio 调试控制台
```
请输入三个数值:
10 52 36
max=52
min=10
```

图 11-7　例 11.6 的程序运行结果

11.2 指针与函数

由于函数名也表示函数在内存中的首地址，因此，指针也可以指向函数。函数指针就是指向函数的指针变量。因而"函数指针"本身首先应是指针变量，只不过该指针变量指向函数。这正如用指针变量可指向整型变量、字符型、数组一样，这里是指向函数。如前所述，C 语言程序在编译时，每一个函数都有一个入口地址，该入口地址就是函数指针所指向的地址。

11.2.1 函数返回指针

通过对函数内容的掌握，可以发现函数在使用时，可以返回值也可以不返回值，并且返回值的类型多为 int、float 或者是 char 型。除此之外，一个函数的返回值也可以为一个指针类型的数据，即为变量的地址。

若想使用一个函数来返回指针类型数据时，该函数的定义语法如下：

```
数据类型 *函数名(形参列表)
{
    函数体；
}
```

例如：

```
int *f(int x,int y)
{
    函数体；
}
```

其中，定义一个返回指针类型数据的函数语法格式与之前定义函数时的格式基本相似，只是需要在函数名前加符号*，用于表示该函数返回的是一个指针值，该指针值指向一个 int 型的数据。

【例 11.7】编写程序，通过输入端输入两个整数，求这两个数中较大值的变量的地址，输出该地址的值（源代码\ch11\11.7.txt）。

```
#include <stdio.h>
/* 声明函数 */
int *f();
int main()
{
    int a,b;
    /* 定义指针变量 */
    int *p;
    printf("输入两个整数: \n");
    scanf_s("%d%d",&a,&b);
    /* 调用函数 */
    p=f(&a,&b);
    printf("两数中较大值的地址为: %d\n",*p);
    return 0;
}
/* 定义函数 */
int *f(int *x,int *y)
{
    if(*x>*y)
    {
        return x;
    }
    else
```

```
{
    return y;
}
}
```

程序运行结果如图 11-8 所示。

图 11-8　例 11.7 的程序运行结果

11.2.2　指向函数的指针

C 语言中，可以通过定义一个指针变量，来指向函数的入口地址，然后通过这个指针变量就能够调用该函数，这个指针变量被称为指向函数的指针变量。

指向函数的指针变量定义的语法格式如下：

```
数据类型 (*指针变量名)(形参列表)
```

参数说明如下：

（1）数据类型为指针变量所指向的函数的返回值类型。

（2）形参类别为指针变量所指向的函数的形参。

注意：(*指针变量名)中的括号不可省略。

例如：

```
int sum(int x,int y)
{
    ...
}
int main()
{
    int (*p)(int int);
    ...
    return 0;
}
```

若是想通过指向某函数的指针变量来调用该函数，语法格式如下：

```
(*指针变量名)(实参列表);
```

例如：

```
int a,b,c;
c=(*p)(a,b);
```

【例 11.8】编写程序，将常规的函数调用改为使用函数指针变量调用函数，比较两数大小，返回较大值（源代码\ch11\11.8.txt）。

```
#include <stdio.h>
/* 声明函数 */
int max();
int main()
{
    /* 定义函数指针变量 */
    int (*p)();
    int a,b,c;
```

```
    /* 将函数地址赋予函数指针变量 */
    p=max;
    printf("请输入两个整数：\n");
    scanf_s("%d%d",&a,&b);
    /* 函数调用 */
    c=(*p)(a,b);
    printf("两个数中较大的数为：%d\n",c);
    return 0;
}
/* 定义函数 */
int max(int x,int y)
{
    if(x>y)
    {
        return x;
    }
    else
    {
        return y;
    }
}
```

程序运行结果如图 11-9 所示。

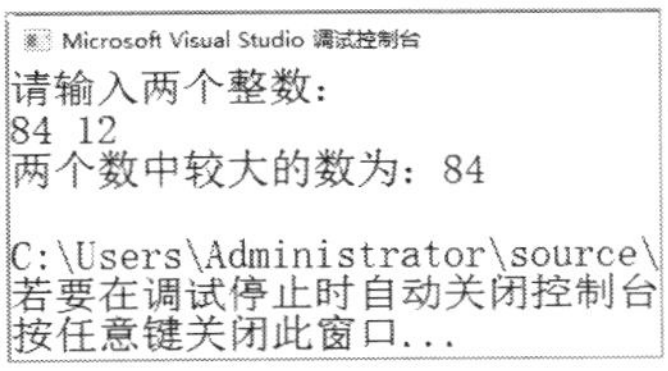
Microsoft Visual Studio 调试控制台
请输入两个整数：
84 12
两个数中较大的数为：84

C:\Users\Administrator\source\
若要在调试停止时自动关闭控制台
按任意键关闭此窗口...

图 11-9　例 11.8 的程序运行结果

11.2.3　指针变量作为函数参数

通过函数的学习，可以知道实参对形参的传递是单向的，形参的变化不会对实参造成任何影响。那么，如果使用指针变量作为函数的实参进行传递，形参变化会不会影响到主调函数中实参的值呢？接下来通过实例对指针变量作为函数参数进行讲解。

【例 11.9】编写程序，定义一个函数 swap()，使用指针变量作为函数 swap()的参数进行传递，用于将两数进行交换，输出两数交换结果（源代码\ch11\11.9.txt）。

```
#include <stdio.h>
/* 声明函数 */
void swap();
int main()
{
    /* 定义指针变量 */
    int *p1,*p2;
    int a,b;
    printf("请输入两个整数：\n");
    scanf_s("%d%d",&a,&b);
    /* 将变量地址赋予指针变量 */
    p1=&a;
    p2=&b;
    if(a<b)
    {
        /* 函数调用 将指针变量作为参数传递 */
        swap(p1,p2);
```

```
    }
    printf("a=%d,b=%d\n",a,b);
    return 0;
}
/* 定义函数 */
void swap(int *pt1,int *pt2)
{
    int t;
    t=*pt1;
    *pt1=*pt2;
    *pt2=t;
}
```

程序运行结果如图 11-10 所示。

```
※ Microsoft Visual Studio 调试控制台
请输入两个整数:
35 82
a=82,b=35

C:\Users\Administrator\source\
若要在调试停止时自动关闭控制台
按任意键关闭此窗口...
```

图 11-10　例 11.9 的程序运行结果

11.3　指针与数组

微视频

　　一个变量有一个地址，一个数组包含若干元素，每个数组元素都在内存中占用存储单元，它们都有相应的地址。所谓数组指针，是指数组的起始地址，数组元素的指针是数组元素的地址。

11.3.1　数组元素的指针

　　在 C 语言中，变量在内存中都分配有内存单元，用于存储变量的数据，而数组包含有若干的元素，每个元素就相当于一个变量，它们在内存中占用存储单元。也就是说，它们都有自己的内存地址。那么指针变量既然可以指向变量，必然也可以用来指向数组中的元素，同变量一样，数组元素是将某个元素的地址赋予指针变量，所以数组元素的指针就是指数组元素的地址。

　　数组指针定义的一般形式如下：

存储类型　数据类型(*指针变量名)[元素个数]

其中，数据类型表示所指数组的类型。从一般形式可以看出，指向数组的指针变量和指向普通变量的指针变量的说明是相同的。例如，在程序中定义一个数组指针：

int (*p)[4];

　　它表明指针 p 指向的数组指针 p 用来指向一个含有 4 个元素的一维整型数组，p 的值就是该一维数组的首地址。在使用数组指针时，有两点一定要注意：

　　（1）*p 两侧的括号一定不要漏掉，如果写成*p[4]的形式，由于[]的运算级别高，因此 p 先和[4]结合，是数组，然后再与前面的*结合，*p[4]是指针数组。

　　（2）p 是一个行指针，它只能指向一个包含 n 个元素的一维数组，不能指向一维数组中的元素。

　　【例 11.10】编写程序，使用数组指针输出二维数组中的元素（源代码\ch11\11.10.txt）。

```
#include <stdio.h>
int main(void)
{
  int array[2][3]={1,2,3,4,5,6};        /*定义一个二维数组*/
  int i,j;
  int (*p)[3];                          /*定义一个数组指针*/
  p=array;                              /*p指向array下标为0那一行的首地址*/
  for(i=0;i<2;i++)
  {
  for(j=0;j<3;j++)
    printf("array[%d][%d]=%d\n",i,j,p[i][j]);
  }
  return 0;
}
```

程序运行结果如图11-11所示。

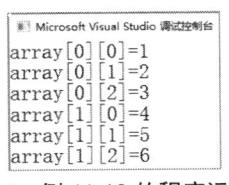

图 11-11　例 11.10 的程序运行结果

☆**大牛提醒**☆

程序中使用了 p[i][j]实现了输出，可以改写成*(p[i]+j)，还可以改写成*(*(p+i)+j)或*(p+i)[j]。

11.3.2　通过指针引用数组元素

引用一个数组元素可以使用 3 种方法，分别是下标法、通过数组名计算数组元素的地址以及使用指针变量表示法。

1. 下标法

下标法是使用 array[i]形式直接访问数组元素。

【例 11.11】编写程序，定义一个数组 a，使用下标法输出数组中的全部元素（源代码\ch11\11.11.txt）。

```
#include <stdio.h>
int main()
{
  int a[5];
  int i;
  printf("为数组a元素逐一赋值: \n");
  for(i=0;i<5;i++)
  {
    scanf_s("%d",&a[i]);
  }
  printf("数组a中的元素为: \n");
  /* 下标法输出数组元素 */
  for(i=0;i<5;i++)
  {
    printf("%-2d",a[i]);
  }
  printf(" \n");
  return 0;
}
```

保存并运行程序，这里依次输入数组 a 元素的值，然后输出数组 a 中的元素，结果如图 11-12

所示。本实例代码中，首先定义 int 型数组 a 以及变量 i，然后通过 for 循环语句对数组 a 中的元素进行逐一赋值。然后再次使用 for 循环语句利用下标法将数组 a 中的元素循环输出。

```
Microsoft Visual Studio 调试控制台
为数组a元素逐一赋值:
7
8
9
5
4
数组a中的元素为:
7 8 9 5 4
```

图 11-12 例 11.11 的程序运行结果

2. 通过数组名计算数组元素的地址

通过数组名计算数组元素的地址是采用*(array+i)或*(pointer+i)形式，用间接访问的方法来访问数组元素，其中，array 是数组名，pointer 是指向数组的指针变量，其初值 pointer=array。

【例 11.12】编写程序，定义一个数组 a，使用数组名计算数组元素的地址，并使用运算符“*”输出数组中元素（源代码\ch11\11.12.txt）。

```
#include <stdio.h>
int main()
{
  int a[5];
  int i;
  printf("为数组 a 元素逐一赋值: \n");
  for(i=0;i<5;i++)
  {
    scanf("%d",&a[i]);
  }
  printf("数组 a 中的元素为: \n");
  /* 使用数组名计算数组元素地址 */
  for(i=0;i<5;i++)
  {
    printf("%-2d",*(a+i));
  }
  printf("\n");
  return 0;
}
```

保存并运行程序，这里依次输入数组 a 元素的值，然后输出数组 a 中的元素，结果如图 11-13 所示。

```
Microsoft Visual Studio 调试控制台
为数组a元素逐一赋值:
8
9
7
5
4
数组a中的元素为:
8 9 7 5 4
```

图 11-13 例 11.12 的程序运行结果

3. 使用指针变量表示法

通过使用指针变量来表示数组元素的地址，然后再通过指针变量可以引用数组元素。

【例 11.13】编写程序，定义一个指针变量，通过指针变量输出数组 a 中的元素（源代码\ch11\11.13.txt）。

```
#include <stdio.h>
int main()
{
  int a[5];
  int *p,i;
  printf("为数组a元素逐一赋值: \n");
  for(i=0;i<5;i++)
  {
    scanf_s("%d",&a[i]);
  }
  printf("数组a中的元素为: \n");
  /* 使用指针变量表示数组元素地址 */
  for(p=a;p<(a+5);p++)
  {
    printf("%-2d",*p);
  }
  printf("\n");
  return 0;
}
```

保存并运行程序,这里依次输入数组 a 元素的值,然后输出数组 a 中的元素,结果如图 11-14 所示。

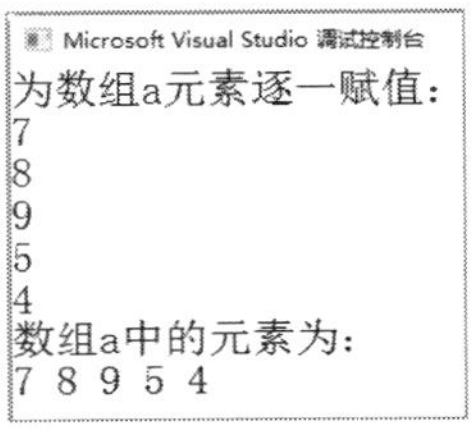

图 11-14 例 11.13 的程序运行结果

通过指针变量引用数组元素需注意以下几个问题:

（1）指针变量可以实现本身的值的改变。如 p++是合法的，而 a++是错误的。因为 a 是数组名，它是数组的首地址，是常量。

（2）由于++和*同优先级，结合方向自右而左，所以*p++等价于*(p++)。

（3）*(p++)与*(++p)作用不同。若 p 的初值为 a，则*(p++)等价 a[0]，*(++p)等价 a[1]。

（4）(*p)++表示 p 所指向的元素值加 1。

（5）如果 p 当前指向 a 数组中的第 i 个元素，则

*(p--)相当于 a[i--]；

*(++p)相当于 a[++i]；

*(--p)相当于 a[--i]。

（6）要注意指针变量的当前值。例如:

```
main(){
int *p,i,a[10];
p=a;
for(i=0;i<10;i++)
*p++=i;
   p=a;
   for(i=0;i<10;i++)
   printf("a[%d]=%d\n",i,*p++);
}
```

从上例可以看出，虽然定义数组时指定它包含 10 个元素，但指针变量可以指到数组以后的

内存单元，系统并不认为非法。而下面的程序就存在错误：

```
main(){
    int *p,i,a[10];
    p=a;
for(i=0;i<10;i++)
    *p++=i;
    for(i=0;i<10;i++)
    printf("a[%d]=%d\n",i,*p++);
}
```

另外，通过使用指针变量来表示数组元素中的地址，还可以以此来对数组中的元素进行赋值和遍历的操作。

【例 11.14】编写程序，定义一个数组 a，一个指针变量 p，将数组 a 的首地址赋予指针变量 p，通过 for 循环为数组 a 赋值并使用指针变量 p 表示数组中的元素地址，最后再通过指针变量输出该数组中的元素（源代码\ch11\11.14.txt）。

```
#include <stdio.h>
int main()
{
    int a[5],i;
    /* 定义指针变量 p 并将数组首地址赋予 p */
    int *p;
    p=a;
    printf("为数组 a 元素逐一赋值: \n");
    for(i=0;i<5;i++)
    {
        scanf_s("%d",p++);
    }
    /* 重新将数组 a 首地址赋予指针变量 p */
    p=a;
    printf("数组中的元素为: \n");
    for(i=0;i<5;i++,p++)
    {
        printf("%-2d",*p);
    }
    printf("\n");
    return 0;
}
```

保存并运行程序，这里依次输入数组 a 元素的值，然后输出数组 a 中的元素，结果如图 11-15 所示。

图 11-15　例 11.14 的程序运行结果

☆**大牛提醒**☆

这一实例中，需要注意的是指针变量必须要和循环变量 i 一起做自增运算，否则每次输出的都是数组 a 中第一个元素。

11.3.3　指向数组的指针变量作为函数参数

C 语言中，可以使用数组名作为函数的参数进行传递。例如：

```
int mian()
{
  int arr[5],a;
  ...
  f(arr,a);
  ...
  return 0;
}
void f(int arr1[],int b)
{
  ...
}
```

其中，arr 为实参数组名，它表示了 arr 数组中首元素的地址；而函数中的形参数组名 arr1 用于接收从实参传递来的数组首元素的地址，实际上，形参在接受数组名时是按照指针变量进行处理的。

所以，上例函数 f()等价于：

```
f(int *arr1,int b)
{
  …
}
```

☆大牛提醒☆

在对一个以数组名或指针变量作为参数的函数进行调用时，形参数组和实参数组是共同占用一段内存的，当改变了形参数组的值，那么在主函数 main()中作为实参传递的值也会一同发生改变。

使用数组名作为函数参数时，形参与实参有以下对应关系：

1. 实参使用数组名表示，形参也使用数组名表示

【例 11.15】编写程序，定义一个数组 a，将数组 a 中的 n 个整数按照相反的顺序进行存放，然后输出新的数组 a（源代码\ch11\11.15.txt）。

```
#include <stdio.h>
/* 声明函数 */
void f();
int main()
{
  int a[6],i;
  printf("请逐一为数组a元素进行赋值: \n");
  for(i=0;i<6;i++)
  {
    scanf_s("%d",&a[i]);
  }
  printf("数组a为: \n");
  for(i=0;i<6;i++)
  {
    printf("%-2d",a[i]);
  }
  printf("\n");
  /* 调用函数 */
  f(a,6);
  printf("将数组a进行反转后为: \n");
  for(i=0;i<6;i++)
  {
    printf("%d  ",a[i]);
```

```
    }
    printf("\n");
    return 0;
}
/* 定义函数 */
void f(int b[],int n)
{
    int temp,i,j,k;
    k=(n-1)/2;
    for(i=0;i<=k;i++)
    {
        j=n-1-i;
        temp=b[i];
        b[i]=b[j];
        b[j]=temp;
    }
}
```

保存并运行程序,这里依次输入数组 a 元素的值,然后输出数组 a 中的元素,结果如图 11-16 所示。

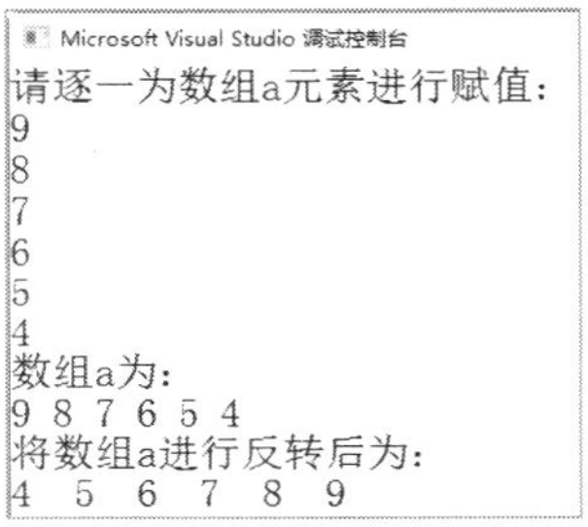

图 11-16　例 11.15 的程序运行结果

2. 实参使用数组名表示,形参使用指针变量表示

【例 11.16】编写程序,对例 11.15 进行改造,使用指针变量来表示形参,输出最后的操作结果(源代码\ch11\11.16.txt)。

```
#include <stdio.h>
/* 声明函数 */
void f();
int main()
{
    int a[6],i;
    printf("请逐一为数组 a 元素进行赋值: \n");
    for(i=0;i<6;i++)
    {
        scanf_s("%d",&a[i]);
    }
    printf("数组 a 为: \n");
    for(i=0;i<6;i++)
    {
        printf("%-2d",a[i]);
    }
    printf("\n");
    /* 调用函数 */
    f(a,6);
    printf("将数组 a 进行反转后为: \n");
    for(i=0;i<6;i++)
    {
        printf("%d  ",a[i]);
```

```
    }
    printf("\n");
    return 0;
}
/* 定义函数 */
void f(int *a,int n)
{
    int temp,k;
    /* 定义指针变量 */
    int *i,*j,*p;
    j=a+n-1;
    k=(n-1)/2;
    p=a+k;
    for(i=a;i<=p;i++,j--)
    {
        /* 使用指针变量交换元素 */
        temp=*i;
        *i=*j;
        *j=temp;
    }
}
```

保存并运行程序，这里依次输入数组 a 元素的值，然后输出数组 a 中的元素，结果如图 11-17 所示。

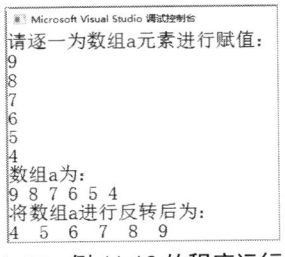

图 11-17　例 11.16 的程序运行结果

3. 实参使用指针变量表示，形参使用数组名表示

【例 11.17】编写程序，对例 11.15 进行改造，使用指针变量表示实参，使用数组名表示形参，输出最后的操作结果（源代码\ch11\11.17.txt）。

```
#include <stdio.h>
/* 声明函数 */
void f();
int main()
{
    /* 定义数组 a 以及指针变量 */
    int a[6],*p;
    /* 将数组 a 首地址赋予 p */
    p=a;
    printf("请逐一为数组 a 元素进行赋值: \n");
    for(p=a;p<a+6;p++)
    {
        scanf_s("%d",p);
    }
    printf("数组 a 为: \n");
    for(p=a;p<a+6;p++)
    {
        printf("%-2d",*p);
    }
    printf("\n");
```

```
    /* 调用函数 */
    p=a;
    f(p,6);
    printf("将数组 a 进行反转后为: \n");
    for(p=a;p<a+6;p++)
    {
        printf("%d  ",*p);
    }
    printf("\n");
    return 0;
}
/* 定义函数 */
void f(int b[],int n)
{
    int temp,i,j,k;
    k=(n-1)/2;
    for(i=0;i<=k;i++)
    {
        j=n-1-i;
        temp=b[i];
        b[i]=b[j];
        b[j]=temp;
    }
}
```

保存并运行程序,这里依次输入数组 a 元素的值,然后输出数组 a 中的元素,结果如图 11-18
所示。

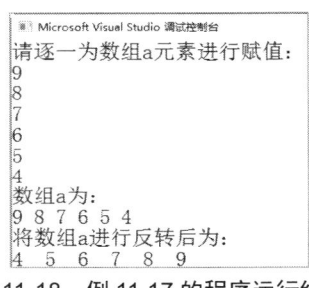

图 11-18　例 11.17 的程序运行结果

4. 实参使用指针变量,形参也使用指针变量

【例 11.18】编写程序,对例 11.16 进行改造,使用指针变量表示实参与形参,输出最后
的操作结果(源代码\ch11\11.18.txt)。

```
#include <stdio.h>
/* 声明函数 */
void f();
int main()
{
    /* 定义数组 a 以及指针变量 */
    int a[6],*p;
    /* 将数组 a 首地址赋予 p */
    p=a;
    printf("请逐一为数组 a 元素进行赋值: \n");
    for(p=a;p<a+6;p++)
    {
        scanf_s("%d",p);
    }
    printf("数组 a 为: \n");
    for(p=a;p<a+6;p++)
```

```
    {
       printf("%-2d",*p);
    }
    printf("\n");
    /* 调用函数 */
    p=a;
    f(p,6);
    printf("将数组a进行反转后为：\n");
    for(p=a;p<a+6;p++)
    {
       printf("%d ",*p);
    }
    printf("\n");
    return 0;
}
/* 定义函数 */
void f(int *a,int n)
{
    int temp,k;
    /* 定义指针变量 */
    int *i,*j,*p;
    j=a+n-1;
    k=(n-1)/2;
    p=a+k;
    for(i=a;i<=p;i++,j--)
    {
        /* 使用指针变量交换元素 */
        temp=*i;
        *i=*j;
        *j=temp;
    }
}
```

保存并运行程序，这里依次输入数组 a 元素的值，然后输出数组 a 中的元素，结果如图 11-19 所示。

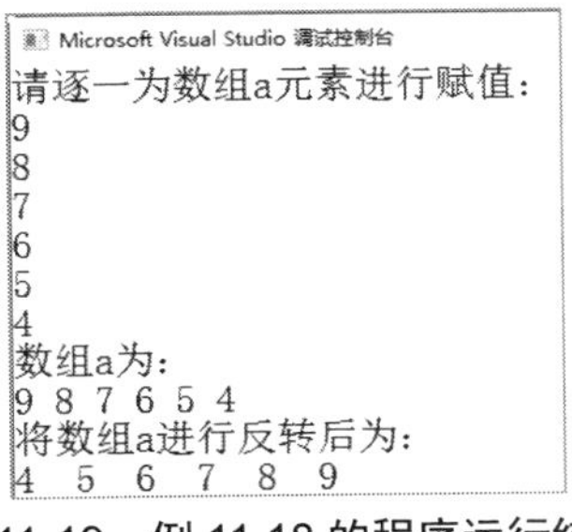

图 11-19　例 11.18 的程序运行结果

11.3.4　通过指针对多维数组进行引用

C 语言中，一维数组中的元素可以通过指针变量来表示，同样，多维数组的元素也可以使用指针变量来表示。

1. 多维数组元素的地址

以二维数组为例，二维数组可以看作是由一维数组组成的。例如：

```
int a[2][3]={{1,2,3},{4,5,6}};
```

此二维数组可以看作是两个一维数组构成的，所以数组 a 有两个元素，分别是一维数组 a[0]

和 a[1]。其中 a[0]包含元素 1、2、3；a[1]包含元素 4、5、6。

那么既然可以将二维数组看作由一维数组组成的，一维数组的数组名又表示该数组的首地址，所以二维数组 a 的表示形式如图 11-20 所示。

使用数组名 a 表示二维数组的首地址时，a 为元素 a[0]的地址，a+1 为元素 a[1]的地址，如图 11-21 所示。

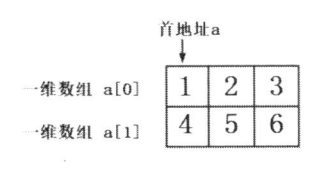

图 11-20　二维数组的表示形式

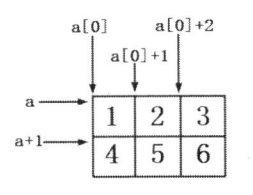

图 11-21　二维数组的地址

使用指针对二维数组进行表示时，*a 为元素 a[0]、*a+1 为元素 a[0]+1···*(a+1)+2 为元素 a[1]+2，如图 11-22 所示。

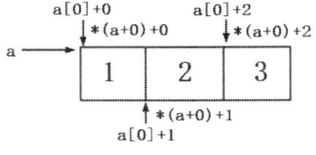

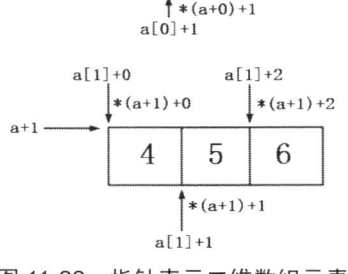

图 11-22　指针表示二维数组元素

因为一维数组中 a[i]等价于*(a+i)，所以在二维数组中 a[i]+j 等价于*(a+i)+j，表示 a[i][j]的地址，而*(a[i]+j)等价于*(*(a+i)+j)，表示二维数组元素 a[i][j]的数据值。

【例 11.19】编写程序，定义一个二维数组 a，使用数组名表示该数组的首地址，通过不同的形式输出相应的数组 a 中相关值（源代码\ch11\11.19.txt）。

```c
#include <stdio.h>
int main()
{
    /* 定义二维数组 a */
    int a[3][4],i,j;
    printf("请输入二维数组 a 的元素: \n");
    for(i=0;i<3;i++)
    {
        for(j=0;j<4;j++)
        {
            scanf_s("%d",&a[i][j]);
        }
    }
    /* 输出数组相应值 */
    printf("%d,%d\n",a,*a);
    printf("%d,%d\n",a[0],*(a+0));
    printf("%d,%d\n",&a[0],&a[0][0]);
```

```
printf("%d,%d\n",a[1],a+1);
printf("%d,%d\n",&a[1][0],*(a+1)+0);
printf("%d,%d\n",a[2],*(a+2));
printf("%d,%d\n",&a[2],a+2);
printf("%d,%d\n",a[1][0],*(*(a+1)+0));
return 0;
}
```

保存并运行程序，这里依次输入数组 a 元素的值，然后输出数组 a 中的元素，结果如图 11-23
所示。

图 11-23　例 11.19 的程序运行结果

2. 指向多维数组元素的指针变量

【例 11.20】编写程序，定义一个二维数组 a 以及一个指针变量 p，将二维数组 a 的首地址
赋予指针变量 p，通过指针变量输出数组 a 中的元素（源代码\ch11\11.20.txt）。

```
#include <stdio.h>
int main()
{
  /* 定义二维数组 a */
  int a[3][4],i,j;
  /* 定义指针变量 p */
  int *p;
  printf("请输入二维数组 a 的元素：\n");
  for(i=0;i<3;i++)
  {
    for(j=0;j<4;j++)
    {
      scanf_s("%d",&a[i][j]);
    }
  }
  /* 输出数组 a 元素值 */
  for(p=a[0];p<a[0]+12;p++)
  {
    printf("%d ",*p);
  }
  printf("\n");
  return 0;
}
```

保存并运行程序，这里依次输入数组 a 元素的值，然后输出数组 a 中的元素，结果如图 11-24
所示。

图 11-24　例 11.20 的程序运行结果

3. 指向由若干元素组成的一维数组的指针变量

C 语言中，可以通过定义一个指针变量，来指向二维数组中包含若干元素的某一行一维数组。它的语法格式如下：

```
数据类型 (*指针名)[一维数组维数];
```

例如：

```
int a[2][3];
int (*p)[3];
```

其中，指针变量 p 指向一个包含有 3 个整型数据的一维数组的首地址，该指针变量为行指针。

【例 11.21】编写程序，定义一个二维数组 a 和一个指针变量，该指针变量指向了二维数组 a 的某一行，并通过指针变量输出数组 a 的元素（源代码\ch11\11.21.txt）。

```c
#include <stdio.h>
int main()
{
    /* 定义二维数组 a */
    int a[3][4],i,j;
    /* 定义指针变量 */
    int (*p)[4];
    /* 将数组 a 的首地址赋予 p */
    p=a;
    printf("请输入数组 a 中元素: \n");
    for(i=0;i<3;i++)
    {
        for(j=0;j<4;j++)
        {
            scanf_s("%d",*(p+i)+j);
        }
    }
    /* 通过指针变量输出 */
    printf("数组 a 中的元素为: \n");
    for(i=0;i<3;i++)
    {
        for(j=0;j<4;j++)
        {
            printf("%d ",*(*(p+i)+j));
        }
        printf("\n");
    }
    printf("\n");
    return 0;
}
```

保存并运行程序,这里依次输入数组 a 元素的值,然后输出数组 a 中的元素,结果如图 11-25 所示。

```
※ Microsoft Visual Studio 调试控制台
请输入数组a中元素:
11 12 13 14
15 16 17 18
19 20 21 22
数组a中的元素为:
11 12 13 14
15 16 17 18
19 20 21 22
```

图 11-25 例 11.21 的程序运行结果

4．指向二维数组的指针作为函数的参数

【例 11.22】编写程序，定义一个二维数组 a，用于存放 3 个学生的 4 门功课成绩，然后定义两个函数 f1() 和 f2()，用于计算平均成绩以及查询第 n 个学生的成绩（源代码\ch11\11.22.txt）。

```c
#include <stdio.h>
/* 声明函数 */
void f1();
void f2();
int main()
{
    /* 定义数组 a */
    float a[3][4];
    int i,j,b;
    printf("请录入学生的成绩: \n");
    for(i=0;i<3;i++)
    {
        for(j=0;j<4;j++)
        {
            scanf_s("%f",&a[i][j]);
        }
    }
    fflush(stdin);
    /* 调用函数 */
    f1(*a,12);
    printf("请输入需要查找的学生编号: \n");
    scanf("%d",&b);
    if(b<1 || b>2)
    {
        printf("输入有误! \n");
        return 0;
    }
    else
    {
        f2(a,b);
    }
    return 0;
}
/* 定义函数 */
void f1(float *p,int n)
{
    float *pe;
    float sum,ave;
    sum=0;
    pe=p+n-1;
    for(;p<=pe;p++)
    {
        sum=sum+(*p);
        ave=sum/n;
    }
    printf("平均成绩为: %.2f\n",ave);
}
void f2(float (*p)[4],int n)
{
    int i;
    printf("%d 号学生的成绩为: \n",n);
    for(i=0;i<4;i++)
    {
        printf("%.2f ",*(*(p+n)+i));
```

```
    }
    printf("\n");
}
```

保存并运行程序，这里依次输入数组 a 元素的值，然后输出数组 a 中的元素，结果如图 11-26 所示。

图 11-26　例 11.22 的程序运行结果

11.4　指针与字符串

微视频

C 语言中，字符串在内存中以数组的形式进行存储，并且字符串数组在内存中占有一段连续的内存空间，最后以\0 来结束。而字符指针则为指向字符串的指针变量，虽然它在定义时并不是以字符数组形式定义，但是内存中依然是以数组形式存放。

11.4.1　字符指针

在 C 语言中，定义一个指向字符串的指针变量，其语法格式如下：
```
char *指针变量= "字符串内容";
```

例如：
```
char *string;
string= "I love C!";
```

☆大牛提醒☆

赋值操作 string= "I love C!";只是将字符串的首地址赋予指针变量 string，而并不是将字符串赋予指针变量 string，而且 string 只能存放一个地址，不能够用于存储一个字符串内容。

C 语言输出字符串可以使用字符串数组实现，也可以使用字符指针。

1. 使用字符数组输出

【例 11.23】编写程序，定义一个字符数组，并进行初始化操作，然后输出该字符串（源代码\ch11\11.23.txt）。

```
#include <stdio.h>
int main()
{
    /* 定义字符数组并初始化 */
    char string[]="Hello World!";
    printf("%s\n",string);
    return 0;
}
```

保存并运行程序，结果如图 11-27 所示。本实例代码中，首先定义一个字符数组 string 并进行初始化操作，然后再通过格式控制符"%s"将该字符数组输出。

图 11-27　例 11.23 的程序运行结果

2. 使用字符指针输出

【例 11.24】编写程序，定义一个字符数组，并进行初始化操作，然后使用字符指针输出该字符串（源代码\ch11\11.24.txt）。

```c
#include <stdio.h>
int main()
{
    /* 定义字符指针 */
    char *string="Hello World!";
    /* 输出字符串 */
    printf("%s\n",string);
    for(;*string!='\0';string++)
    {
        printf("%c",*string);
    }
    printf("\n");
    return 0;
}
```

程序运行结果如图 11-28 所示。

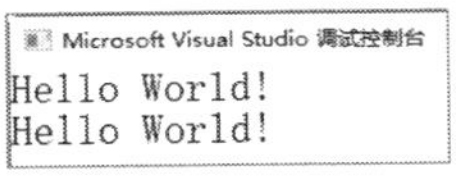

图 11-28　例 11.24 的程序运行结果

11.4.2　使用字符指针做函数参数

　　C 语言中，字符指针同样也能够作为函数的参数进行传递。接下来通过实例演示字符数组与字符指针作为参数传递的方式。

1. 字符数组作函数参数

【例 11.25】编写程序，定义字符数组 a 和字符数组 b 并对它们分别进行初始化操作，定义一个函数 f()，该函数用于将字符数组 a 复制到字符数组 b 中，调用该函数完成复制操作最后输出字符串 a 和 b（源代码\ch11\11.25.txt）。

```c
#include <stdio.h>
/* 声明函数 */
void f();
int main()
{
    /* 定义并初始化字符数组 */
    char a[]="orange";
    char b[]="apple";
    printf("字符串 a 为: %s\n",a);
    printf("字符串 b 为: %s\n",b);
    /* 调用函数 */
    f(a,b);
    printf("字符串 a 为: %s\n",a);
    printf("字符串 b 为: %s\n",b);
```

```
  return 0;
}
/* 定义函数 */
void f(char a1[],char b1[])
{
  int i;
  for(i=0;a1[i]!='\0';i++)
  {
    b1[i]=a1[i];
  }
  b1[i]='\0';
}
```

程序运行结果如图 11-29 所示。

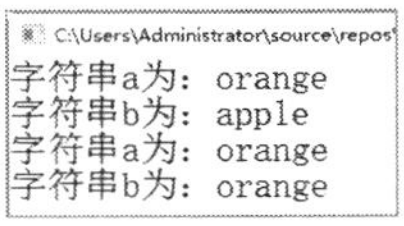

图 11-29　例 11.25 的程序运行结果

2. 字符指针作函数参数

【例 11.26】编写程序，定义 3 个字符数组 a、b 以及 c，然后初始化字符数组 a 和 b，将字符数组 b 复制到字符数组 c，然后再将字符数组 a 连接到字符数组 c 之后，最后输出字符数组 a、b 以及 c（源代码\ch11\11.26.txt）。

```
#include <stdio.h>
/* 声明函数 */
void f1();
void f2();
int main()
{
  /* 定义字符数组 */
  char a[]="orange";
  char b[]="apple";
  char c[15];
  /* 定义字符指针 */
  char *p1,*p2,*p;
  /* 将字符数组 a 和 b 首地址赋予字符指针 */
  p1=a;
  p2=b;
  p=c;
  /* 调用函数 */
  f1(p2,p);
  f2(p1,p);
  printf("字符串 a 为: %s\n",a);
  printf("字符串 b 为: %s\n",b);
  printf("字符串 c 为: %s\n",c);
  return 0;
}
/* 定义函数 */
void f1(char *b1,char *c1)
{
  for(;*b1!='\0';b1++,c1++)
  {
    *c1=*b1;
  }
  *c1=' ';
}
void f2(char *a1,char *c1)
```

```
{
    /* 指向末尾 */
    c1+=6;
    /* 将字符数组 a 连接到 c 后 */
    for(;*a1!='\0';a1++,c1++)
    {
        *c1=*a1;
    }
    *c1='\0';
}
```

程序运行结果如图 11-30 所示。

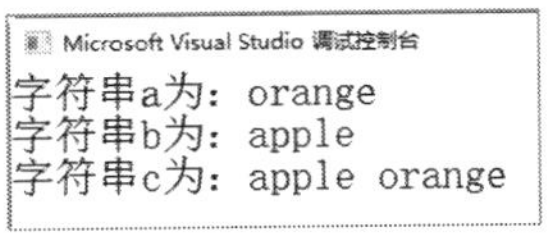

11.4.3　字符数组与字符指针变量的区别

C 语言中，字符数组与字符指针变量在使用中有很大的
区别。

图 11-30　例 11.26 的程序运行结果

1. 存储方式不同

字符数组由若干个元素组成，每个元素中存放了一个字符；而字符指针变量中存放的则是字符串中的第 1 个字符的地址，而并非是将整个字符串存放于字符指针变量中。

例如：

```
char a[]="apple";
char *b="apple";
```

其中数组 a 存放的是字符串中的字符与"\0"，而指针变量 b 中存放的则是字符串的首地址。

2. 赋值方式不同

字符数组在复制的时候只能对其中每个元素分别进行赋值，而不能直接将字符串赋值给字符数组。

例如：

```
char a[10],b[]="pen";
a="apple";
a[10]="apple";
```

其中 b[]="pen";为初始化，合法，而 a="apple";和 a[10]="apple";不合法，不能使用赋值语句进行赋值。

字符指针变量可以使用赋值语句进行赋值。

例如：

```
char *p;
p="apple";
```

3. 初始化不同

字符数组在定义时可以直接初始化其字符串的内容，但是在定义过后再初始化则不能直接将字符串的内容赋予字符数组。

例如：

```
/* 合法 */
char a[]="apple";
/* 不合法 */
char a[10];
a[]="apple";
```

字符指针变量在定义时初始化和定义过后再赋初值都是合法的。

例如：
```
char *a="apple";
```
等价于：
```
char *a;
a="apple";
```

4. 存储单元不同

C 语言中，定义一个字符数组时编译器会为该数组分配一片连续的存储单元；而定义一个字符指针变量时，只会给该指针变量分配一个存储单元。

5. 指针变量的指向可以进行改变

在使用字符指针变量时，可以对指针变量进行加减运算，使得指针变量的指向发生改变，从而指向其他字符元素。

例如：
```
int main()
{
    char *a;
    a="apple pen";
    a+=6;
    printf("%s",a);
    return 0;
}
```

运行后输出的结果为 pen，通过增加偏移量来使得指针变量指向发生改变，从而输出以指向元素为起始地址的字符串。

6. "再赋值" 不相同

字符数组字符串中的字符可以通过再赋值来进行改变，而字符指针变量所指向的字符串中的字符不可进行再赋值。例如：
```
char a[]="apple";
char *b="pen";
/* 合法 字符 p 被字符 b 取代 */
a[2]='b';
/* 不合法 不能进行赋值 */
b[1]='b';
```

11.5　指针数组和多重指针

微视频

本节是指针的进阶内容，在本节中将对指针数组与多重指针进行详细讲解。

11.5.1　指针数组

在 C 语言中，若一个数组中的元素均由指针类型的数据所组成，那么这个数组被称为指针数组，指针数组中的每一个元素都是一个指针变量。

以一维数组为例，指针数组的语法格式如下：
```
数据类型 *数组名[数组长度];
```
例如：
```
int *p[3];
```

【例 11.27】编写程序，定义一个指针数组，对指针数组进行初始化和赋值操作，最后输出指针数组（源代码\ch11\11.27.txt）。

```
#include <stdio.h>
int main()
{
    /* 定义指针数组 */
    char *p1[5];
    /* 指针数组初始化 */
    char *p2[]={"Hello"," ","World"," ","!"};
    /* 指针数组赋值 */
    int i;
    char str1[] = "Tom";
    char str2[] = "Rose";
    char str3[] = "Sum";
    char str4[] = "Jake";
    char str5[] = "Ally";
    p1[0] = str1;
    p1[1] = str2;
    p1[2] = str3;
    p1[3] = str4;
    p1[4] = str5;
    /* 输出指针数组 */
    for (i=0;i<5;i++)
    {
        printf("p1[%d] = %s\n",i,p1[i]);
    }
    printf("\n");
    for (i=0;i<5;i++)
    {
        printf("%s",p2[i]);
    }
    printf("\n");
    return 0;
}
```

程序运行结果如图 11-31 所示。

```
Microsoft Visual Studio 调试控制台
p1[0] = Tom
p1[1] = Rose
p1[2] = Sum
p1[3] = Jake
p1[4] = Ally

Hello World ！
```

图 11-31　例 11.27 的程序运行结果

11.5.2　指向指针的指针

C 语言中，有一种特殊指针，这种指针指向了指针数据的指针，类似这种形式的指针可以称为多重指针。指向指正数据的指针变量的定义语法如下：

```
数据类型 **指针变量;
```

例如：

```
int **a;
```

在指针变量 a 的前面有两个*号，因为*运算符的结合性是从右到左的，所以**a 等价于*(*a)，这样一来，就可以很清楚地看出*a 是一个指针变量的定义格式，它是指向一个整型数据的指针变量，那么在前面又加上一个*，就表示指针变量 a 也是指向另一个整型数据的指针变量。

为了更清晰地理解多重指针，引入一级指针和二级指针的概念：

（1）一级指针就是之前常用的指针变量，在该指针变量中存放目标变量的地址。

例如：

```
int *a;
int b=3;
a=&b;
*a=3;
```

指针变量 a 中存放了变量 b 的地址，*a 的值就是变量 b 的值，a 就属于一级指针，如图 11-32 所示。

（2）二级指针是说指针变量中存放的是一级指针变量的地址，也就是指针的指针。二级指针需要通过一级指针作为桥梁来间接地指向目标变量。

例如：

```
int *a;
int **b;
int c=2;
a=&c;
b=&a;
**b=2;
```

其中二级指针 b 指向了一级指针 a，而一级指针中又存放了变量 c 的地址，所以**b 的值即为变量 b 的值，如图 11-33 所示。

图 11-32　一级指针　　　　　　　　　图 11-33　二级指针

注意：二级指针不能使用变量的地址对其进行赋值。

【例 11.28】编写程序，定义一个函数 fun()，使用一级指针变量作为函数参数进行传递，在函数 fun()中对形参进行交换，输出并观察主函数 main()中实参的值是否发生改变（源代码\ch11\11.28.txt）。

```c
#include <stdio.h>
/* 声明函数 */
void fun();
int main()
{
    /* 定义一级指针变量 */
    int *p1,*p2;
    int a,b;
    /* 将变量地址赋予指针 */
    p1=&a;
    p2=&b;
    printf("请输出需要交换的两个整数: \n");
    scanf_s("%d%d",p1,p2);
    /* 调用函数 */
    fun(p1,p2);
    printf("a=%d\nb=%d\n",*p1,*p2);
    return ;
}
/* 定义函数 */
void fun(int *q1,int *q2)
{
```

```
  int *temp;
  temp=q1;
  q1=q2;
  q2=temp;
}
```

程序运行结果如图 11-34 所示。

Microsoft Visual Studio 调试控制台
请输出需要交换的两个整数：
100 260
a=100
b=260

图 11-34　例 11.28 的程序运行结果

【例 11.29】编写程序，使用二级指针作为函数 fun() 的形参，在函数中对一级指针的地址进行交换，输出并观察主函数 main() 中实参的值是否发生改变（源代码\ch11\11.29.txt）。

```
#include <stdio.h>
/* 声明函数 */
void fun();
int main()
{
  /* 定义一级指针变量 */
  int *p1,*p2;
  int a,b;
  /* 将变量地址赋予指针 */
  p1=&a;
  p2=&b;
  printf("请输出需要交换的两个整数：\n");
  scanf_s("%d%d",p1,p2);
  /* 调用函数 */
  fun(p1,p2);
  printf("a=%d\nb=%d\n",*p1,*p2);
  return ;
}
/* 定义函数 使用二级指针作为形参 */
void fun(int **q1,int **q2)
{
  int *temp;
  temp=*q1;
  *q1=*q2;
  *q2=temp;
}
```

程序运行结果如图 11-35 所示。

Microsoft Visual Studio 调试控制台
请输出需要交换的两个整数：
100 260
a=260
b=100

图 11-35　例 11.29 的程序运行结果

11.6　新手疑难问题解答

问题 1： 什么是指向函数的指针？

解答： 指向函数的指针是指向函数的指针变量。所以"函数指针"本身首先应是指针变量，只不过该指针变量的指向是函数。这就好比使用指针变量可指向整型变量、字符型、数组一样，只不过这里是指向函数。

问题 2：指针数组和数组指针有什么区别？

解答：指针数组可以说成是"指针的数组"，首先这个变量是一个数组。其次，"指针"修饰这个数组，意思是说这个数组的所有元素都是指针类型。在 32 位系统中，指针占四字节。

数组指针表示的是这是个指向数组的指针，那么该指针变量存储的地址就必须是数组的首地址，得是个指向行的地址，如 a[2][3]数组中的 a，a+1 等，不能是具体的指向列的地址，如 &a[0][1], &a[1][1]这类地址。

11.7 实战训练

实战 1：通过二级指针输出数组中的元素。

编写程序，定义一个一维数组 a 以及一个指针数组 b，通过输入端为一维数组 a 的元素进行赋值，然后将数组 a 中的地址赋予指针数组 b 中元素指针，接着通过二级指针将数组 a 中元素输出，程序运行结果如图 11-36 所示。

图 11-36 实战 1 的程序运行结果

实战 2：通过定义指针，遍历数组，并输出数组中的元素。

编写程序，定义一个字符型数组 a 并进行初始化操作，然后通过多种方式遍历出数组元素。程序运行结果如图 11-37 所示。

图 11-37 实战 2 的程序运行结果

实战 3：定义两个数组，找出数组中第一个相同的元素。

编写程序，定义指针函数 fun()，通过对指针的操作，找出数组 str1 和 str2 里第一个相同的元素。程序运行结果如图 11-38 所示。

图 11-38 实战 3 的程序运行结果

第 12 章

结构体、共用体和枚举

本章内容提要

在对一个复杂程序进行开发时，简单的变量类型有时候可能不能够满足该程序中各种复杂数据的需求，所以 C 语言专门提供了一种可以由用户进行自定义数据类型，并存储不同类型的数据项的一种构造数据类型，即结构体与共同体。本章就来介绍结构体、共用体以及枚举的应用。

12.1   结构体概述

在 C 语言中，可以定义结构体类型，将多个相关的变量包装成为一个整体来使用。在结构体中的变量，可以是相同、部分相同或完全不同的数据类型。

12.1.1   结构体的概念

生活中存在的大部分对象具有不同的属性，需要用不同的数据类型描述。例如，一个公司的员工信息包括工号、姓名、性别、年龄、工资等。这些属性都是有联系的，因为它们属于同一个员工。为了能够表示同一个对象的多种属性，C 语言给出了另一种构造数据类型——结构体。利用结构体能够将不同类型的数据组合在一起，来描述上述具有不同属性的对象，从而解决实际问题。

结构体是指将类型不同的多个数据项捆绑在一起构成一个有机整体的用户自定义数据类型。结构体是由若干个成员组成的一种构造类型，每个成员可以是一个基本数据类型或一个构造类型。与变量相似，结构体也是先进行定义，然后再使用。

12.1.2   结构体类型的定义

结构体属于一种构造类型，由若干成员组成，其中的成员可以为基本数据类型，也可以是另一个构造类型。

使用结构体前，首先需要对结构体进行定义，定义一个结构体的语法格式如下：

```
struct 标识符
{
    数据类型 成员1;
```

微视频

```
    数据类型 成员 2;
    …
    数据类型 成员 n;
};
```

主要参数说明如下：

（1）struct 是定义结构体类型时必须使用的关键字，不能省略。

（2）标识符是对这个结构体的命名，称为结构体名（新的数据类型名），由用户自己定义，它可以默认，那样得到的就是无名结构体。

（3）花括号为结构体成员列表限定符，表示位于其中的皆为所定义结构体的成员。结构体中的每个成员必须分别进行定义，定义方法和定义一般变量类型。

（4）花括号后的分号表示结构体定义的结束，不能省略。

（5）结构体类型的位置，可以在函数的内部，也可以在函数的外部。在函数内部定义的结构体类型，只能在函数内部使用；在函数外部定义的结构体类型，其有效范围是从定义处开始的，一直到源文件结束。

例如，定义一个学生相关的结构体，其中包括学号、姓名、性别、年龄、成绩、等级等一系列属性，如表 12-1 所示。

表 12-1 学生信息表

学 号	姓 名	性 别	年 龄	成 绩	等 级
19230102	天青	男	19	92.5	A

以上信息显示结构类型当中的每个成员属于基本类型中的一种，它们中间的某些成员还可以是结构体类型。例如，学生信息中的一个成员可以是结构体，如成绩中可以包含 C 语言成绩、高等数学成绩、英语成绩等，这三个量可以放在一个单独的结构中。如：

```
struct score
{
    float c;
    float math;
    float english
}
```

那么学生信息表的结构就会发生改变，如表 12-2 所示。

表 12-2 学生信息表

学 号	姓 名	性 别	年 龄	成 绩	等 级
19230102	天青	男	19	92.5 98 89	A

那么根据表 12-2 所示的学生信息，可以构建如下结构类型，定义如下：

```
struct student
{
    char num[11];
    char name[20];
    char sex[4];
    int age;
    struct score score1;
    char grade;
};
```

这里 struct student 表示定义了一个结构体，其名称为 student，该结构体包含 6 个成员，它和基本数据类型具有同样地地位和作用，都可以用来定义变量，只是结构体类型需要用户根据实际情况自行指定。

☆**大牛提醒**☆

在定义结构体时，花括号外面要添加 ";"，这不同于一般的语句块。

在定义结构体时，需要注意以下两点：

（1）定义结构体成员时，成员名称可以与其他已经定义的变量名相同，并且两个结构体中的成员名也可以相同，因为它们属于不同的结构体，之间不存在冲突。

（2）若是一个结构体定义在了函数的内部，那么该结构体的使用范围仅限于该函数；若是结构体定义在函数的外部，那么该结构体的使用范围为整个程序。

12.1.3 结构体变量的定义

结构体类型定义好后，可以像 C 语言中提供的基本数据类型一样使用，即可以用它来定义变量、数组等，称为结构体变量或结构体数组，系统会为该变量或数组分配相应的存储空间。

结构体变量的定义有 3 种方式：

1. 先声明类型再定义变量

一般格式如下：

```
struct 结构体名
{
    数据类型 成员1;
    数据类型 成员2;
    …
    数据类型 成员n;
}
struct 结构体名 变量名1,变量名2,…,变量名n;
```

例如：

```
struct student               /*定义 student 结构体类型*/
{
    char no[8];
    char name[8];
    float eng;
    float math;
    float ave ;
};
struct  student s1,s2;        /*将 s1, s2 定义为 student 结构体类型*/
```

以上程序段 struct student 为结构体类型名，student 为结构体名，s1、s2 为结构体变量名。

2. 在声明类型的同时定义变量

一般格式如下：

```
struct 结构体名
{
    数据类型 成员1;
    数据类型 成员2;
    …
    数据类型 成员n;
}
变量名表;
```

例如：

```
struct student               /*定义 student 结构体类型*/
```

```
{
  char no[8];
  char name[8];
  float eng;
  float math;
  float ave ;
}s1,s2;                  /*将 s1, s2 定义为 student 结构体类型*/
```

☆**大牛提醒**☆

这种格式与第一种格式相比较，特别要注意最后一个分号的正确位置。

3. 直接定义结构体变量

一般格式如下：

```
struct
{
数据类型  成员 1;
数据类型  成员 2;
数据类型  成员 3;
…
数据类型  成员 n;
}变量名表;
```

例如：

```
struct                    /*定义结构体类型，类型名省略*/
{
  char no[8];
  char name[8];
  float eng;
  float math;
  float ave ;
}s1,s2;                  /*将 s1, s2 定义为 student 结构体类型*/
```

一旦定义了结构体变量，系统会为每个变量分配相应的内存，内存的大小由声明的结构体决定。结构体所占的内存字节数的多少，不仅与所定义的结构体类型有关，同时还跟计算机的系统有关，通常可以通过前面所学的 sizeof 运算符测出结构体在内存中所占的字节数。

☆**大牛提醒**☆

结构体类型和结构体类型变量是不同的概念：结构体类型是一种数据类型，系统不为其分配存储空间；结构体类型变量才是实在的变量，系统为其分配存储空间，可以进行赋值、存取或运算。

12.1.4　结构体变量的初始化

与初始化数组的操作相似，结构体变量的初始化是在定义结构体变量的同时，对结构体的成员进行逐一赋值操作，语法如下：

```
struct 结构体名称
{
  数据类型 成员 1;
  数据类型 成员 2;
  …
  数据类型 成员 n;
}变量名={初值 1,初值 2,…,初值 n};
```

其中，每个变量的初始值使用花括号括起来，相互之间使用逗号进行分隔。

例如：

```
struct student
```

```
{
    char name[20];
    char sex;
    int age;
    char sid[10];
    float score;
} stu1={"li', 'f',20, "2020011023",98},stu2,stu3;
```

表示在定义结构体的同时对变量 stu1 的成员进行初始化：该学生姓名为 li，性别为 f，年龄
20，学号为 2020011023，成绩为 98。

☆**大牛提醒**☆

在赋值的过程中，要特别注意字符和字符串的区别，这是初学者容易出错的地方。

12.1.5　结构体变量成员的引用

对结构体变量的引用一般语法如下：

```
结构体变量名.成员名
```

其中"."属于高级运算符，用于将结构体变量名与其成员进行连接，例如：

```
stu1.name="lili";
stu2.sex='f';
```

表示对结构体变量 stu1 的成员姓名和性别进行赋值操作。

若是结构体成员也属于一个结构体类型，那么就要使用两级"."进行连接访问，例如，有
如下结构体：

```
struct person
{
    char name[20];
    char sex;
    int age;
};
struct Books
{
    char title[50];
    char subject[100];
    int book_id;
    struct person author;
}book1;
```

那么对结构体变量 book1 的成员信者信息，进行访问可以写为：

```
book1.author.name= "lili";
book1.author.sex= 'f';
book1.author.age=21;
```

表示对结构体变量 book1 中的作者信息进行赋值操作。

结构体变量同普通变量一样，可以进行相应的赋值以及运算操作，例如：

```
stu1.score=stu1.score+5;
struct student stu1={"lili",'m',21, "2017011023",90};
stu2=stu1;
```

其中第一句表示将学生 1 的成绩加 5 分，第二三句表示将学生 1 的信息"复制"到学生 2 上，
也就是将结构体变量 stu1 中的成员逐一赋值给结构体变量 stu2 中的成员。

同时，C 语言也允许对结构体变量的成员地址进行引用，例如：

```
scanf_s("%f",&stu1.score);
scanf_s("%s",&stu1,name);
```

表示通过输入端输入结构体变量 stu1 的成员成绩以及姓名的值。

【例 12.1】编写程序，定义一个结构体类型，并使用该结构体定义两个结构体变量，然后使用初始化的方式为其成员赋值，最后输出两个结构体变量的成员（源代码\ch12\12.1.txt）。

```
#include <stdio.h>
#include <string.h>
struct Students
{
    char  name[50];
    char  sex[10];
    char  address[100];
    int   tel_id;
};
int main()
{
    struct Students Stu1;         /* 声明 Stu1, 类型为 Students */
    struct Students Stu2;         /* 声明 Stu2, 类型为 Students */
    /* Stu1 详述 */
    strcpy_s(Stu1.name, sizeof(Stu1.name),"李雪");
    strcpy_s(Stu1.sex, sizeof(Stu1.sex), "女");
    strcpy_s(Stu1.address, sizeof(Stu1.address), "天津市");
    Stu1.tel_id =1305678;
    /* Stu2 详述 */
    strcpy_s(Stu2.name, sizeof(Stu2.name), "张艳");
    strcpy_s(Stu2.sex, sizeof(Stu2.sex), "女");
    strcpy_s(Stu2.address, sizeof(Stu2.address), "北京市");
    Stu2.tel_id =1315678;
    /* 输出 Stu1 信息 */
    printf("Stu 1 name : %s\n", Stu1.name);
    printf("Stu 1 sex : %s\n", Stu1.sex);
    printf("Stu 1 address : %s\n", Stu1.address);
    printf("Stu 1 tel_id : %d\n", Stu1.tel_id);
    /* 输出 Stu2 信息 */
    printf("Stu 2 name: %s\n", Stu2.name);
    printf("Stu 2 sex : %s\n", Stu2.sex);
    printf("Stu 2 address : %s\n", Stu2.address);
    printf("Stu 2 tel_id : %d\n", Stu2.tel_id);

    return 0;
}
```

程序运行结果如图 12-1 所示。在代码中，首先定义一个结构体 Students，然后初始化结构体变量 Stu1 和 Stu2，接着在主函数 main()中输出 Stu1 和 Stu2 成员的值。

```
※ Microsoft Visual Studio 调试控制台
Stu 1 name : 李雪
Stu 1 sex : 女
Stu 1 address : 天津市
Stu 1 tel_id : 1305678
Stu 2 name: 张艳
Stu 2 sex : 女
Stu 2 address : 北京市
Stu 2 tel_id : 1315678
```

图 12-1 例 12.1 的程序运行结果

12.2 结构体数组

微视频

一个结构体变量，只能存储一个对象的相关信息，如果需要存储多个对象的信息，那么就要用到结构体数组了。

12.2.1　结构体数组的定义

定义结构体数组与定义结构体变量的方法相似，有 3 种方法，只需将结构体变量换成数组即可。

1. 先定义结构体类型，然后用结构体类型名定义结构体数组

定义一个结构体数组的语法如下：

```
struct 结构体名称 数组名[数组长度];
```

例如，有以下结构体：

```
struct student
{
  char name[20];
  char sex;
  int age;
  char sid[10];
  float score;
};
struct student stu[10];
```

表示定义了一个有关学生信息的结构体数组，其中包含了 10 个学生的基本信息。

2. 定义结构体类型名的同时定义结构体数组

例如：

```
struct student
{
  char name[20];
  char sex;
  int age;
  char sid[10];
  float score;
}stu[10];
```

3. 省略结构体名，直接定义结构体数组

例如：

```
struct
{
  char name[20];
  char sex;
  int age;
  char sid[10];
  float score;
}stu[10];
```

结构体数组在定义完成后，系统就会为其分配内存空间，以 stu[10]为例，如图 12-2 所示。

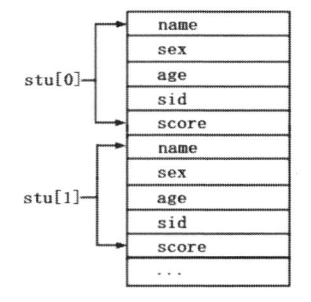

图 12-2　结构体数组在内存中的存放

12.2.2　结构体数组的初始化

与其他类型的数组一样，对结构体数组可以初始化，初始化结构体数组的语法格式如下：

```
struct 结构体名称
{
    数据类型 成员1;
    数据类型 成员2;
    …
    数据类型 成员n;
}数组名={初值列表};
```

例如：

```
struct student
{
  char name[20];
  char sex;
  int age;
  char sid[10];
  float score;
}stu[3]={{"zhangsan",'m',21,"2020011001",90},
    {"lisi",'f',22,"2020011002",91},
    {"wangwu",'m',21,"2020011003",95}};
```

表示定义长度为 3 的结构体数组 stu，并对该结构体数组进行初始化，每个元素为结构体类型，分别使用花括号括起来，每个元素之间使用逗号分隔。

同数组的初始化相同，结构体数组初始化时，可以不必指定数组长度，C 语言编译器会自动计算出其元素的个数，所以上述结构体数组的初始化可以写为：

```
stu[]={{…},{…},{…}};
```

对结构体数组进行初始化操作时，也可以先定义结构体，再进行结构体数组的初始化，例如：

```
struct student
{
  char name[20];
  char sex;
  int age;
  char sid[10];
  float score;
};
…
struct student stu[3]={{"zhangsan",'m',21,"2020011001",90},
            {"lisi",'f',22,"2020011002",91},
            {"wangwu",'m',21,"2020011003",95}};
```

12.2.3　结构体数组的引用

一个结构体数组元素相当于一个结构体变量，引用结构体变量的规则同样适用于结构体数组元素。元素成员的访问通过数组元素的下标来实现，对结构体数组中元素成员的访问可采用如下格式。

```
结构体数组名[数组下标].结构体成员名
```

其中，数组下标取值范围与普通数组的下标取值范围相同，若 n 为数组长度，则取值范围为 0～n-1。

【例 12.2】编写程序，定义一个结构体数组并初始化，然后输出该结构体数组的元素（源代码\ch12\12.2.txt）。

```c
#include <stdio.h>
/* 定义结构体 */
struct student
{
    char name[20];
    char sex;
    int age;
    char sid[10];
    float score;
};
int main()
{
    /* 定义结构体数组并初始化 */
    struct student stu[3]={{"zhao",'m',21,"202001101",90},
                {"lisi",'f',22,"202001102",91},
                {"wang",'m',21,"202001103",95}};
    int i;
    printf("姓名\t\t 性别\t 年龄\t 学号\t\t 成绩\n");
    for(i=0;i<3;i++)
    {
        printf("%s\t\t%c\t%d\t%s\t%.2f\t\n",stu[i].name,stu[i].sex,stu[i].age,stu[i].sid,stu[i].score);
    }
    return 0;
}
```

程序运行结果如图 12-3 所示。本例代码中首先定义了结构体 student，接着在主函数 main() 中，定义一个长度为 3 的结构体数组 stu，并对该数组进行初始化操作，最后通过 for 循环，对结构体数组中的元素进行引用，输出每个元素中成员的值。

姓名	性别	年龄	学号	成绩
zhao	m	21	202001101	90.00
lisi	f	22	202001102	91.00
wang	m	21	202001103	95.00

图 12-3　例 12.2 的程序运行结果

12.3　结构体与函数

与普通变量一样，结构体变量也可以作为函数参数，用于在函数之间传递数据。

12.3.1　结构体变量作为函数参数

C 语言中，可以使用结构体变量作为函数的参数进行传递。这是以"值传递"的方式，将结构体变量所占的内存单元的全部内容按顺序，逐个传递形参。

☆大牛提醒☆

使用结构体变量作为函数参数传递属于值传递，改变函数体内变量成员的值不会对主调函数中的变量造成影响。

【例 12.3】编写程序，定义一个结构体变量 student，然后在主函数 main() 中对结构体变量 stu 赋值，最后输出结果（源代码\ch12\12.3.txt）。

```c
#include <stdio.h>
```

```
/* 定义结构体 */
struct student
{
    char name[20];
    char sex;
    int age;
    char sid[10];
    float score;
};
/* 声明函数 */
void f();
int main()
{
    /* 定义结构体变量并初始化 */
    struct student stu={"zhao",'m',21,"202001101",90};
    /* 调用函数 */
    f(stu);
    return 0;
}
/* 定义函数 */
void f(struct student stu)
{
    printf("学生信息: \n");
    printf("姓名: %s\n",stu.name);
    printf("性别: %c\n",stu.sex);
    printf("年龄: %d\n",stu.age);
    printf("学号: %s\n",stu.sid);
    printf("成绩: %.2f\n",stu.score);
}
```

程序运行结果如图 12-4 所示。

```
※ Microsoft Visual Studio 调试控制台
学生信息:
姓名: zhao
性别: m
年龄: 21
学号: 202001101
成绩: 90.00
```

图 12-4　例 12.3 的程序运行结果

☆**大牛提醒**☆

　　使用结构体变量作为函数参数传递时，调用函数会为形参也开辟内存空间，所以开销比较大。

12.3.2　结构体变量的成员作为函数参数

　　结构体变量的成员作为函数参数与普通变量作为实参一样，应遵循实参向形参单向值传递的原则，应当注意实参和形参的类型要保存一致。

　　【例 12.4】编写程序，找出学号为 202001 的学生信息，并将其年龄输出（源代码\ch12\12.4.txt）。

```
#include <stdio.h>
#include <string.h>
#define N 3
void print(int age)
{
    printf("年龄:%d\n", age);
```

```
}
void main()
{
    struct student
    {
        char num[20];
        char name[20];
        char sex;
        int age;
    }stu[N]
{ { "202001","zhao","M",19},{ "202002","lijia","F",19},{ "202003","wang","M",19} };
    int i;
    for (i = 0;i < N; i++)
        if (strcmp(stu[i].num, "202001") == 0)
        print(stu[i].age);
}
```

程序运行结果如图 12-5 所示。

图 12-5　例 12.4 的程序运行结果

12.3.3　结构体变量作为函数返回值

结构体变量也可以作为函数的返回值，在定义函数 shi2，需要说明返回值的类型为响应的结构体类型即可。

【例 12.5】编写程序，给出圆的半径，计算圆的周长和面积，要求在自定义函数中用结构体变量返回多个值（源代码\ch12\12.5.txt）。

```
#include <stdio.h>
#define PI 3.14
/* 定义结构体 */
struct Round
{
    double l;
    double s;
};
/* 声明函数 */
struct Round f();
int main()
{
    double r;
    /* 定义结构体变量 */
    struct Round round;
    printf("请输入圆的半径: \n");
    scanf_s("%lf",&r);
    /* 调用函数 */
    round=f(r);
    printf("圆的周长为: %.2lf\n",round.l);
    printf("圆的面积为: %.2lf\n",round.s);
    return 0;
}
/* 定义函数 */
struct Round f(double r)
{
    /* 定义结构体变量 */
    struct Round rou;
    rou.l=2*PI*r;
    rou.s=PI*r*r;
```

```
        return rou;
    }
```

程序运行结果如图 12-6 所示。本实例代码中，首先定义结构体 Round，并声明函数 f()，该函数类型为结构体类型，实现对圆的周长以及面积的求解，并返回一个结构体类型的变量 rou。

```
Microsoft Visual Studio 调试控制台
请输入圆的半径：
10
圆的周长为：62.80
圆的面积为：314.00
```

图 12-6　例 12.5 的程序运行结果

12.4　结构体与指针

微视频

C 语言中，指针变量可以指向基本类型的变量以及数组在内存的起始地址，同样地，也可以使用指针变量指向结构体类型的变量以及数组。

12.4.1　指向结构体变量的指针

在使用结构体变量的指针之前，首先要对结构体指针变量进行定义，其定义语法如下：

```
struct 结构体名称 *指针变量;
```

例如：

```
struct student *p;
```

表示定义了一个指向 struct student 结构体类型的指针变量 p。

使用结构体变量的指针对结构体中的成员进行访问可以使用两种方式。

1. 通过 "." 运算符访问

使用 "." 运算符可以对结构体成员进行引用，其语法格式如下：

```
(*指针变量).结构体成员
```

例如：

```
(*p).name= "lili";
```

表示引用结构体成员 name，并对该成员进行赋值操作。

☆大牛提醒☆

由于 "." 运算符的优先级最高，所以必须要在*p 的外面使用括号。

【例 12.6】编写程序，定义一个指向结构体变量的指针，使用该指针以及.运算符对结构体成员进行访问（源代码\ch12\12.6.txt）。

```
#include <stdio.h>
/* 定义结构体 */
struct student
{
  char name[20];
  char sex;
  int age;
  char sid[10];
  float score;
};
int main()
{
```

```
    /* 定义结构体变量并初始化 */
    struct student stu={"zhao",'m',21,"202001",90};
    /* 定义结构体类型指针 */
    struct student *p;
    /* 将结构体变量首地址赋予指针 */
    p=&stu;
    /* 通过结构体变量指针访问成员 */
    printf("姓名: %s\n",(*p).name);
    printf("性别: %c\n",(*p).sex);
    printf("年龄: %d\n",(*p).age);
    printf("学号: %s\n",(*p).sid);
    printf("成绩: %.2f\n",(*p).score);
    return 0;
}
```

程序运行结果如图 12-7 所示。

```
Microsoft Visual Studio 调试控制台
姓名: zhao
性别: m
年龄: 21
学号: 202001
成绩: 90.00
```

图 12-7　例 12.6 的程序运行结果

注意： 在使用结构体指针对结构体变量成员进行访问前，首先要对结构体指针变量进行初始化，也就是将结构体变量的首地址赋予该指针变量。

2. 通过->运算符访问

使用->运算符对结构体成员进行访问，其语法格式如下：

```
指针变量->结构体成员
```

例如：

```
p->name= "lili";
```

表示引用结构体成员 name，并对该成员进行赋值操作。

【例 12.7】 编写程序，定义一个指向结构体变量的指针，使用该指针以及->运算符对结构体成员进行访问（源代码\ch12\12.7.txt）。

```
#include <stdio.h>
/* 定义结构体 */
struct student
{
    char name[20];
    char sex;
    int age;
    char sid[10];
    float score;
};
int main()
{
    /* 定义结构体变量并初始化 */
    struct student stu={"zhao",'m',21,"202001",90};
    /* 定义结构体类型指针 */
    struct student *p;
    /* 将结构体变量首地址赋予指针 */
    p=&stu;
    /* 通过结构体变量指针访问成员 */
    printf("姓名: %s\n",p->name);
    printf("性别: %c\n",p->sex);
```

```
    printf("年龄: %d\n",p->age);
    printf("学号: %s\n",p->sid);
    printf("成绩: %.2f\n",p->score);
    return 0;
}
```

程序运行结果如图 12-8 所示。

图 12-8　例 12.7 的程序运行结果

12.4.2　指向结构体数组的指针

既然结构体指针可以指向一个结构体变量，那么同样地，也可以使用结构体指针指向一个结构体数组，指向结构体数组的指针变量表示的是该结构体数组元素的首地址。例如：

```
/* 定义结构体数组*/
struct student stu[3];
/* 定义结构体指针*/
struct student *p;
/* 将结构体数组首地址赋予指针 */
p=stu;
```

由于数组名可以直接表示数组中第一个元素的地址，所以若是将结构体数组首地址赋予一个结构体指针可以直接写为"指针变量=结构体数组名"。

☆大牛提醒☆

若想要结构体指针指向该数组的下一元素，可对结构体指针做加 1 运算，此时该结构体指针变量地址值的增量为该结构体类型的字节数。

【例 12.8】编写程序，定义一个指向结构体数组的指针，通过该指针访问结构体数组元素（源代码\ch12\12.8.txt）。

```
#include <stdio.h>
/* 定义结构体 */
struct student
{
  char name[20];
  char sex;
  int age;
  char sid[10];
  float score;
};
int main()
{
  /* 定义结构体数组并初始化 */
  struct student stu[3]={{"zhao",'m',21,"202001",90},
               {"lisi",'f',22,"202002",91},
               {"wang",'m',21,"202003",95}};
  /* 定义结构体指针 */
  struct student *p;
  int i;
  /* 将结构体数组首地址赋予结构体指针 */
  p=stu;
  printf("姓名\t\t 性别\t 年龄\t 学号\t 成绩\n");
```

```
    for(i=0;i<3;i++,p++)
    {
        printf("%s\t\t%c\t%d\t%s\t%.2f\t\n",(*p).name,p->sex,p->age,p->sid,p->score);
    }
    return 0;
}
```

程序运行结果如图 12-9 所示。

姓名	性别	年龄	学号	成绩
zhao	m	21	202001	90.00
lisi	f	22	202002	91.00
wang	m	21	202003	95.00

图 12-9　例 12.8 的程序运行结果

12.4.3　指向结构体变量的指针作为函数参数

使用指向结构体变量的指针作为函数参数传递时不会将整个结构体变量的内容进行传递，而只是将该结构体变量的首地址传给形参，这样就避免了过大的内存开销。

☆大牛提醒☆

将指向结构体变量的指针作为函数参数传递属于地址传递，若是改变函数体内成员的内容，那么主调函数中该成员内容也会发生改变。

【例 12.9】编写程序，定义一个指向结构体变量的指针，并将该变量作为函数的参数进行传递，从而计算三角形的面积（源代码\ch12\12.9.txt）。

```
#include <math.h>
#include <stdio.h>
struct triangle
{
 float a;
 float b;
 float c;
};
/*自定义函数，利用结构体指针作为参数求三角形的面积*/
 float area(struct triangle *p)
{
 float l,s;
 l=(p->a+p->b+p->c)/2;                    /*计算三角形的半周长*/
 s=sqrt(l*(l-p->a)*(l-p->b)*(l-p->c));    /*计算三角形的面积公式*/
 return s;
 }
/*程序入口*/
 void main()
{
 float s;
 struct triangle side;
 printf("输入三角形的 3 条边长: \n");     /*提示信息*/
 /*从键盘输入三角形的 3 条边长*/
 scanf_s("%f %f %f",&side.a,&side.b,&side.c);
 s=area(&side);                           /*调用自定义函数 area 求三角形的面积*/
 printf("面积是: %f\n",s);
       }
```

程序运行结果如图 12-10 所示。本实例中自定义函数的形参用的是结构体类型的指针变量，函数调用时，在主调函数中，通过语句 s=area(&side)把结构体变量 side 的地址值传递给形参 p，由指针变量 p 操作结构体变量 side 中的成员，在自定义函数中计算出三角形的面积，返回主调函数中输出。

图 12-10　例 12.9 的程序运行结果

12.5　共用体数据类型

微视频

为了使多个不同类型的变量在不同时间共享同一内存空间进行数据存储，C 语言还提供了共用体类型。共用体类型可以对内存空间实现共享存储，共用体是将不同的数据类型组合在一起，共同占用一段内存单元的用户自定义数据类型。

12.5.1　共用体类型的声明

使用共用体类型处理数据的好处可以节省内存空间，并且可以实现根据具体需求在不同时间段存储不同数据类型以及长度的成员。共用体类型声明的一般形式如下：

```
union 共用体标识名
{
    类型名 1 共用体成员名 1;
    类型名 2 共用体成员名 2;
    …
    类型名 n 共用体成员名 n;
};
```

例如：

```
union test
{
    int a;
    char b;
    float c;
};
```

其中，union 是关键字，是共用体类型的标志，test 是共用体标识名，共用体标识名和共用体成员名都是由用户定义的标识符，共用体中的成员可以是简单变量，也可以是数组、指针、结构体和共用体等。

12.5.2　共用体变量的定义

在完成共用体类型的声明后，就可以通过该类型来定义共用体变量了。定义共用体变量与定义结构体变量十分相似，也有 3 种语法格式。

1. 先定义共用体类型，再定义共用体变量

语法格式如下：

```
union 共用体名
{
    数据类型 成员 1;
    数据类型 成员 2;
    …
```

```
    数据类型 成员 n;
};
union 共用体名 变量 1,变量 2,…,变量 n;
```

例如：

```
union test
{
  int a;
  char b;
  float c;
};
union test t1,t2,t3;
```

2. 定义共用体类型的同时定义共用体变量

语法格式如下：

```
union 共用体名
{
  数据类型 成员 1;
  数据类型 成员 2;
  …
  数据类型 成员 n;
}变量 1,变量 2,…,变量 n;
```

例如；

```
union test
{
  int a;
  char b;
  float c;
}t1,t2,t3;
```

☆**大牛提醒**☆

此方法适用于在定义局部使用的共用体变量时使用，如在函数内部进行定义。

3. 直接定义共用体变量

语法格式如下：

```
union
{
  数据类型 成员 1;
  数据类型 成员 2;
  …
  数据类型 成员 n;
}变量 1,变量 2,…,变量 n;
```

例如：

```
union
{
  int a;
  char b;
  float c;
}t1,t2,t3;
```

使用此方法定义共用体变量不需要给出共用体名，属于匿名共用体，适用于临时定义的局部共用体变量。

☆**大牛提醒**☆

（1）在一个共用体类型的变量定义完成后，系统会按照该共用体类型成员中占用的最大内存单元为其分配存储空间。

（2）与结构体类型一样，共用体类型也可以进行嵌套定义：共用体中成员为另一个共用体变量。

（3）共用体与结构体可以进行相互嵌套。

12.5.3　共用体变量的初始化

共用体变量在定义的同时只能用第一个成员的类型的值进行初始化。因此，以上定义的变量 t1 和 t2，在定义的同时只能赋予整型值。例如以下语句对 test 共用体的一个变量 t1 进行初始化。

```
union test
{
  int a;
  char b;
  float c;
}t1={10};
```

若写为：

```
union test
{
  int a;
  char b;
  float c;
}t1={10, 'a'};
```

则会出现错误，因为在同一时间只能存放一个成员的值。

☆**大牛提醒**☆

在对共用体变量初始化时，尽管只能给第一个成员赋值，但必须使用花括号括起来。

12.5.4　共用体变量的引用

引用共用体变量的方法与应用结构体变量相似，可以使用运算符.以及->来进行访问。一般使用以下方式：

共用体变量名.成员名或共用体变量名->成员名

例如：

```
union test
{
  int a;
  char b;
  float c;
};
union test t1;
*p=&t1;
/* 引用共用体成员 */
t1.a=10;
(*p).b= 'a';
p->c=2.5;
```

【例 12.10】编写程序，定义一个共用体类型变量，并对其成员进行赋值，然后输出赋值结果（源代码\ch12\12.10.txt）。

```
#include <stdio.h>
#include <string.h>
/* 定义共用体 */
union test
{
```

```
    int i;
    float f;
    char str[20];
};
int main()
{
    /* 定义共用体变量 */
    union test t;
    /* 引用共用体变量成员 */
    t.i = 10;
    printf("t.i: %d\n", t.i);
    t.f = 2.5;
    printf("t.f: %.2f\n", t.f);
    strcpy_s(t.str,sizeof(t.str), "Apple");
    printf("t.str: %s\n", t.str);
    return 0;
}
```

```
Microsoft Visual Studio 调试控制台
t.i: 10
t.f: 2.50
t.str: Apple
```

图 12-11　例 12.10
的程序运行结果

程序运行结果如图 12-11 所示。本实例代码中首先定义共用体 test，接着在主函数中定义共用体变量 t，然后通过共用体变量 t 对该共用体成员进行访问并赋值，分别输出每次赋值后的结果。

12.6　枚举数据类型

微视频

如果一个变量只可能取某几种值，即数据范围有限，并且需要用标识符作为其数值时，则可以将它定义为枚举类型。

12.6.1　枚举类型的定义

所谓枚举就是将变量所能取的值都一一列举出来，列举的所有数值组成了一个数据类型，即枚举类型。枚举类型是由若干个标识符常量组成的有序集合。其语法格式如下：

```
enum 枚举类型名
{
    枚举数据列表
};
```

其中，enum 为关键字，用于表示枚举类型，枚举数据列表中的数据值必须为整数。枚举中的数据之间使用逗号分隔，末尾不需要添加";"。

例如：

```
enum Day
{
    MON=MON, TUE, WED, THU, FRI, SAT, SUN
};
```

☆大牛提醒☆

枚举元素为常量，若是定义时没有指明数值，则从 0 开始，后续元素分别加 1，若是指明了一个数值，则从该数值开始，后续元素同样分别加 1。

12.6.2　枚举类型变量的定义

枚举类型作为一种数据类型，在定义完成后，就可以进行枚举变量的定义了，定义枚举类型变量有 3 种语法格式。

1. 先定义枚举类型，再定义枚举变量

例如：

```
enum Day
{
    MON=1, TUE, WED, THU, FRI, SAT, SUN
};
enum Day today;
enum Day tomorrow;
```

2. 定义枚举类型的同时定义枚举变量

例如：

```
enum Day
{
    saturday,
    sunday = 0,
    monday,
    tuesday,
    wednesday,
    thursday,
    friday
}day;
```

其中，day 为枚举类型 enum Day 的变量。

3. 使用 typedef 关键字将枚举类型定义为别名，通过别名定义枚举变量

例如：

```
typedef enum Day
{
    saturday,
    sunday = 0,
    monday,
    tuesday,
    wednesday,
    thursday,
    friday
} Day;  /* 这里的 Day 为枚举型 enum Day 的别名 */
Day today;
```

注意：在同一个程序中不允许定义同名的枚举类型，不同的枚举类型中也不允许定义同名的枚举成员。

【**例 12.11**】编写程序，定义一个枚举类型 body，根据需要为 Sum、Tom、Jack、li 四人排一下轮流值班表，本月有 31 天，第一天由 Jack 来值班（源代码\ch12\12.11.txt）。

```
#include <stdio.h>
#include <string.h>
void main()
{
enum body
{ Sum,Tom,Jack,li
}month[31],j;
int i;
j=Jack;
for(i=1;i<=30;i++)
{  month[i]=j;
j=(enum body)(j+1);   /*必须使用强制类型转换*/
if (j>li) j=Sum;
}
for(i=1;i<=30;i++)
{
```

```
switch(month[i])
{  case Sum:printf(" %2d %6s\t",i,"Sum"); break;
   case Tom:printf(" %2d %6s\t",i,"Tom"); break;
   case Jack:printf(" %2d %6s\t",i,"Jack"); break;
   case li:printf(" %2d %6s\t",i,"li"); break;
   default:break;
}
}
printf("\n");
}
```

程序运行结果如图 12-12 所示。本实例采用枚举类型来描述每天的值班人员情况，每一天是这四个人中的一个值班，第一天由 Jack 来值班，其余每日则分别由枚举的值依次排开。

图 12-12　例 12.11 的程序运行结果

12.7　新手疑难问题解答

问题 1：当定义一个结构体变量时，系统是如何分配空间的？

解答：可以把结构体理解为一个特殊的数组，可以把任意类型的数据放在一起。每种类型的数据都是真实存在于内存中的。所以，为了存储这些数据，必须为每种类型都分配内存空间。而一个结构体的内存空间就为它包含的所有成员的内存之和。

问题 2：结构体、共用体和枚举类型的基本特点及区别有哪些？

解答：共用体是一种多变量共享存储空间的构造类型，它允许几种不同的变量共用同一存储空间。共用体和结构体的区别有以下几点：

（1）结构体每一位成员都用来表示一种具体事务的属性，共用体成员可以表示多种属性（同一存储空间可以存储不同类型的数据）。

（2）结构体总空间大小，等于各成员总长度，共用体空间等于最大成员占据的空间。

（3）共用体不能赋初值。

枚举类型是指变量的值可以全部列出，定义一个枚举变量后，变量的值确定在定义之中。它和结构体、共用体的区别在于，枚举元素是常量，只能在定义阶段赋值。

12.8　实战训练

解题思路

实战 1：使用结构体数组实现投票功能。

编写程序，使用结构体数组实现投票功能，假设有 3 个候选人：Sum，Tom，Jack，有 6 人参与投票，计算投票结果并输出。程序运行结果如图 12-13 所示。

实战 2：根据输入的成绩，对学生进行排序，并求出平均成绩。

编写程序，定义一个学生信息结构体，包含学生的学号以及分数，在主函数 main()中实现对学生成绩的排序，然后将排序结果输出。程序运行结果如图 12-14 所示。

实战 3：给出 5 种颜色，取出 3 种颜色进行组合，计算组合的个数。

编写程序，口袋中有红、黄、蓝、白、黑 5 种颜色的棋子若干个，每次从口袋中取出 3 个不同颜色的棋子，问可得到多少种不同的取法，并输出每种组合的 3 种颜色。程序运行结果如图 12-15 所示，可以得出有 60 种取法。

```
Microsoft Visual Studio 调试控制台
进行投票，输入候选人名字:
Sum
Tom
Jack
Jack
Sum
Sum

投票结果为:
Sum 的票数是:3
Tom 的票数是:1
Jack 的票数是:2
```

图 12-13　实战 1 的程序运行结果

```
Microsoft Visual Studio 调试控制台
请录入第 1 个学生学号以及成绩:
101 89
请录入第 2 个学生学号以及成绩:
102 98
请录入第 3 个学生学号以及成绩:
103 84
请录入第 4 个学生学号以及成绩:
104 78
请录入第 5 个学生学号以及成绩:
105 92
按成绩排序后结果为:
学号     成绩
102      98
105      92
101      89
103      84
104      78
平均成绩为: 88
```

图 12-14　实战 2 的程序运行结果

实战 4：输入书籍信息，最后将列表打印出来。

编写程序，定义一个书籍结构体，根据提示输入书籍名称、作者以及价格，最后将列表打印出来。程序运行结果如图 12-6 所示。

```
Microsoft Visual Studio 调试控制台
51  black     red       white
52  black     yellow    red
53  black     yellow    blue
54  black     yellow    white
55  black     blue      red
56  black     blue      yellow
57  black     blue      white
58  black     white     red
59  black     white     yellow
60  black     white     blue

total:  60
```

图 12-15　实战 3 的程序运行结果

```
Microsoft Visual Studio 调试控制台
请输入书名:
按下 [enter] 键结束输入。
《C语言程序设计》
请输入作者:
王力
请输入价格:
36.9
输入下一本书。
《C语言案例讲解》
请输入作者:
李尚
请输入价格:
45.2
输入下一本书。

书的列表:
《C语言程序设计》 - 王力:$36.90
《C语言案例讲解》 - 李尚:$45.20
```

图 12-16　实战 4 的程序运行结果

第 13 章

文件的操作

文件是指存放在外部存储器上的数据的集合，操作系统对外部介质是以文件的形式进行管理的。在本书前面章节介绍的所有程序中的数据的输入和输出都是以键盘和显示屏来实现的，即从键盘输入数据，程序的运行结果在屏幕上输出。但是在实际应用中，程序的运行过程常常需要从文件中读取数据，并将运行结果存储到文件中。本章就来介绍 C 语言文件的操作。

13.1 C 语言文件概述

C 语言中的文件是存储在外部存储器上的一组数据的有序集合，通过使用文件可以解决数据的存储问题，它能将数据存储于磁盘文件中，使其得到长时间的保存。

13.1.1 文件的概念

文件实际上是存储在外部存储介质上的数据的集合。在 C 语言中，把这些数据的集合看成是字符或字节序列，也就是由一个一个的字符或字节组成的有序字节流。流式文件以字节为单位访问，允许灵活地对一字节进行存储操作，输入/输出数据流的开始和结束仅受程序控制而不受物理符号（如回车换行符）控制。

通过使用文件，在程序需要获取数据时，可以通过编辑工具与文件建立联系，使得程序可以通过文件实现数据的一次输入多次使用。同样地，当程序对数据进行输出时，也可以通过文件建立联系，将这些数据输出保存到指定的文件之中，使得用户能够随时查看运行的结果。

☆大牛提醒☆

一个程序的运行结果在输出保存到文件后，可以将这些数据作为另一个程序的输入数据，再次进行处理。

13.1.2 文件的分类

文件一般存储于外部介质之中，只有在程序运行时，才会被调入内存中。下面对文件从不同角度进行划分。

1. 用户使用角度

从用户对文件的使用角度来讲，文件可以分为普通文件与设备文件。

（1）普通文件。

普通文件是指存储于磁盘或者其他外部介质中的一个有序的数据集，它可以是源程序文件（.c）、可执行程序（.exe）以及目标文件（.obj）等，也可以是一组待处理的原始数据或者一组程序运行的输出结果。

（2）设备文件。

设备文件是指各种外部的设备，比如显示器、键盘等。外部设备在操作系统中也能够被看成文件来进行管理，它们的输入输出就好比是对磁盘文件的读写操作。一般地，显示器会被定义为标准输出文件，向屏幕上显示出有关的数据信息就可以理解为向标准输出文件进行输出操作。

2. 文件编码和数据组织角度

从文件的编码以及数据的组织方式上来看，文件可以被分为 ASCII 码值文件和二进制码文件。

（1）ASCII 码值文件。

ASCII 码值文件也可以称为文本文件，它在磁盘中只占有 1 字节的内存，在这个内存中存放着相应的字符 ASCII 码值，内存中的数据在存储时都需要转换为 ASCII 码值。

（2）二进制码文件。

二进制码文件是通过二进制的编码方式进行文件的存储的，在内存中存储数据时并不需要进行数据间的转换，存放在存储器中的数据将采用与内存数据相同的表示形式进行存储。

例如，整数 10000 在内存中的存储形式以及分别按照 ASCII 码值形式和二进制形式输出时，如图 13-1 所示。

ASCII 码值文件与二进制文件进行比较，有如下的特点：

ASCII 码值文件便于对字符进行单个处理，更便于输出字符，但是由于是对每个字符进行处理，所以占用的内存空间比较多，在转换时花费的时间也比较长。

二进制文件可以节省出外

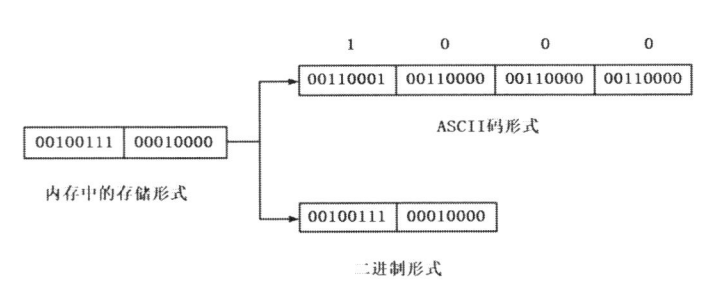

图 13-1　数据在内存中的存储形式以及输出形式

存空间以及转化时间，但是一字节并不是对应一个字符，所以它不能直接输出字符的形式。

13.1.3　文件类型指针

在 C 语言中，不论是磁盘文件或是设备文件，都能够通过文件结构类型的数据集合进行相应的输入输出的操作。文件结构由系统进行定义，名为 FILE。在使用 FILE 时需要添加头文件"stdio.h"，因为 FILE 结构被定义在该头文件之中。

FILE 文件结构在"stdio.h"头文件中的文件类型声明为：

```
typedef struct
{
    /* 缓冲区"满"或"空"的程度 */
```

```
    short level;
    /* 文件状态标志 */
    unsigned flags;
    /* 文件描述符 */
    char fd;
    /* 如无缓冲区不读取字符 */
    unsigned char hold;
    /* 缓冲区的大小 */
    short bsize;
    /* 数据缓冲区的位置 */
    unsigned char *buffer;
    /* 指针，当前的指向 */
    unsigned char *curp;
    /* 临时文件，指示器 */
    unsigned istemp;
    /* 有效性检查 */
    short token;
}FILE;
```

C 语言中，若是使用一个指针变量指向一个文件，那么这个指针就被称为文件类型指针。并且利用这个文件类型指针就能够对它所指向的文件进行相关的操作以及处理了。

由于 FILE 类型结构体已经由系统完成了声明，所以在编写程序时可以直接使用 FILE 类型对指针变量进行定义，故而文件指针的定义语法格式如下：

```
FILE *指针变量;
```

例如：

```
FILE *fp;
```

其中，fp 为一个指向 FILE 类型结构体的指针变量，通过该指针变量可以实现对文件的相关访问操作。

☆大牛提醒☆

在定义文件指针时，其中 FILE 必须全部为大写字母。并且使用 FILE 类型定义指针变量时不需要将结构体内容全部写出。

13.2　文件的基本操作

微视频

C 语言对文件的操作一般分为 3 个步骤，分别是打开文件、读或写文件、关闭文件。而所有的文件操作都是利用 C 语言编译系统所提供的 I/O 库函数来完成的。

13.2.1　打开文件函数 fopen()

使用函数 fopen()可以实现对文件的打开操作，此函数的声明在头文件 stdio.h 中，其一般的调用方式如下：

```
fopen(文件名,文件使用方式);
```

参数说明如下：

（1）文件名：指将被打开的文件的文件名，可以是字符串常量或字符串数组，一般要求为文件全名，该全名由文件所在的路径及文件名构成。

（2）文件使用方式：指对文件的操作模式，当正常打开该文件时，返回值为该文件的首地址；若打开该文件失败，则返回值为 NULL。

例如将 C 盘根目录下的文本文件 student.txt 以"只读"的方式打开，其语句如下：

```
FILE *fp;
fp=fopen("C:\\student.txt";"r");
```

该语句的含义是使用函数 fopen()带回指向 student.txt 文件的指针并赋给 fp，fp 就指向了 student.txt 文件。

☆**大牛提醒**☆

路径连接符一定要用\\，不能用\。

C 语言中，使用文件的方式共有 12 种，它们的符号和含义如表 13-1 所示。

表 13-1 文件相关的使用方式以及说明

文件相关的使用方式	说 明
r	以只读方式打开一个文本文件
w	以只写方式打开一个文本文件
a	以追加方式打开一个文本文件
r+	以读写方式打开一个文本文件
w+	以读写方式建立一个新的文本文件
a+	以读取/追加方式建立一个新的文本文件
rb	以只读方式打开一个二进制文件
wb	以只写方式打开一个二进制文件
ab	以追加方式打开一个二进制文件
rb+	以读写方式打开一个二进制文件
wb+	以读写方式建立一个新的二进制文件
ab+	以读取/追加方式建立一个新的二进制文件

对于一个文件打开与否，可以使用语句进行判断，例如：

```
FILE *fp;
if((fp=fopen("D:\\test\\test.txt";"r"))==NULL)
{
  printf("文件打开失败！\n");
  exit(1);
}
```

运行程序后若是提示"文件打开失败！"，则说明文件打开出错，这时就会执行 exit(1);语句退出程序。一般情况下，文件打开失败的原因有以下几种可能：

（1）指定盘符或者路径不存在。

（2）文件名中含有无效字符。

（3）将要打开的文件不存在。

13.2.2 关闭文件函数 fclose()

文件在使用完毕后应进行关闭操作，以免出现未知错误或是被再次误用。关闭文件可以完成以下两个操作。

（1）清除文件缓冲区，将缓冲区中的数据输出到磁盘文件中，保证数据不丢失。

（2）释放文件指针变量，使文件指针变量不再指向该文件。

使用函数 fclose()可以对文件执行关闭操作，调用该函数的一般形式为：

```
    fclose(文件指针);
```

例如：

```
FILE *fp
fp=fopen("C:\\student.txt";"r");
/* 关闭文件 */
fclose(fp);
```

其中，指针变量 fp 为使用函数 fopen()打开文件时的指针，现在通过函数 fclose()将该指针指向的文件进行关闭，此时文件指针变量不再指向该文件。若是文件关闭成功，则函数 fclose()的返回值为 0；否则返回非 0 值。

微视频

13.3 文件的读写操作

文件的读和写是最常用的文件操作，文件打开后就可以进行读写操作了。常用的读写函数的说明包含在头文件 stdio.h 中，主要包含 4 类函数，本节进行详细介绍。

13.3.1 字符读/写函数

字符读/写函数以字符（字节）为读写基本单位，包括函数 fgetc()与函数 fputc()。另外，函数 getc()和函数 puts()是在 stdio.h 中定义的宏，可分别代替函数 fgetc()与函数 fputc()。

1. 函数 fputc()

函数 fputc()的作用是把一个字符写入磁盘文件中。一般形式为：

```
fputc(ch,fp);
```

参数说明如下：

（1）函数 fputc(ch,fp)的作用是将字符（ch 的值）输出到指针 fp 所指向的文件。函数 fputc()若输出成功则返回输出字符；若输出失败，则返回 EOF。EOF 是在 stdio.h 文件中定义的符号常量，值为-1。

（2）使用函数 fputc()时所操作的文件必须以写、读写或追加方式打开。

（3）文件内部有一个位置指针，用来指向文件的当前读写字节。在文件打开时，该指针指向文件的第一个字节。使用函数 fputc()后，该位置指针将向后移动一字节，因此可以连续多次使用函数 fputc()写入多个字符。

举例说明，例如：

```
fputc("a",fp);
char c='b';
fputc(c,fp);
```

其中，fputc("a",fp);是将字符 a 的 ASCII 码值写入到指针变量 fp 所指向的磁盘文件中，而 fputc(c,fp);则是将变量 c 中存放的字符的 ASCII 码值写入到指针变量 fp 所指向的文件中。

2. 函数 fgetc()

从指定的文件中读入一个字符，前提是该文件必须是通过"读"或者"读写"方式打开的。一般形式为：

```
ch=fgetc(fp);
```

该语句的意义是从 fp 所指的文件中读取一个字符并赋值给变量 ch，如果在执行 fgetc()读字符时遇到文件结束符，函数返回一个文件结束标志 EOF（即-1）。

例如，通过指针变量 fp 指向的文件中读取出一个字符并赋予字符变量 c，代码如下：

```
char c;
c=fgetc(fp);
```

如果想从一个磁盘文件顺序读取全部字符并在屏幕上显示出来，可以采用如下循环结构程序。

```
ch=fgetc(fp);
while(ch!=EOF)
{
   putchar(ch);
   ch=fgetc(fp);
}
```

【例 13.1】编写程序，从输入端输入一个字符串，使用函数 fputc()写入到文件 13.1.1.txt 中，接着再使用函数 fgetc()将该文件中的字符串读出并显示在屏幕上以便验证（源代码\ch13\13.1.txt）。

```
#include <stdio.h>
/* 添加头文件"stdlib.h"以使用退出函数 exit() */
#include <stdlib.h>
int main()
{
   /* 定义文件指针变量 */
   FILE* fp;
   int i;
   char c;
   errno_t err;
   /* 打开文件 */
   if ((err=fopen_s(&fp,"13.1.1.txt", "w"))!= 0)
   {
      printf("文件打开失败!\n");
      exit(0);
   }
   /* 写入字符串 */
   printf("请输入要写入的字符: \n");
   while ((c = getchar()) != '\n')
   {
      fputc(c, fp);
   }
   /* 关闭文件 */
   fclose(fp);
   /* 打开文件 */
   if ((err = fopen_s(&fp,"13.1.1.txt", "r"))!=0)
   {
      printf("文件打开失败!\n");
      exit(0);
   }
   printf("\n");
   /* 使用函数 fgetc()读取字符 */
   printf("文件 "13.1.1.txt" 中的字符串为: \n");
   while ((c = fgetc(fp)) != EOF)
   {
      putchar(c);
   }
   /* 关闭文件 */
   fclose(fp);
   printf("\n");
   printf("按任意键结束...\n");
   getch();
   return 0;
}
```

保存并运行程序，程序运行结果如图 13-2 所示。本实例中的两次操作写入与读出时，打开文件的指令分别为 w 与 r，因为两次操作分别为"只写"与"只读"，并且在关闭文件后，指针变量 fp 被释放，想要继续使用该指针变量对文件进行相关操作，必须使用该指针变量指向该文件。

图 13-2　例 13.1 的程序运行结果

☆**大牛提醒**☆

实例中的文件 13.1.1.txt 位于程序目录下，所以可以直接写为文件名的形式，若文件不在程序目录下存放，则需要将文件的完整路径写出来。

13.3.2　字符串读/写函数

使用字符读写函数对字符串进行处理时，效率很低。因此，C 语言中引入了字符串读写函数以便于处理文件中的字符串。

1. 写字符串函数 fputs()

函数 fputs()的功能是向指定的文件写入一个字符串。一般形式为：

```
fputs(字符串, 文件指针);
```

表示将字符串写入到文件指针指向的文件中，其中的字符串可以为普通字符串，也可以是字符数组或者指向字符的指针变量。例如：

```
char a[5]="apple";
fputs(a,fp);
```

表示将字符数组 a 中的字符串写入到指针变量 fp 所指向的文件中。

☆**大牛提醒**☆

使用函数 fputs()执行写入字符串操作时，字符串的结束符\0 不会被写入。

2. 读字符串函数 fgets()

函数 fgets()的功能是从指定的文件中读入一个字符串，并将该字符串存储于内存中的变量。该文件必须是通过指令"读"或"读写"的方式打开的。一般形式为：

```
fgets(字符数组,字符个数 n,文件指针);
```

表示从文件指针所指向的文件中读取 n-1 个字符，并将这些字符存放到内存中的字符数组中，并在读入完毕后在字符串的末尾由系统自动添加字符串的结束标志\0。

☆**大牛提醒**☆

调用函数 fgets()时的一般形式中字符数组为一个数组名，也可以使用字符指针来表示。

若是字符串读取成功，则函数 fgets()返回字符数组的首地址；若是字符串读取失败，则函数 fgets()将返回一个空指针。例如：

```
fgets(str,n,fp);
```

表示从文件指针 fp 所指向的文件中读取 n-1 个字符，并将它们存放到数组 str 中。在使用函数 fgets()读出 n-1 个字符之前，如果遇到换行符或 EOF，则读出结束，函数 fgets()也有返回值，其返回值是字符数组的首地址。

【例 13.2】编写程序，定义文件指针 fp1、fp2 以及字符数组 str1、str2，使用 fputs 将输入的字符串 str1 写入到 13.2.1.txt 文件中，然后将该文件中的字符串复制到文件 13.2.2.txt 中，再使用函数 fgets()读取该文件中的字符串，存储于字符数组 str2 中，最后输出到屏幕上查看字符串内容（源代码\ch13\13.2.txt）。

```c
#include <stdio.h>
/* 添加头文件"stdlib.h"以使用退出函数 exit() */
#include <stdlib.h>
int main()
{
    /* 定义文件指针 */
    FILE *fp1,*fp2;
    char str1[30],str2[30];
    errno_t err;
    /* 打开文件 */
    if((err =fopen_s(&fp1,"13.2.1.txt","w"))!=0)
    {
        printf("文件打开失败!\n");
        exit(0);
    }
    printf("请输入一个字符串: \n");
    gets(str1);
    while(strlen(str1)>0)
    {
        /* 使用函数 fputs()将字符串写入文件 */
        fputs(str1,fp1);
        /* 换行输入 */
        fputs("\n",fp1);
        gets(str1);
    }
    /* 关闭文件 */
    fclose(fp1);
    /* 打开文件 */
    if((err =fopen_s (&fp1,"13.2.1.txt","r"))!=0)
    {
        printf("文件打开失败!\n");
        exit(0);
    }
    if((err =fopen_s(&fp2,"13.2.2.txt","w"))!=0)
    {
        printf("文件打开失败!\n");
        exit(0);
    }
    /* 进行复制操作，并输出 */
    printf("执行复制操作后，文件 "13.2.2.txt" 中的字符串为: \n");
    while(fgets(str2,30,fp1)!=NULL)
    {
        fputs(str2,fp2);
        printf("%s",str2);
    }
    printf("\n");
    /* 关闭文件 */
    fclose(fp1);
    fclose(fp2);
    return 0;
}
```

保存并运行程序，结果如图 13-3 所示。

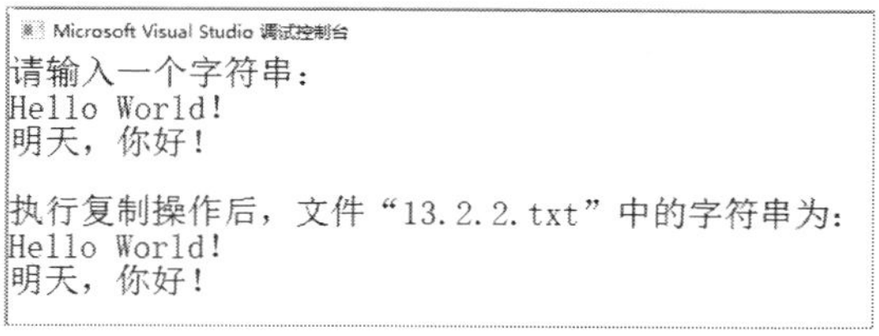

图 13-3　例 13.2 的程序运行结果

13.3.3　数据块读/写函数

C 语言还提供了用于整块数据读写的函数，用来读写一组数据，如多个数据元素或一个结构体变量的值。

1. 写数据块函数 fwrite()

函数 fwrite()用于向二进制文件中写入一个数据块。该函数的使用语法格式如下：

```
fwrite(buffer,size,count,fp);
```

参数说明：

（1）buffer：指针，表示存放数据的首地址。

（2）size：表示数据块的字节数。

（3）count：表示要写入的数据块块数。

（4）fp：文件指针。

例如：

```
fwrite(&a, sizeof(a), 1, fp);
```

表示向文件指针 fp 指向的文件中写入一字节数为 sizeof(a)的数据块，将要写入的数据首地址为 a。

【例 13.3】编写程序，使用函数 fwrite()将 3 个水果的价格信息转存到磁盘文件"13.3.1.txt"中（源代码\ch13\13.3.txt）。

```
#include <stdio.h>
/* 添加头文件"stdlib.h"以使用退出函数 exit() */
#include <string.h>
#include <stdlib.h>
/* 定义结构类型 */
typedef struct
{
  int price;
  char name[30];
}fruit;
int main()
{
  /* 定义文件指针 */
  FILE* fp;
  int i;
  fruit fru[3];
  errno_t err;
  /* 水果价格信息 */
  fru[0].price = 8;
  strcpy_s(fru[0].name, 10, "苹果");
  fru[1].price = 6;
  strcpy_s(fru[1].name, 10, "香蕉");
  fru[2].price = 7;
  strcpy_s(fru[2].name, 10, "橘子");
```

```
/* 打开文件 */
if ((err = fopen_s(&fp, "13.3.1.txt", "wb")) != 0)
{
    printf("打开文件失败! \n");
    exit(0);
}
/* 将数据写入文件 */
printf("写入水果价格信息\n");
printf("水果苹果价格 8 元/kg\n");
printf("水果香蕉价格 6 元/kg\n");
printf("水果橘子价格 7 元/kg\n");
for (i = 0;i < 3;i++)
{
    if (fwrite(&fru[i], sizeof(fruit), 1, fp) != 1)
    {
        printf("写入失败! \n");
    }
}
printf("写入成功! \n");
fclose(fp);
return 0;
}
```

程序运行结果如图 13-4 所示。

```
Microsoft Visual Studio 调试控制台
写入水果价格信息
水果苹果价格8元/kg
水果香蕉价格6元/kg
水果橘子价格7元/kg
写入成功!
```

图 13-4　例 13.3 的程序运行结果

2. 读数据块函数 fread()

函数 fread()用于从二进制文件中读入一个数据块存放于变量中。该函数的使用语法格式如下：

```
fread(buffer,size,count,fp);
```

参数说明：

（1）buffer：表示用于接收数据的内存地址。

（2）size：表示要读取的每个数据项相应的字节数。

（3）count：表示要读取数据项的个数，每个数据项占用 size 字节。

（4）fp：文件指针。

该函数表示从一个文件流中读取数据，并最多读取 count 个元素，每个元素为 size 个字节。若是函数调用成功则返回实际读取到的元素的个数；若是函数调用失败或是读取到文件末尾则返回 0。

注意：每次进行读写操作后一定要关闭文件，否则每次读或者写数据以后，文件指针都会指向下一个待写或者读数据位置的指针。

【例 13.4】编写程序，使用函数 fread()，将例 13.3 写入文件 13.3.1.txt 中的数据读取出来（源代码\ch13\13.4.txt）。

```
#include <stdio.h>
/* 添加头文件"stdlib.h"以使用退出函数 exit() */
#include <stdlib.h>
/* 定义结构类型 */
typedef struct
```

```
{
  int price;
  char name[30];
}fruit;
int main ()
{
  /* 定义文件指针 */
  FILE * fp;
  fruit fru;
  errno_t err;
  /* 打开文件 */
  if((err=fopen_s(&fp,"13.3.1.txt","rb"))!=0)
  {
    printf("打开文件失败! ");
    exit(0);
  }
  /* 读取水果信息*/
  printf("水果价格信息\n");
  printf("价格\t 名称\n");
  while(fread(&fru,sizeof(fruit),1,fp)==1)
  {
    printf(" %d\t%s\n",fru.price,fru.name);
  }
  /* 关闭文件 */
  fclose(fp);
  return 0;
}
```

运行上述程序，结果如图 13-5 所示。

图 13-5　例 13.4 的程序运行结果

13.3.4　格式化读/写函数

C 语言中，函数 fprintf()、函数 fscanf()与前面介绍的函数 printf()、函数 scanf_s()的功能相似，都是格式化读写函数。两者的区别在于，函数 fprintf()和函数 fscanf()的读者对象不是键盘和显示器，而是磁盘文件。

1. 格式化输出函数 fprintf()

函数 fprintf()的调用语法格式如下：

```
fprintf(文件指针,格式控制串,输出列表);
```

其中，文件指针指向了将要写入的文件，格式控制串中包含常用的格式控制符与输入数据相应的类型符，输入列表中为将要写入的变量或常量。

若是函数调用成功，则返回输出的数据个数；若是函数调用失败，则返回负数。例如：

```
fprintf(fp,"%d",a);
```

表示将变量 a 按照整型数据的形式写入到文件指针 fp 指向的文件中。

2. 格式化输入函数 fscanf()

函数 fscanf()调用的语法格式如下：

```
fscanf(文件指针,格式控制串,输入列表);
```

其中，文件指针指向了将要读取的文件，格式控制串中包含常用格式控制符与输入数据相应类型符，输入列表中为将要读取出来数据并赋值的变量地址。

若是函数调用成功，则返回已经输入的数据个数；若是函数调用失败，则返回 0。例如：

```
fscanf(fp,"%-2d,%.2f",&a,&b);
```

表示从文件指针 fp 所指向的文件中，按照格式控制串中的控制符来读取相应的数据，并将这些数据赋予变量 a 以及变量 b 的地址。

【例 13.5】编写程序，通过输入端输入待办事项，使用函数 fprintf() 将待办事项输出到 13.5.1.txt 文件中去（源代码\ch13\13.5.txt）。

```c
#include <stdio.h>
/* 添加头文件"stdlib.h"以使用退出函数 exit() */
#include <stdlib.h>
int main()
{
    /* 定义文件指针 */
    FILE *fp;
    char item[30],a;
    int i;
    errno_t err;
    /* 打开文件 */
    if((err=fopen_s(&fp,"13.5.1.txt","w"))!=0)
    {
        printf("打开文件失败! \n");
        getch();
        exit(0);
    }
    /* 输出到文件 */
    fprintf(fp,"%s\t%s\n","序号","事项");
    printf("请输入待办事项: \n");
    for(i=0;i<10;i++)
    {
        /* 循环记录 */
        gets(item);
        fprintf(fp,"%d\t%s\n",i+1,item);
        printf("继续输入? y/n\n");
        a=getchar();
        if(a=='n'||a=='N')
        {
            break;
        }
        fflush(stdin);
    }
    /* 关闭文件 */
    fclose(fp);
    printf("按任意键结束...\n");
    getch();
    return 0;
}
```

程序运行结果如图 13-6、图 13-7 所示。本实例代码中定义了文件指针 fp 以及字符数组 item，然后打开文件，使用函数 fprintf() 向文件中先输出 1 行标题，接着通过 for 循环，从输入端输入待办事项，再通过函数 fprintf() 将这些备忘内容转存到磁盘文件中去，在 for 循环中使用 if 判断语句，对结束输入做判断，完成输入将文件关闭。

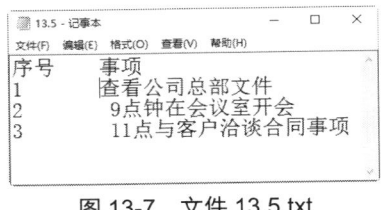

图 13-6　输入待办事项　　　　　　　　图 13-7　文件 13.5.txt

13.4　文件的定位操作

C 语言中，对文件内容进行读写时，并非一定要按照顺序进行。文件指针能够定位当前对文件进行读写操作时数据所处的位置。为此，C 语言提供了文件定位函数，使用这些函数可以对文件中数据的位置进行定位，并对这些位置的数据进行读写操作。

13.4.1　文件头定位函数 rewind()

函数 rewind()能够将文件内部的位置指针指向文件的开头，该函数没有任何返回值。语法格式如下：

```
rewind(文件指针);
```

功能是把文件的位置指针移到文件开始的位置。

13.4.2　随机定位函数 fseek()

使用随机定位函数 fseek()，可以将文件指针所指向的位置移动到指定的地方，然后再从该位置进行相应的读写操作，以此实现文件的随机读写功能。语法格式如下：

```
fseek(文件指针,位移量,起始点);
```

表示将文件指针所指向的文件中的位置指针移动到以起始点为基准、以位移量为移动长度的位置，其中位移量是一个长整型（long），若是它的值为负数，表示指针向文件头部方向进行移动。

其中起始点表示文件位置指针起始的计算位置，在 C 语言中规定有 3 种：文件首部、文件当前位置以及文件尾部，它们的表示方法如表 13-2 所示。

表 13-2　函数 fseek()起始点表示方法

数　　字	符　号　常　量	起　始　点
0	SEEK_SET	文件首部
1	SEEK_CUR	文件当前位置
2	SEEK_END	文件末尾

例如：

```
/* 表示将文件指针移动到距离文件首部 100 字节处 */
fseek(fp,100L,SEEK_SET);
/* 表示将文件指针移动到文件末尾 */
```

```
fseek(fp,0L,SEEK_END);
/* 表示将文件指针从文件末尾处向后退 10 字节 */
fseek(fp,-10L,2);
/* 表示将文件指针移动到距离当前位置 50 字节处 */
fseek(fp,50L,1);
```

☆**大牛提醒**☆

函数 fseek()一般用于对二进制文件进行相应的操作。

13.4.3　当前位置定位函数 ftell()

函数 ftell()的作用是获取文件中的当前位置,用相对于文件开头的位移量来表示,如果函数 ftell()的返回值为-1L,表示出错。语法格式如下:

```
ftell(文件指针);
```

其中,文件指针指向一个正在进行读写操作的文件。

【**例 13.6**】编写程序,写一个字符串到文件中,并在屏幕上输出该字符串的前 10 个字符(源代码\ch13\13.6.txt)。

```
#include <stdio.h>
/* 添加头文件"stdlib.h"以使用退出函数 exit() */
#include <stdlib.h>
void main()
{
    /* 定义文件指针 */
    FILE* fp;
    char ch, st[80];
    errno_t err;
    /* 打开文件 */
    if ((err = fopen_s(&fp, "13.6.1.txt", "w+")) != 0)
    {
        printf("打开文件失败! \n");
        exit(1);
    }
    /* 输出到文件 */
    printf("请输入一串字符: \n");
    gets(st);
    fputs(st, fp);
    rewind(fp);
    fgets(st, 10, fp);
    puts(st);
    fclose(fp);
}
```

程序运行结果如图 13-8 所示。本实例代码中以"w+(读写)"方式打开一个文件,然后使用 fputs 函数向该文件写入一个字符串,再用函数 rewind()把文件位置指针移到文件首,最后用函数 fgets()从文件中读出 10 个字符,然后显示在屏幕上。

```
■ Microsoft Visual Studio 调试控制台
请输入一串字符:
Hello World!
Hello Worl
```

图 13-8　例 13.6 的程序运行结果

13.5　文件的检测操作

在对文件进行操作时,常常需要对操作的正确性做出判断,除了可以利用文件操作函数的返回值判断外,C 语言还提供了一些文件检测函数。

微视频

13.5.1 文件结束检测函数 feof()

文件结束检测函数 feof()用于检测文件指针在文件中的位置是否到达了文件的结尾。语法格式如下：

```
feof(文件指针);
```

若是该函数返回一个非 0 值，则表示该函数检测到文件指针已经到达了文件的结尾；若是该函数返回一个 0 值，则表示文件指针未到文件结尾处。

【例 13.7】编写程序，实现将文件 13.7.1.txt 中的字符串内容复制到文件 13.7.2.txt 中去，在复制的过程中使用函数 feof()对文件是否读取到末尾进行判断，并将复制的字符串内容输出（源代码\ch13\13.7.txt）。

```c
#include <stdio.h>
/* 添加头文件"stdlib.h"以使用退出函数 exit() */
#include <stdlib.h>
int main()
{
  /* 定义文件指针 */
  FILE* fp1, * fp2;
  char ch;
  errno_t err;
  /* 打开文件 */
  if ((err = fopen_s(&fp1,"13.7.1.txt", "r"))!=0)
  {
    printf("文件打开失败! \n");
    getch();
    exit(0);
  }
  if ((err = fopen_s(&fp2,"13.7.2.txt", "w"))!=0)
  {
    printf("文件打开失败! \n");
    getch();
    exit(0);
  }
  /* 使用函数 feof()判断文件是否结束 */
  printf("复制的内容为: \n");
  while (!feof(fp1))
  {
    ch = fgetc(fp1);
    fputc(ch, fp2);
    printf("%c", ch);
  }
  printf("\n");
  /* 关闭文件 */
  fclose(fp1);
  fclose(fp2);
  printf("\n 按任意键结束...\n");
  getch();
  return 0;
}
```

程序运行结果如图 13-9 所示。

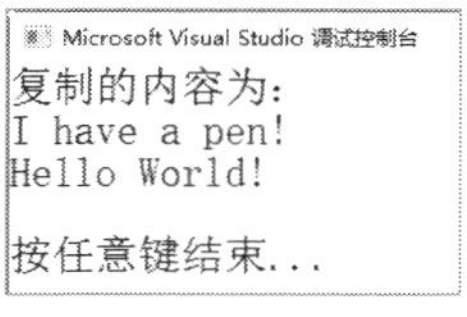

图 13-9　例 13.7 的程序运行结果

13.5.2　文件读写错误检测函数 ferror()

在对文件调用各种输入输出函数 fgetc()、fputc()、fread()、fwrite()等时，若是出现错误，那么除了函数的返回值会有所表示外，还可以通过调用函数 ferror()来进行检测。其调用格式如下：

```
ferror(文件指针);
```

若是函数 ferror()的返回值为 0，则表示正常，未出现错误；若是函数 ferror()的返回值为一个非 0 值，则表示出现错误。当执行函数 fopen()打开某个文件时，函数 ferror()的初始值会自动重置为 0。

13.5.3　文件错误标志清除函数 clearerr()

文件错误标志清除函数 clearerr()能够将文件的错误标志以及文件的结束标志重置为 0。例如，在调用一个输入输出函数对文件进行相应的读写操作时，出现了错误，那么使用函数 ferror()就会返回一个非 0 值，此时调用函数 clearerr()，函数 ferror()的返回值就会被重置为 0。其调用格式如下：

```
clearerr(文件指针);
```

☆**大牛提醒**☆

不论是调用函数 feof()，还是调用函数 ferror()，若是出现错误，那么该错误标志在对同一个文件进行下一次的输入输出操作前会一直保留，直到对该文件调用函数 clearerr()。

【例 13.8】编写程序，使用"只读"命令打开文件 13.8.1.txt，接着使用函数 fputc()向该文件进行写入字符的操作，调用函数 ferror()判断返回值，并输出错误提示，接着使用函数 clearerr()清除错误标志，再通过函数 fgetc()对文件进行读取操作，判断函数 ferror()返回值输出提示信息，最后关闭文件（源代码\ch13\13.8.txt）。

```c
#include <stdio.h>
/* 添加头文件"stdlib.h"以使用退出函数 exit() */
#include <stdlib.h>
int main ()
{
  /* 定义文件指针 */
  FILE *fp;
  char c;
  errno_t err;
  /* 打开文件 */
  if((err=fopen_s(&fp,"13.8.1.txt","r"))!=0)
  {
    printf("文件打开失败! \n");
    getch();
    exit(0);
  }
  /* 使用函数 fputc()进行写入操作 */
  fputc('a',fp);
  if(ferror(fp))
  {
    printf ("写入文件"13.8.1.txt"失败! \n");
    /* 清除错误标志 */
    clearerr(fp);
  }
  /* 使用函数 fgetc()读取 */
  c=fgetc(fp);
  if(!ferror(fp))
```

```
{
    printf("读取文件内容成功! \n");
}
/* 关闭文件 */
fclose (fp);
printf("按任意键结束...\n");
getch();
return 0;
}
```

运行上述程序，结果如图 13-10 所示。

Microsoft Visual Studio 调试控制台
写入文件"13.8.1.txt"失败！
读取文件内容成功！
按任意键结束...

图 13-10　例 13.8 的程序运行结果

13.6　新手疑难问题解答

问题 1：feof() 与 EOF 有什么区别？

解答：EOF 实际上是个宏。定义为 #define EOF (-1)，所以，EOF 是一个常量，即 -1。feof() 是个函数，用来判断是否读到文件结束位置，如果是就返回 -1，否则就返回 0，所以读文件是否结束不能用 EOF 去判断，但是可以用 feof() 和 EOF 去比较，如果相等，那么就是结束了。例如：if(feof(fp) == EOF)。

问题 2：C 语言中 fgetc() 和 getc() 与 fputc() 和 putc() 的区别是什么？

解答：fgetc 是从数据流中取一个字符，比如从一个打开的文件中取一个字符；fputc 是将一个字符送入到一个数据流中，比如往一个打开的文件中写入一个字符；getc 是通过键盘输入一个字符；putc 是通过屏幕输出一个字符。

13.7　实战训练

解题思路

实战 1：输出文件中的内容。

编写程序，通过文件内容的读取操作，同时对两个文件进行读取，并将这两个文件按照一左一右的形式输出在屏幕上，要求文件中每行读取的字符最大数为 30。程序运行结果如图 13-11 所示。

实战 2：对文件中的行数、字数、字符数进行统计。

编写程序，通过配置主函数的参数，实现对若干文件中的行数、字数以及字符数进行统计，要求一个行的判断通过换行符决定，一个字的判断由空白符、制表符以及换行符决定，而字符是文件中所有的字符。程序运行结果如图 13-12 所示。

实战 3：通过输入端输入某学期的课程表，然后将课程表输出到屏幕上。

编写程序，通过输入端输入某学期的课程表，并通过相应的输出函数将课程表写入到文件 11.22.txt 中，然后再通过输入函数读入该文件中的课程表，将该课程表输出在屏幕上。程序运行结果如图 13-13～图 13-16 所示。

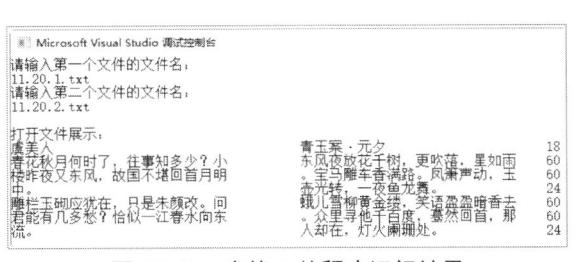

图 13-11 实战 1 的程序运行结果

图 13-12 实战 2 的程序运行结果

图 13-13 录入课程信息 1

图 13-14 录入课程信息 2

图 13-15 输出课程表

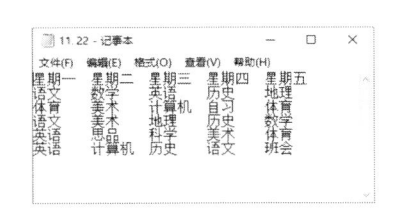

图 13-16 文件 11.22.txt 写入情况

实战 4：通过输入端输入学生的基本信息，将文件指针定位在文件起始位置，将学生信息输出在屏幕上。

编写程序，通过输入端输入学生的基本信息，使用函数 fwrite()将这些数据写入到文件 11.16.txt 中，然后以"只读"形式打开该文件，将文件指针定位在文件起始位置，使用函数 fread() 读取文件中的学生的基本信息，并将它们输出在屏幕上。程序运行结果如图 13-17、图 13-18 所示。（源代码\ch13\实战 4.txt）

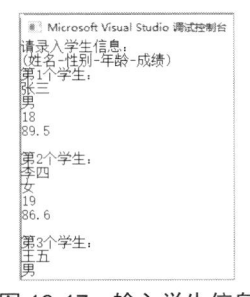

图 13-17 输入学生信息

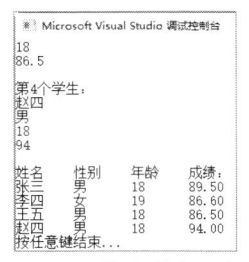

图 13-18 输出学生信息表

第14章

经典排序方法

本章内容提要

排序是计算机程序设计之中的一种重要的操作。通过排序操作，能够将一组数据元素或者记录的任意序列重新排列成一个具有规律的有序序列。本章就来介绍 C 语言中常用的排序方法。

微视频

14.1 排序概述

C 语言中，将排序分为内部排序与外部排序。内部排序就是指数据记录在内存中进行排序；而外部排序是指由于进行排序的数据比较大，一次不能容纳全部的排序记录，在排序过程中需要访问外存。排序的分类，如图 14-1 所示。

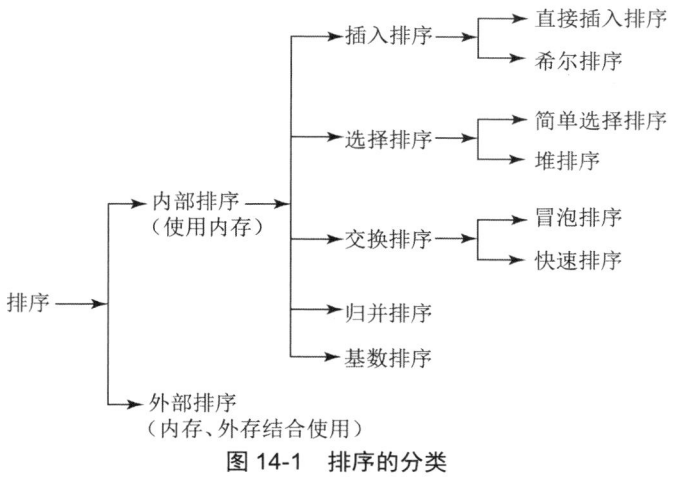

图 14-1 排序的分类

微视频

14.2 插入排序

插入排序分为直接插入排序与希尔排序，本节将对这两种排序方法进行详细讲解。

14.2.1 直接插入排序

插入排序（Insertion Sort）是一种简单直观的排序算法。它的工作原理是通过构建有序序列，对于未排序数据，在已排序序列中从后向前扫描，找到相应位置并插入。若是遇见一个和插入元素相等的元素，那么将插入的元素放在该元素的后面。

【例 14.1】编写程序，对一组数据使用直接插入排序方法进行排序（源代码\ch14\14.1.txt）。

```c
#include <stdio.h>
#define N 5
/* 定义直接插入排序函数 */
void InsertSort(int a[], int n)
{
  int i,j,t;
  for(i=1;i<n;i++)
  {
    if(a[i]<a[i-1])
    {
      j=i-1;
      t=a[i];
      a[i]=a[i-1];
      while(j>=0 && t<a[j])
      {
        /* 查找插入位置 */
        a[j+1]=a[j];
        j--;
      }
      /* 插入元素 */
      a[j+1]=t;
    }
  }
}
int main()
{
  int i,j;
  int a[N];
  printf("请输入数组元素: \n");
  for(i=0;i<N;i++)
  {
    scanf_s("%d",&a[i]);
  }
  /* 插入排序 */
  InsertSort(a,N);
  printf("进行插入排序后为: \n");
  for(j=0;j<N;j++)
  {
    printf("%d ",a[j]);
  }
  printf("\n");
  return 0;
}
```

程序运行结果如图 14-2 所示。

```
※ Microsoft Visual Studio 调试控制台
请输入数组元素:
15 12 20 10 22
进行插入排序后为:
10 12 15 20 22
```

图 14-2 例 14.1 的程序运行结果

14.2.2 希尔排序

希尔排序，也称递减增量排序算法，是插入排序的一种更高效的改进版本。它的主要思想是先将整个待排序的记录序列分割成为若干的子序列分别进行直接插入排序，待整个序列中的记录"基本有序"时，再对全体记录依次执行直接插入排序。

【例 14.2】编写程序，对一组数据使用希尔排序方法进行排序（源代码\ch14\14.2.txt）。

```c
#include <stdio.h>
#define N 6
/* 定义函数 */
void ShellSort(int a[], int length)
{
  int d;
  int i,j;
  int temp;
  /* 用来控制步长,最后递减到1 */
  for(d=length/2;d>0;d/=2)
  {
    /* 从第二个开始排序 */
    for(i=d;i<length;i++)
    {
      temp=a[i];
      for(j=i-d;j>=0 && temp<a[j];j-=d)
      {
        a[j+d]=a[j];
      }
      a[j+d]=temp;
    }
  }
}
int main()
{
  int i,j;
  int a[N];
  printf("请输入数组元素: \n");
  for(i=0;i<N;i++)
  {
    scanf_s("%d",&a[i]);
  }
  /* 调用希尔排序函数 */
  ShellSort(a,N);
  printf("进行希尔排序后为: \n");
  for(j=0;j<N;j++)
  {
    printf("%d ",a[j]);
  }
  printf("\n");
  return 0;
}
```

运行上述程序，结果如图 14-3 所示。本实例代码中定义了函数 ShellSort()，通过嵌套 for 循环完成先按增量分组，再分别排序的功能，最后实现希尔排序。

```
Microsoft Visual Studio 调试控制台
请输入数组元素:
15 18 12 11 16 9
进行希尔排序后为:
9 11 12 15 16 18
```

图 14-3　例 14.2 的程序运行结果

14.3　选择排序

微视频

选择排序分为简单选择排序以及堆排序，本节将对这两种排序方法进行详细讲解。

14.3.1　简单选择排序

选择排序（Selection Sort）是一种简单直观的排序算法。它的工作原理是首先在未排序序列中找到最小（大）元素，存放到排序序列的起始位置，然后，再从剩余未排序元素中继续寻找最小（大）元素，然后放到已排序序列的末尾。以此类推，直到所有元素均排序完毕。

【例 14.3】编写程序，使用简单选择排序方法对一组待排序数据进行排序操作（源代码\ch14\14.3.txt）。

```c
#include <stdio.h>
#define N 6
/* 定义函数 */
void SelectSort(int a[], int n)
{
  int i,j,k,min,temp;
  for(i=0;i<n-1;++i)
  {
    min=i;
    for(j=i+1;j<n;++j)
    {
      /* min 为最小元素下标 */
      if(a[j] < a[min])
      {
        min=j;
      }
    }
    /* min 发生改变 */
    if(min!=i)
    {
      temp = a[i];
      a[i] = a[min];
      a[min] = temp;
    }
    printf("第 %d 趟排序结果: ",i+1);
    for(k=0;k<n;k++)
    {
      printf("%d ",a[k]);
    }
    printf("\n");
  }
}
int main()
{
  int i,j;
  int a[N];
  printf("请输入待排序数据: \n");
  for(i=0;i<N;i++)
  {
    scanf_s("%d",&a[i]);
  }
  printf("简单选择排序过程: \n");
  /* 调用简单选择排序函数 */
  SelectSort(a,N);
```

```
  return 0;
}
```

程序运行结果如图 14-4 所示。本实例定义了函数 SelectSort()，通过 for 循环，分别将第一个数据与其他数据进行比较，把最小的数据与第一个数据交换，然后将第二个数据与剩余其他数据进行比较，把最小数据与第二个数据交换……以此类推，并分别输出每次排序的结果。

```
Microsoft Visual Studio 调试控制台
请输入待排序数据:
10 15 28 9 16 37
简单选择排序过程:
第 1 趟排序结果: 9 15 28 10 16 37
第 2 趟排序结果: 9 10 28 15 16 37
第 3 趟排序结果: 9 10 15 28 16 37
第 4 趟排序结果: 9 10 15 16 28 37
第 5 趟排序结果: 9 10 15 16 28 37
```

图 14-4　例 14.3 的程序运行结果

14.3.2　堆排序

堆排序是对选择排序的改进，其中“堆”表示一棵顺序存储的完全二叉树。当每个结点的数据都不大于其孩子结点的数据时，称此堆为小根堆；当每个结点的数据都不小于其孩子结点的数据时，称此堆为大根堆。

使用堆排序方法主要思想就是根据待排序数组元素来构造初始堆（构造为小根堆或者大根堆），然后将堆顶元素输出，得到这组元素中最小或者最大元素，接着再将剩余的元素重新构造成小根堆或者大根堆，再将堆顶元素输出，依此类推，直到输出最后一个元素就完成了按从小到大或从大到小的排序了。

【例 14.4】编写程序，使用堆排序方法对一组待排序的数据进行排序操作（源代码\ch14\14.4.txt）。

```
#include <stdio.h>
#define N 7
/* 定义函数 */
void HeapAdjust(int a[],int n2,int n1)
{
  /* 调整为小根堆 */
  int i,j=a[n2];
  for(i=2*n2;i<=n1;i*=2)
  {
    /* 判断左右子数大小 */
    if(i<n1 && a[i]>a[i+1])
    {
      i++;
    }
    if(j<=a[i])
    {
      break;
    }
    a[n2]=a[i];
    n2=i;
  }
  a[n2]=j;
}
void HeapSort(int a[],int n)
{
  int i,t;
```

```
    /* 构造小根堆 */
    for(i=n/2;i>0;i--)
    {
        HeapAdjust(a,i,n);
    }
    for(i=n;i>1;i--)
    {
        /* 堆顶与最后一个元素互换 */
        t=a[1];
        a[1]=a[i];
        a[i]=t;
        HeapAdjust(a,1,i-1);
    }
}
int main()
{
    int i,j;
    int a[N+1];
    printf("请输入待排序数据: \n");
    /* 从下标 1 开始存储 */
    for(i=1;i<N;i++)
    {
        scanf_s("%d",&a[i]);
    }
    /* 调用堆排序函数 */
    HeapSort(a,N);
    printf("进行堆排序后为: \n");
    for(j=1;j<N;j++)
    {
        printf("%d ",a[j]);
    }
    printf("\n");
    return 0;
}
```

程序运行结果如图 14-5 所示。本实例代码中定义了函数 HeapAdjust()，该函数用于将堆调整为小根堆，又定义了函数 HeapSort()，该函数首先构造一个小根堆，然后再使用 for 循环，先调整元素，再重新构造小根堆，直到排序完成。

图 14-5　例 14.4 的程序运行结果

14.4　交换排序

微视频

交换排序分为冒泡排序与快速排序，本节将对这两种排序方法进行详细讲解。

14.4.1　冒泡排序

冒泡排序是一种简单的排序算法。它重复地走访要排序的数列，一次比较两个元素，如果它们的顺序（如从大到小、首字母从 A 到 Z）错误就把他们交换过来。

【例 14.5】编写程序，使用冒泡排序方法对一组数据进行排序操作（源代码\ch14\14.5.txt）。

```c
#include <stdio.h>
#define N 6
/* 定义函数 */
void swap(int *a, int *b)
{
    int temp;
    temp=*a;
    *a=*b;
    *b=temp;
}
int main()
{
    int a[N];
    int i, j;
    printf("请输入待排序数据: \n");
    for(i=0;i<N;i++)
    {
        scanf_s("%d",&a[i]);
    }
    for (i=0;i<N;i++)
    {
        /* 由后向前比较 */
        for (j=N-1;j>i;j--)
        {
            if (a[j] < a[j-1])
            {
                /* 调用函数 交换两数 */
                swap(&a[j], &a[j-1]);
            }
        }
    }
    printf("冒泡排序后为: ");
    for(i=0;i<N;i++)
    {
        printf("%d ", a[i]);
    }
    printf("\n");
    return 0;
}
```

程序运行结果如图 14-6 所示。本实例代码中，首先定义了函数 swap()，用于将两数进行交换，接着在主函数 main()中，通过输入端输入待排序的数据，然后通过嵌套 for 循环，依次对未排序的数据进行两两比较，若是前数大于后数，则调用函数 swap()将两数交换，接着继续循环，直到排序完成，最后输出排序结果。

```
※ Microsoft Visual Studio 调试控制台
请输入待排序数据:
15 12 36 20 9 15
冒泡排序后为: 9 12 15 15 20 36
```

图 14-6　例 14.5 的程序运行结果

14.4.2　快速排序

快速排序属于一种划分交换排序方法，其排序思想如下：

（1）首先从待排序数据中取一个数作为基准数，一般为第一个数或最后一个数。

（2）通过分区，将比基准数小的数全部放在它的左边，比基准数大的数全部放在它的右边。

（3）对左右分区重复第二步，直到完成排序。

【例 14.6】编写程序，使用快速排序方法对一组数据进行排序操作（源代码\ch14\14.6.txt）。

```c
#include <stdio.h>
#define N 6
int s=1;
void QuikSort(int a[],int low,int high)
{
  int k;
  int i=low;
  int j=high;
  /* 基准数 */
  int temp=a[i];
  if(low<high)
  {
    while(i<j)
    {
      /* 处理右边 */
      while((a[j] >= temp) && (i < j))
      {
        j--;
      }
      a[i]=a[j];
      /* 处理左边 */
      while((a[i] <= temp) && (i < j))
      {
        i++;
      }
      a[j]=a[i];
    }
    a[i]=temp;
    printf("第 %d 趟: \n",s);
    for(k=0;k<N;k++)
    {
      printf("%d ",a[k]);
    }
    printf("\n\n");
    s++;
    /* 递归 处理左边 */
    QuikSort(a,low,i-1);
    /* 递归 处理右边 */
    QuikSort(a,j+1,high);
  }
  else
  {
    return;
  }
}
int main()
{
  int i;
  int a[N];
  printf("请输入待排序数据: \n");
  for(i=0;i<N;i++)
  {
    scanf_s("%d",&a[i]);
  }
  printf("排序过程: \n");
  /* 调用快速排序 */
  QuikSort(a,0,N-1);
```

```
    return 0;
}
```

运行上述程序，结果如图 14-7 所示。本实例代码中，首先定义了全局变量 s 和函数 QuikSort()，该函数用于确定基准数 temp，使用快速排序方法进行分区与交换排序处理，并输出每一趟排序后的结果。

```
※ Microsoft Visual Studio 调试控制台
请输入待排序数据：
10 22 9 7 12 35
排序过程：
第 1 趟：
7 9 10 22 12 35

第 2 趟：
7 9 10 22 12 35

第 3 趟：
7 9 10 12 22 35
```

图 14-7 例 14.6 的程序运行结果

14.5 归并排序

微视频

归并排序方法是将两个或两个以上的有序表合并成一个新的有序表，也就是说，可以将待排序的数据分成若干个子序列，每个子序列看成有序序列，然后将这些有序序列合并成一个整体有序序列。

【例 14.7】编写程序，使用归并排序对一组待排序数据进行排序操作（源代码\ch14\14.7.txt）。

```c
#include <stdio.h>
#include <stdlib.h>
#define N 6
/* 定义函数 */
void Merge(int a[],int Temp[],int L,int R,int RightEnd)
{
    /* 合并两个有序序列 */
    int LeftEnd=R-1;
    int p=L,i;
    int num=RightEnd-L+1;
    /* 合并元素 */
    while(L<=LeftEnd && R<=RightEnd)
    {
        if(a[L]<=a[R])
        {
         Temp[p++]=a[L++];
        }
        else
        {
         Temp[p++]=a[R++];
        }
    }
    while(L<=LeftEnd)
    {
        Temp[p++]=a[L++];
    }
    while(R<=RightEnd)
    {
```

```
            Temp[p++]=a[R++];
        }
    for(i=0;i<num;i++,RightEnd--)
    {
        a[RightEnd]=Temp[RightEnd];
    }
}
void MSort(int a[],int Temp[],int L,int RightEnd)
{
    int center;
    if(L<RightEnd)
    {
        /* 将数组一分为二 */
        center=(L+RightEnd)/2;
        /* 处理前一部分 */
        MSort(a,Temp,L,center);
        /* 处理后一部分 */
        MSort(a,Temp,center+1,RightEnd);
        /* 合并两部分 */
        Merge(a,Temp,L,center+1,RightEnd);
    }
}
void MergeSort(int a[],int n)
{
    int *Temp=(int *)malloc(n*sizeof(int));
    if(Temp)
    {
        MSort(a,Temp,0,n-1);
        free(Temp);
    }
    else
    {
        printf("分配空间失败!\n");
    }
}
int main()
{
    int a[N],i;
    printf("请输入待排序数据: \n");
    for(i=0;i<N;i++)
    {
        scanf_s("%d",&a[i]);
    }
    /* 调用归并排序函数 */
    MergeSort(a,N);
    printf("归并排序后为: \n");
    for(i=0;i<N;++i)
    {
        printf("%d ",a[i]);
    }
    printf("\n");
    return 0;
}
```

程序运行结果如图 14-8 所示。本实例代码中，首先定义了函数 Merge()、MSort()以及 MergeSort()，其中函数 Merge()用于合并两个有序的序列；函数 MSort()将序列一分为二分别处理前后部分，最后将处理过的两部分序列合并；函数 MergeSort()用于调用 MSort()处理序列，并做动态分配空间与释放的操作。在主函数 main()中，首先通过输入端输入待排序数据，调用函数 MergeSort()使用归并排序方法对数据进行排序，最后输出排序结果。

```
■ Microsoft Visual Studio 调试控制台
请输入待排序数据：
8 5 4 10 9 1
归并排序后为：
1 4 5 8 9 10
```

图 14-8　例 14.7 的程序运行结果

14.6　基数排序

微视频

基数排序的基本思想是对一组数据的每一位进行分别排序，排序的顺序是：个位、十位、百位……

【例 14.8】编写程序，使用基数排序方法对一组数据进行排序操作（源代码\ch14\14.8.txt）。

```c
#include <stdio.h>
#define N 10
/* 声明函数 */
/* a 为待排序数组 b 为排序好的数组 c 为中间数组 temp 为原始数组 */
void RadixSort(int a[],int b[],int c[],int temp[]);
int main()
{
  int i;
  int a[10] = {84,15,57,45,19,22,12,1,5,9};
  int temp[10];
  int b[10];
  int c[10];
  printf("待排序数据为: \n");
  for (i = 0;i < N;i++)
  {
     printf("%d ",a[i]);
  }
  printf("\n");
  /* 个位排序 */
  for (i = 0;i < N;i++)
  {
     temp[i] = a[i] % 10;
  }
  RadixSort(temp,b,c,a);
  for (i = 0;i < N;i++)
  {
     a[i] = b[i];
  }
  /* 十位排序 */
  for (i = 0;i < N;i++)
  {
     temp[i] = a[i] / 10 % 10;
  }
  RadixSort(temp,b,c,a);
  for (i = 0;i < N;i++)
  {
     a[i] = b[i];
  }
  /* 百位排序 */
  for (i = 0;i < N;i++)
  {
     temp[i] = a[i] / 100 % 10;
  }
```

```
        RadixSort(temp,b,c,a);
        printf("排序后的数组为: \n");
        for (i = 0;i < N;i++)
        {
            printf("%d ",b[i]);
        }
        printf("\n");
        return 0;
}
/* 定义函数 */
void RadixSort(int a[],int b[],int c[],int temp[])
{
    int i,j;
    for (i = 0;i < N;i++)
    {
        c[i] = 0;
    }
    for (j = 0;j < N;j++)
    {
        c[a[j]] += 1;
    }
    for (i = 1;i < N;i++)
    {
        c[i] = c[i] + c[i-1];
    }
    for (j = 9;j >= 0;j--)
    {
        b[c[a[j]] - 1] = temp[j];
        c[a[j]] -= 1;
    }
}
```

运行上述程序，结果如图 14-9 所示。本实例代码中，首先声明函数 RadixSort()，该函数主
要功能为计数排序，此方法排序比较稳定适用于基数排序，通过比较，将待排序的数组元素按
照位置进行排序，存放到数组 b 中。接着在主函数 main()中，分别取出每个数据中的个位、十
位以及百位，再调用函数 RadixSort()对它们进行排序，从而实现对每个数据按照每位上的数进
行排序，最终得出排序后的有序序列。

图 14-9　例 14.8 的程序运行结果

14.7　新手疑难问题解答

问题 1： 排序算法是如何分类的?

解答： 所谓排序，就是使一串记录，按照其中的某个或某些关键字的大小，按递增或递减
规律排列起来的操作。排序算法通常被分类为：

（1）计算的复杂度（最差、平均和最好性能），依据列表(list)的大小(n)。一般而言，好的
性能是 O(nlogn)，坏的性能是 O(n^2)。对于一个排序理想的性能是 O(n)。而仅使用一个抽象关
键比较运算的排序算法总平均上总是至少需要 O(nlogn)。

（2）稳定度：稳定的排序算法会依照相等的关键字（换言之就是值）维持记录的相对次序。

（3）一般的方法：插入、交换、选择、归并等。交换排序包含冒泡排序和快速排序。插入排序包含希尔排序等，选择排序包括堆排序等。

问题 2： 排序算法的稳定性对代码有什么影响？

解答： 排序算法的稳定性是指如果在待排序的序列中，存在若干具有相同关键字的记录，经过排序操作后，若这些记录的相对次序不发生变化，则称该算法是稳定的；如果经过排序之后，记录的相对次序发生了变化，则称该算法是不稳定的。

稳定性的好处为：排序算法如果是稳定的，那么从一个键上排序，然后再从另一个键上排序，第一个键排序的结果可以为第二个键排序所用。基数排序就是这样，先按低位排序，逐次按高位排序，低位相同的元素其顺序在高位也相同时是不会改变的。另外，如果排序算法稳定，可以避免多余的比较。

14.8 实战训练

解题思路

实战 1： 解决《算经》中张丘建曾提出过的一个“百鸡问题”。

编写程序，这里假设公鸡一只值五块，母鸡一只值三块，小鸡三只值一块。用一百块钱买一百只鸡，问公鸡、母鸡、小鸡各买多少只？程序运行结果如图 14-10 所示。

实战 2： 求 Fibonacci 数列（斐波那契数列）

编写 C 语言程序，利用递归法，输出前 n 项的 Fibonacci 数列。这里输入 n 的值为 10，程序运行结果如图 14-11 所示。

```
Microsoft Visual Studio 调试控制台
百钱买百鸡，求鸡翁、鸡母、鸡雏的数目：
 1: 鸡翁0只, 鸡母25只, 鸡雏75只
 2: 鸡翁4只, 鸡母18只, 鸡雏78只
 3: 鸡翁8只, 鸡母11只, 鸡雏81只
 4: 鸡翁12只, 鸡母4只, 鸡雏84只
```

图 14-10　实战 1 的程序运行结果

```
Microsoft Visual Studio 调试控制台
输入显示数值的个数:10
1  1  2  3  5  8  13  21  34  55
```

图 14-11　实战 2 的程序运行结果

实战 3： 利用指针变量完成对二维数组中字符串的比较，并按照由小到大的顺序输出。

编写程序，定义一个字符型指针数组以及一个二维数组，将二维数组每行首地址赋予指针数组中的指针，输入字符串存于二维数组中，利用指针变量完成对二维数组中字符串的比较，并按照由小到大的顺序输出，程序运行结果如图 14-12 所示。

```
Microsoft Visual Studio 调试控制台
请输入字符串:
abcdefg
abcdef
abcde
abcd
abc
排序后的字符串为:
abc
abcd
abcde
abcdef
abcdefg
```

图 14-12　实战 3 的程序运行结果

第15章

第15章

编译与预处理命令

本章内容提要

C 语言较其他汇编语言而言，比较独特的地方就是具有预处理功能，在之前使用到的实例中，带有#的语句就属于预处理指令。使用预处理指令能够提高 C 语言的编程效率，并且增加程序的可移植性。

15.1　预处理命令

所谓预处理就是指源程序被正式编译之前所进行的处理工作，这是 C 语言和其他高级汇编语言之间的一个重要区别。预处理命令的作用不是实现程序的功能，它们是发布给编译系统的信息，即告诉编译系统，在对源程序进行编译之前应该做些什么，所以称这类语句为编译预处理命令。

在 C 语言中，所有的预处理命令均以#开头，在它前面不能出现空格以外的字符，而且在行结尾处没有分号。C 语言中的预处理命令主要有 3 类，分别是宏定义、文件包含和条件编译。

15.2　宏定义

在 C 语言中，通过使用一个标识符来表示一个字符串，就称为宏，标识符称为宏名。在编译预处理过程中，将宏名替换成它所代表的字符串，这一过程也称宏代换或宏展开。宏定义主要通过#define 和#undef 命令来实现。

15.2.1　不带参数的宏定义

#define 是宏定义命令，它的语法格式一般有两种形式，分别是不带参数和带参数。在程序中使用不带参数的宏定义，其语法格式如下：

```
#define 标识符 字符串
```

例如：

```
#define PI 3.14
```

此为使用变量 PI 来表示圆周率。

【例 15.1】编写程序，计算半径为 5 的圆的周长（源代码\ch15\15.1.txt）。

```
#include <stdio.h>
/* 宏定义 */
```

```
#define PI 3.14
#define R 5
int main()
{
    float c;
    printf("计算半径为%d 的圆的周长: \n",R);
    c=2*PI*R;
    printf("该圆的周长是%.2f\n",c);
    return 0;
}
```

程序运行结果如图 15-1 所示。本实例代码中通过宏定义使用变量 PI 表示圆周率，使用 R 表示圆的半径，接着在主函数中，通过公式对圆的半径进行计算，这里通过 3.14 和 5 分别代入公式，完成周长的求解。

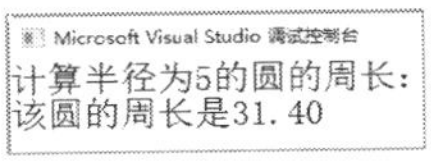

图 15-1　例 15.1 的程序运行结果

☆**大牛提醒**☆

上例中 PI 与 R 称为宏定义的宏名，宏名的命名规范与标识符命名规范相同，并且要使用大写字母便于与普通变量进行区分。另外，宏定义只在程序中起到替换的作用，不会为其分配内存空间。

15.2.2　宏定义的嵌套

C 语言中，宏也可以像变量一样，进行嵌套定义，例如：

```
#define A 3
#define B (A+2)
#define C (B+3)
```

首先定义 A，然后嵌套定义 B，最后嵌套定义 C，将它们进行展开为：

```
#define A 3
#define B (3+2)
#define C ((3+2)+3)
```

【例 15.2】编写程序，通过嵌套宏定义，计算圆的周长与面积（源代码\ch15\15.2.txt）。

```
#include <stdio.h>
/* 嵌套宏定义 */
#define R 5
#define PI 3.14
#define C (2*PI*R)
#define S (PI*R*R)
int main()
{
    /* 使用宏 */
    printf("计算半径为%d 的圆周长与面积: \n",R);
    printf("周长 2*PI*R=%.2f\n",C);
    printf("面积 PI*R*R=%.2f\n",S);
    return 0;
}
```

程序运行结果如图 15-2 所示。本实例在代码中，首先定义宏 R 表示圆的半径，然后定义宏 PI 表示圆周率，接着进行嵌套定义宏 C，在宏 C 中使用了宏 R 与 PI，对圆的周长进行求解，最后进行嵌套定义宏 S，在宏 S 中使用了宏 R 与 PI，对圆的面积进行求解，然后再分别输出求解的结果。

```
Microsoft Visual Studio 调试控制台
计算半径为5的圆周长与面积:
周长2*PI*R=31.40
面积PI*R*R=78.50
```

图 15-2　例 15.2 的程序运行结果

15.2.3　带参数的宏定义

除了不带参数的宏定义外，实际上，宏也可以定义为带参数的形式。语法格式如下：

```
#define 宏名(参数列表) 字符串
```

带参数的宏定义进行调用时，语法格式如下：

```
宏名(实参列表);
```

例如：

```
#define PI 3.14
#define C(r) 2*PI*r
#define S(r) PI*r*r
...
int r;
C(r);
S(r);
```

此为将圆的半径作为参数进行传递，通过调用宏，计算圆的周长与面积。

【例 15.3】编写程序，定义一个宏 MIN，用于判断传递的参数值的大小，并返回较小的值（源代码\ch15\15.3.txt）。

```
#include <stdio.h>
/* 宏定义 */
#define MIN(x,y)  (x<y) ? x : y
int main()
{
  int a,b,min;
  printf("请输入两个整数用于比较大小: \n");
  scanf_s("%d%d",&a,&b);
  /* 调用宏 */
  min=MIN(a,b);
  printf("两数中较小的数为 %d\n",min);
  return 0;
}
```

程序运行结果如图 15-3 所示。本实例代码中首先对带参数的宏 MIN 进行定义，其中包含两个形参 x 与 y。在主函数中，通过输入端输入两个整数 a 与 b，再调用宏 MIN，将变量 a 与 b 作为实参进行传递，此时宏展开后为“min=(a<b)?a:b”，最后得出两数中较小数的值。

```
Microsoft Visual Studio 调试控制台
请输入两个整数用于比较大小:
100 99
两数中较小的数为 99
```

图 15-3　例 15.3 的程序运行结果

使用带参数的宏定义时，需要注意以下几点：

（1）在定义带参数的宏时，宏名与形参列表之间不可出现空格。

例如将：

```
#define MIN(x,y)  (x<y)?x:y
```

写为：

```
#define MIN (x,y) (x<y)?x:y
```

是不合法的，此时的宏将被看作无参数的定义形式，若对宏进行调用：

```
min=MIN(a,b);
```

展开后为：

```
min=(a,b) (a<b)?a:b;
```

无法进行计算，此为错误宏定义。

（2）与函数定义时的参数不同，在定义宏时不需要对形参的数据类型进行说明，而调用时与函数一样需要分配内存，就需要指明实参的数据类型。

【例 15.4】编写程序，使用带参数的宏定义，计算$(2a)^2$的值（源代码\ch15\15.4.txt）。

```
#include <stdio.h>
/* 宏定义 */
#define F(n) (n)*(n)
int main()
{
  int a,b;
  printf("请输入一个整数: \n");
  scanf_s("%d", &a);
  /* 调用宏 */
  b=F(2*a);
  printf("b=%d\n",b);
  return 0;
}
```

程序运行结果如图 15-4 所示。本案例在代码中定义了一个带参数的宏 F，其中形参 n 不同于函数中的形参，不需要进行数据类型的说明，在调用宏 F 时传递了实参 2*a，而 a 被定义为整型数据，将宏展开后为(2*a)(2*a)，这里可以发现对宏进行传递实参不需要对实参表达式进行计算，而是原样替换。

```
※ Microsoft Visual Studio 调试控制台
请输入一个整数：
100
b=40000
```

图 15-4　例 15.4 的程序运行结果

（3）宏定义中的字符串内形参需要使用括号括起来以免出错。

【例 15.5】编写程序，计算表达式 16/F(2*a)，输出结果（源代码\ch15\15.5.txt）。

```
#include <stdio.h>
/* 宏定义 */
#define F(n) (n)*(n)
int main()
{
  int a,b;
  printf("请输入一个整数: \n");
  scanf_s("%d", &a);
  /* 调用宏 */
  b=16/F(2*a);
  printf("b=%d\n",b);
  return 0;
}
```

程序运行结果如图 15-5 所示。

图 15-5　例 15.5 的程序运行结果

　　本实例代码中，首先定义带参数的宏 F，在主函数中输入 a 的值再调用宏计算表达式 16/F(2*a)，当输入的 a 为 2 时，可能读者会认为得出的结果为 1，但是实际上宏的展开为 16/(2*a)*(2*a)，按照运算符的优先级以及结合性，先计算 16/(2*a)，得出 4，再计算 4*(2*a)，所以得出 16。

　　【例 15.6】编写程序，为得出正确的答案，对上述实例进行改造，定义宏时在字符串的最外侧加上括号，计算 16/F(2*a)，输出结果（源代码\ch15\15.6.txt）。

```c
#include <stdio.h>
/* 宏定义 */
#define F(n) ((n)*(n))
int main()
{
    int a,b;
    printf("请输入一个整数: \n");
    scanf_s("%d", &a);
    /* 调用宏 */
    b=16/F(2*a);
    printf("b=%d\n",b);
    return 0;
}
```

　　程序运行结果如图 15-6 所示。本实例在定义宏时，对字符串的最外侧添加了括号，接着在主函数中，依旧输入整数 2，调用宏对表达式进行计算，此时得出的结果正是上例中理论上应得的 1，说明在使用带参数的宏定义时不仅需要在参数两侧加上括号，还应该在整个字符串的外面添加括号。

请输入一个整数:
2
b=1

图 15-6　例 15.6 的程序运行结果

15.2.4　宏定义的多行表示

　　C 语言中，宏定义通常情况下是单行完成的，但也有特例，若是需要使用多行定义一个宏，则必须使用反斜线\。

　　例如：

```c
/* 多行宏定义 */
#define F(n) \
    ((n)*(n))
```

　　多行宏定义的反斜线书写位置在第一行的末尾，然后换行输入第二行。

　　【例 15.7】编写程序，使用多行宏定义，将小写字母转换为大写字母（源代码\ch15\15.7.txt）。

```c
#include <stdio.h>
/* 多行宏定义 */
#define UP(c) \
    (((c)>='a' && (c)<='z') ? ((c)-32):(c))
int main()
{
    char ch;
```

```
    printf("请输入一个字符: \n");
    ch=getc(stdin);
    printf("%c 转换为大写字符为: %c\n",ch,UP(ch));
    return 0;
}
```

程序运行结果如图 15-7 所示。本实例在代码中，首先定义了一个多行的宏，该宏用于将传递的参数字符小写形式转换为大写，接着在主函数 main()中，定义一个字符变量 ch，通过输入端输入一个字符，接着调用宏输出这个字符的大写形式。

Microsoft Visual Studio 调试控制台
请输入一个字符:
b
b 转换为大写字符为: B

图 15-7　例 15.7 的程序运行结果

15.2.5　解除宏定义

使用#undef 命令可以解除宏定义，其语法格式如下：

```
#undef 宏名
```

例如：

```
#undef PI
```

【例 15.8】编写程序，演示宏定义的作用范围（源代码\ch15\15.8.txt）。

```
#include <stdio.h>
/* 宏定义 */
#define PI 3.1416
void f();
void main()
{
  printf("PI=%f\n",PI);
  f();
}
#undef PI
#define PI 3+5
#define T 2*PI
void f()
{
  printf("PI=%d,T=%d\n",PI,T);
}
```

程序运行结果如图 15-8 所示。本实例中第一次出现的 PI 被替换成了 3.1416，由于遇到了#undef PI 语句，因此解除了宏定义。第二次的 PI 被重新宏定义，即替换为新的字符串"3+5"，因此第二次输出的 PI 值为 8。

Microsoft Visual Studio 调试控制台
PI=3.141600
PI=8,T=11

图 15-8　例 15.8 的程序运行结果

微视频

15.3　文件包含

"#include"被称为预包含命令，通常有两种语法形式，如下：

```
#include <文件名>
```

或者写为：

```
#include "文件名"
```

<文件名>和"文件名"的不同在于定位文件的方式，<文件名>是直接到系统指定的目录内查找文件；"文件名"是按照源程序所在路径查找文件，如果找不到就再到系统指定的目录查找。

系统所指定的目录可以通过设置编译器选项 include 的目录确定，其目录下有大家已经熟悉的 stdio.h、math.h 等。

如果文件未定位成功，则会显示编译错误，预处理器会用该文件的内容替换#include 命令所在的行，替换后的代码再被编译器编译。

【例 15.9】编写程序，新建 main.c 以及 Swap.h 两个文件，通过使用文件包含完成两数的交换功能（源代码\ch15\15.9.txt）。

文件 main.c 具体代码：

```c
#include <stdio.h>
/* 添加头文件 */
#include <Swap.h>
int main()
{
  int a,b;
  printf("请输入两个整数: \n");
  scanf_s("%d%d",&a,&b);
  /* 使用文件中的宏 */
  SWAP(a,b);
  printf("交换后 a=%d,b=%d\n",a,b);
  return 0;
}
```

文件 Swap.h 具体代码：

```c
/* 多行宏定义 */
#define SWAP(a,b){ \
  int temp;\
  temp=a;\
  a=b;\
  b=temp;}
```

程序运行结果如图 15-9 所示。例 15.9 在文件 Swap.h 中定义了一个多行的宏，用于将参数进行交换。接着在 main.c 文件中，将文件 Swap.h 添加进来，然后通过输入端输入两个整数，使用文件中的宏 SWAP，将这两个数进行交换，并输出交换结果。

图 15-9　例 15.9 的程序运行结果

☆大牛提醒☆

一个文件要使用多个文件包含，则需通过若干 inlcude 指令添加，一个 include 指令对应一个文件。

15.4　条件编译

微视频

预处理命令具有裁剪源程序代码的功能，使得某些代码仅在特定的条件成立时才会被编译并执行，预处理命令的功能就是借助条件编译来实现的。C 语言中使用条件编译有 3 种常用的命令，分别是#if、#ifdef 和#ifndef。

15.4.1 #if 命令

使用#if 命令的一般形式如下：

```
#if 表达式
…语句段 1；
#else
…语句段 2；
#endif
```

表示若是#if 命令后表达式为真，则编译语句段 1，否则编译语句段 2。

【例 15.10】编写程序，使用#if 命令演示条件编译（源代码\ch15\15.10.txt）。

```
#include <stdio.h>
/* 宏定义 */
#define FLAG1 0
#define FLAG2 0
#define FLAG3 1
int main()
{
#if FLAG1
    {
        float r;
        printf("请输入圆的半径 r: \n");
        scanf_s("%f",&r);
        printf("该圆的面积为：%.2f\n",3.14*r*r);
    }
#endif
#if FLAG2
    {
        float a,b;
        printf("请输入矩形的长和宽: \n");
        scanf_s("%f%f",&a,&b);
        printf("矩形的面积为：%.2f\n",a*b);
    }
#endif
#if FLAG3
    {
        float x,y;
        printf("请输入三角形的底和高: \n");
        scanf_s("%f%f",&x,&y);
        printf("三角形的面积为：%.2f\n",x*y/2);
    }
#endif
    return 0;
}
```

程序运行结果如图 15-10 所示。本实例代码中，首先定义 3 个宏 FLAG，通过这 3 个宏，来分别控制程序求解不同的面积。当宏 FLAG1 的值为 1 时，对圆的面积进行求解；当 FALG2 的值为 1 时，对矩形的面积进行求解；当 FLAG3 的值为 1 时，对三角形的面积进行求解。

```
Microsoft Visual Studio 调试控制台
请输入三角形的底和高：
10  8
三角形的面积为：40.00
```

图 15-10 例 15.10 的程序运行结果

15.4.2 #ifdef 命令

使用#ifdef 命令的一般形式如下：

```
#ifdef 宏替换名
...语句段 1
#else
...语句段 2
#endif
```

表示若是宏替换名已经被定义，则编译语句段 1，否则编译语句段 2。其中，若是没有语句段 2，则可以省略#else，写为：

```
#ifdef 宏替换名
...语句段
#endif
```

【例 15.11】编写程序，使用#ifdef 命令演示条件编译（源代码\ch15\15.11.txt）。

```
#include <stdio.h>
/* 宏定义 */
#define PI 3.14
#define S(r) PI*r*r
int main()
{
#ifdef S
    {
        float r,s;
        printf("请输入圆的半径: \n");
        scanf_s("%f",&r);
        /* 使用宏 */
        s=S(r);
        printf("该圆的面积为: %.2f\n",s);
    }
#endif
    return 0;
}
```

程序运行结果如图 15-11 所示。本实例代码中，首先定义宏 PI 和 S(r)，接着在主函数中使用#ifdef 命令对圆的面积进行求解，由于宏 S(r)在头文件中被定义了，所以可以编译代码块中的内容，输入半径，使用宏求解圆的面积并输出。若是该宏没有被定义，则不会进行编译。

图 15-11 例 15.11 的程序运行结果

15.4.3 #ifndef 命令

使用#ifndef 命令的一般形式如下：

```
#ifndef 宏替换名
...语句段 1
#else
...语句段 2
#endif
```

它的功能与#ifdef 命令正好相反，若是宏替换名未被定义，则编译语句段 1；否则编译语句段 2。

同样，#else 可以省略，写为：

```
#ifndef 宏替换名
...语句段
#endif
```

【例 15.12】编写程序，使用#ifndef命令进行条件编译（源代码\ch15\15.12.txt）。

```c
#include <stdio.h>
/* 宏定义 */
#define S(a,b) (a)*(b)/2
int main()
{
#ifndef FLAG
    {
        float a,b,s;
        printf("请输入三角形的底和高: \n");
        scanf_s("%f%f",&a,&b);
        /* 使用宏 */
        s=S(a,b);
        printf("三角形的面积为: %.2f\n",s);
    }
#endif
    return 0;
}
```

程序运行结果如图 15-12 所示。本实例代码中，首先进行宏定义，用于计算三角形的面积，接着在主函数 main() 中，使用#ifndef命令对三角形面积进行求解，注意这里的宏替换名为 FLAG，但是在头文件中并未对该宏进行定义，所以可以对代码块中内容进行编译。

※ Microsoft Visual Studio 调试控制台
请输入三角形的底和高:
10 8
三角形的面积为: 40.00

图 15-12 例 15.12 的程序运行结果

15.4.4 使用 DEBUG 宏

开发人员在程序的调试过程中，需要反复地修改完善，修改的过程中就需要对程序的某个功能进行反复的调试。在 C 语言中，有一种专门的 DEBUG 宏，能够将调试过程中参数的值进行输出，从而发现问题的出处，在调试完成后，只需将其删除即可，十分方便。

使用 DEBUG 宏的语法如下：

```c
/* 宏定义 */
#define DEBUG
…语句段
#ifdef DEBUG
    printf("输出参数值%d",x);
#endif
```

其中，需要先对宏进行定义，然后使用#ifdef命令进行条件编译，输出具体程序中参数的值。

【例 15.13】编写程序，使用 DEBUG 宏演示程序的调试过程（源代码\ch15\15.13.txt）。

```c
#include <stdio.h>
/* DEBUG 宏 */
#define DEBUG
/* 声明函数 */
long f();
int main()
{
    int n;
    printf("输入一个整数 n: \n");
    while(scanf_s("%d",&n)!=EOF)
    {
        printf("%d 的阶乘为 %ld \n",n,f(n));
    }
}
```

```
  return 0;
}
/* 定义函数 */
long f(int n)
{
  int i;
  long s=1;
  for(i=1;i<=n;i++)
  {
      s=s*i;
#ifdef DEBUG
      printf("调试信息%d!=%ld\n",i,s);
#endif
  }
  return s;
}
```

运行程序，结果如图 15-13 所示。本实例代码中，首先对 DEBUG 宏进行定义，然后在主函数 main()中使用 while 语句输入整数 n，调用函数 f()对 n 的阶乘进行求解，同时通过使用#ifdef命令进行条件编译，输出每次求解的相关参数，观察程序中可能出现的 bug。

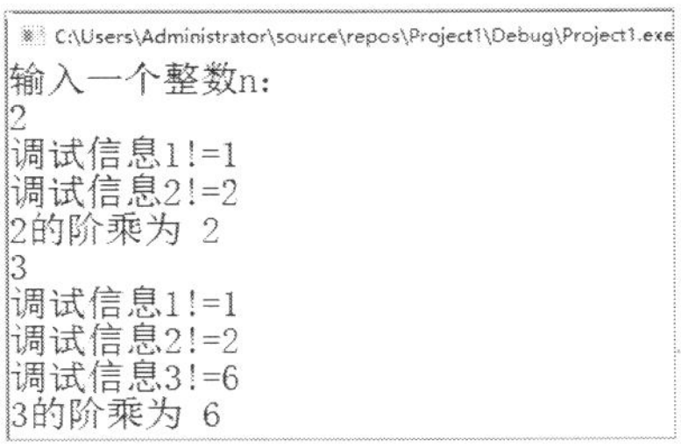

图 15-13　例 15.13 的程序运行结果

15.5　新手疑难问题解答

问题 1：写 C 语言的时候头文件后面用<>和用" "有什么区别吗？

解答：一般用<>括起来的是标准 C 语言函数，是编译系统默认路径下可找到的定义文件。

如果在需要编写自己用的头文件或其他文件需要引用时，一般不会存放在 C 语言编译环境的目录中，这时需要在编译选项中添加搜索路径，并在程序中用" "括起来文件名，这样编译程序除了在标准系统目录中搜索外，还到你指定的路径中搜索。由此，在用<>能编译通过的地方可以全都换成" "也没有问题。

问题 2：在代码中使用宏定义有哪些优点？

解答：方便程序修改。使用宏定义的程序，只需要对宏定义的字符串进行修改，而不需要对程序进行大规模的改造。提高运行效率。使用带参数的宏定义可以完成函数调用的功能，减少系统开销，提高了程序的运行效率。

15.6　实战训练

实战 1：使用不同的命令，求解圆、矩形以及三角形的面积。

编写程序，使用不同的命令进行条件编译，以求解圆、矩形以及三角形的面积。程序运行结果如图 15-14 所示。

实战 2：编写程序，判断年份是否为闰年。

闰年的规则为，4 年一闰，百年不闰，四百年再闰。这里对 2020 年到 2050 年进行遍历，最后判断输出哪些年份是闰年。程序运行结果如图 15-15 所示。

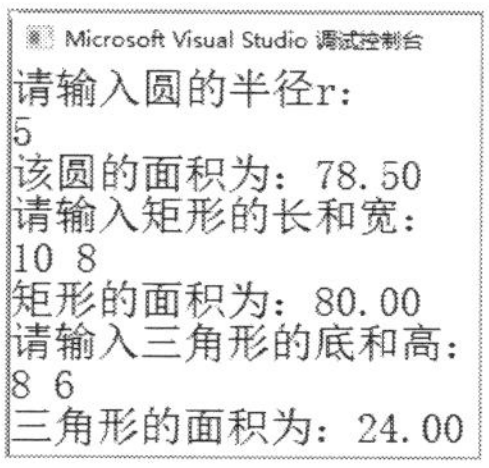

```
Microsoft Visual Studio 调试控制台
请输入圆的半径r:
5
该圆的面积为：78.50
请输入矩形的长和宽：
10 8
矩形的面积为：80.00
请输入三角形的底和高：
8 6
三角形的面积为：24.00
```

图 15-14　实战 1 的程序运行结果

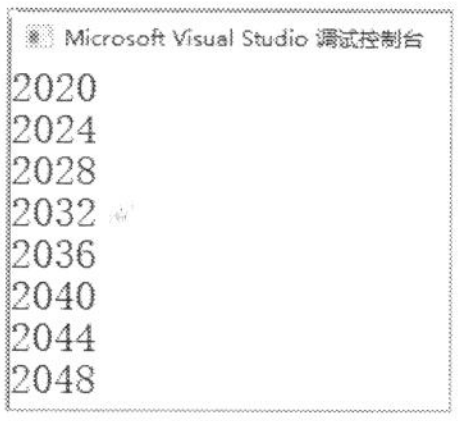

```
Microsoft Visual Studio 调试控制台
2020
2024
2028
2032
2036
2040
2044
2048
```

图 15-15　实战 2 的程序运行结果

实战 3：根据输入的数值，按照从大到小的顺序排列。

编写程序，输入 5 个范围 1 到 9 的整数，如果输入的数字超出范围，则提示重新输入，输入完毕，按照从大到小的关系排序后输出。程序运行结果如图 15-16 所示。

实战 4：找出两个数中的大数和小数。

编写程序，使用条件编译和宏定义，求两个数中的大数和小数。程序运行结果如图 15-17 所示。

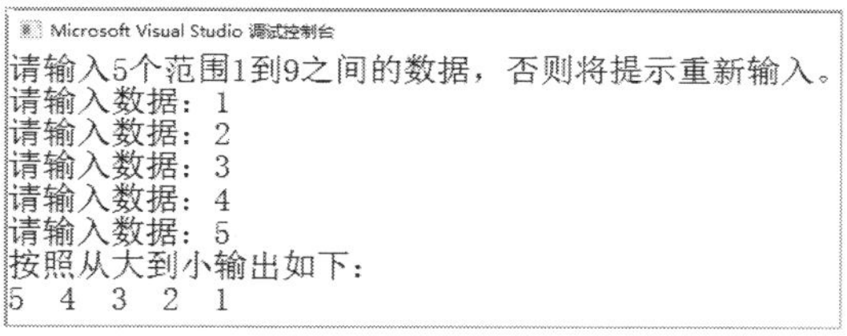

```
Microsoft Visual Studio 调试控制台
请输入5个范围1到9之间的数据，否则将提示重新输入。
请输入数据：1
请输入数据：2
请输入数据：3
请输入数据：4
请输入数据：5
按照从大到小输出如下：
5  4  3  2  1
```

图 15-16　实战 3 的程序运行结果

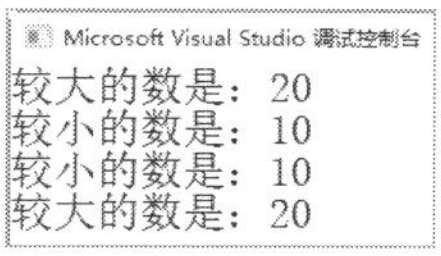

```
Microsoft Visual Studio 调试控制台
较大的数是：20
较小的数是：10
较小的数是：10
较大的数是：20
```

图 15-17　实战 4 的程序运行结果